国家出版基金项目
NATIONAL PUBLICATION FOUNDATION

"十三五"国家重点出版物出版规划项目
偏振成像探测技术学术丛书

大气环境下偏振光传输特性研究

付　强　段　锦　李英超
张　肃　战俊彤　姜会林　著

科学出版社
北　京

内 容 简 介

本书系统介绍大气环境下偏振光传输特性理论模型、环境模拟、测试技术、典型应用等。第 1 章主要介绍大气环境下光传输特性研究目的与意义、国内外研究现状,以及大气环境特性。第 2 章主要介绍大气环境光学传输模型与仿真。第 3 章主要论述偏振光传输模型与仿真。第 4 章主要研究大气环境模拟技术,从对流式大气湍流模拟,水雾、烟雾环境模拟两方面进行论述。第 5 章主要介绍大气环境偏振光传输强度特性测试。第 6 章主要介绍大气环境偏振光传输偏振特性测试。第 7 部分主要介绍偏振光的应用,从基于微偏振片阵列的多谱段偏振成像、基于光源初始参数控制的部分相干部分偏振激光通信两个方面进行论述。

本书可供电子信息、光信息科学技术、光学工程等领域理论研究和工程技术人员参考,也可作为相关专业研究生的教学参考用书。

图书在版编目(CIP)数据

大气环境下偏振光传输特性研究 / 付强等著. —北京:科学出版社,2022.10
(偏振成像探测技术学术丛书)

"十三五"国家重点出版物出版规划项目 国家出版基金项目
ISBN 978-7-03-073460-0

Ⅰ. ①大… Ⅱ. ①付 Ⅲ. ①大气偏振–偏振光–光传输技术–研究
Ⅳ. ①O436.3 ②TN818

中国版本图书馆 CIP 数据核字(2022)第 195017 号

责任编辑:魏英杰 / 责任校对:王 瑞
责任印制:师艳茹 / 封面设计:陈 敬

科 学 出 版 社 出版
北京东黄城根北街 16 号
邮政编码:100717
http://www.sciencep.com

中国科学院印刷厂 印刷
科学出版社发行 各地新华书店经销

*

2022 年 10 月第 一 版 开本:720×1000 B5
2022 年 10 月第一次印刷 印张:17 1/4
字数:346 000

定价:138.00 元
(如有印装质量问题,我社负责调换)

"偏振成像探测技术学术丛书" 序

信息化时代的大部分信息来自图像，而目前的图像信息大都基于强度图像，不可避免地存在因观测对象与背景强度对比度低而"认不清"，受大气衰减、散射等影响而"看不远"，因人为或自然进化引起两个物体相似度高而"辨不出"等难题。挖掘新的信息维度，提高光学图像信噪比，成为探测技术的一项迫切任务，偏振成像技术就此诞生。

我们知道，电磁场是一个横波、一个矢量场。人们通过相机来探测光波电场的强度，实现影像成像；通过光谱仪来探测光波电场的波长(频率)，开展物体材质分析；通过多普勒测速仪来探测光的位相，进行速度探测；通过偏振来表征光波电场振动方向的物理量，许多人造目标与背景的反射、散射、辐射光场具有与背景不同的偏振特性，如果能够捕捉到图像的偏振信息，则有助于提高目标的识别能力。偏振成像就是获取目标二维空间光强分布，以及偏振特性分布的新型光电成像技术。

偏振是独立于强度的又一维度的光学信息。这意味着偏振成像在传统强度成像基础上增加了偏振信息维度，信息维度的增加使其具有传统强度成像无法比拟的独特优势。

(1) 鉴于人造目标与自然背景偏振特性差异明显的特性，偏振成像具有从复杂背景中凸显目标的优势。

(2) 鉴于偏振信息具有在散射介质中特性保持能力比强度散射更强的特点，偏振成像具有在恶劣环境中穿透烟雾、增加作用距离的优势。

(3) 鉴于偏振是独立于强度和光谱的光学信息维度的特性，偏振成像具有在隐藏、伪装、隐身中辨别真伪的优势。

因此，偏振成像探测作为一项新兴的前沿技术，有望破解特定情况下光学成像"认不清""看不远""辨不出"的难题，提高对目标的探测识别能力，促进人们更好地认识世界。

世界主要国家都高度重视偏振成像技术的发展，纷纷把发展偏振成像技术作为探测技术的重要发展方向。

近年来，国家973计划、863计划、国家自然科学基金重大项目等，对我国偏振成像研究与应用给予了强有力的支持。我国相关领域取得了长足的进步，涌现出一批具有世界水平的理论研究成果，突破了一系列关键技术，培育了大批富有创新意识和创新能力的人才，开展了越来越多的应用探索。

　　"偏振成像探测技术学术丛书"是科学出版社在长期跟踪我国科技发展前沿，广泛征求专家意见的基础上，经过长期考察、反复论证后组织出版的。一方面，丛书汇集了本学科研究人员关于偏振特性产生、传输、获取、处理、解译、应用方面的系列研究成果，是众多学科交叉互促的结晶；另一方面，丛书还是一个开放的出版平台，将为我国偏振成像探测的发展提供交流和出版服务。

　　我相信这套丛书的出版，必将对推动我国偏振成像研究的深入开展起到引领性、示范性的作用，在人才培养、关键技术突破、应用示范等方面发挥显著的推进作用。

王家骐

二〇一九年十一月廿八日

前　言

　　光在大气中传输时会受到介质类型、粒子形貌、粒径大小、粒子浓度、温度湿度等影响，导致目标偏振特性受到传输介质的散射、吸收、反射程度不同，使光学特性各异。本书针对大气环境下偏振传输特性测试开展系统性研究，提升大气环境下光学传输特性仿真和模拟技术能力，构建复杂大气环境光学传输特性综合测试研究平台，提高光电高技术装备对多种复杂大气环境适应能力，加快光电高技术装备在大气环境中的应用进程。

　　自 2006 年，作者所在团队在国家自然科学基金委员会、国家国防科技工业局、总装备部、吉林省科技厅等的持续支持下，对大气环境下偏振传输特性测试开展了系统性研究。本书系统总结归纳大气环境光学传输强度与偏振光传输模型及仿真、大气环境模拟、大气环境偏振光传输强度和偏振特性测试、大气环境偏振成像与偏振通信应用等内容，为不同学科背景、不同行业领域的读者介绍大气环境下偏振光传输特性相关的基础知识和前沿动态，促进偏振传输基础理论、技术方法与应用的研究。

　　本书的相关研究得到国家自然科学基金项目(60677009、61705017、61905025)、国家国防科技工业局重点基础科研和一般基础科研项目、国家重点基础研究发展计划项目、国家高技术研究发展计划项目、吉林省重大科技攻关项目(20160204066GX)和吉林省科技发展计划项目(20120365)的支持，特此致谢。

　　感谢西安交通大学朱京平教授，中国科学院合肥物质科学研究院曾宗永研究员、孙晓兵研究员、徐亮副研究员、黄红莲副研究员，北京跟踪与通信技术研究所杨迪高级工程师，北京环境特性研究所陈伟丽副研究员，长春理工大学王晓曼教授、刘智教授、赵海丽教授、景文博教授、杨阳教授、陈纯毅教授、娄岩副研究员、祝勇讲师对我们科研工作提供的技术支持和宝贵建议。感谢实验室的博士研究生和硕士研究生做出的艰苦科研工作，他们是刘丹、刘显著、韩龙博士，刘权嘉、于浩洋、刘伯愚、赵宜春、陈曦、王璞姚、王光腾、莫春和、付军、王琳琳、安忠德、邓宇等硕士。同时，感谢朱瑞博士，司琳琳、张萌、赵凤、王佳林、谢国芳、王丽雅、柳帅、顾黄莹、范新宇、张月、罗凯明、刘轩玮、刘楠、杨威、曲颖、孔晨晨、程才等硕士为本书的出版做出的贡献。

　　限于作者水平，本书难免存在不妥之处，恳请广大读者批评指正。

作　者

目　　录

第1章 绪 论

1.1 研究目的与意义

1.1.1 研究目的

各种复杂大气环境的动态、静态物理特性对光电高技术装备的性能及效能影响一直是系统设计和仪器使用必须考虑的重要问题。利用环境模拟和仿真手段深入研究复杂大气环境特征及模型，对于优化光电高技术装备、提升环境适应能力都是非常必要的。

研究大气环境下光学传输特性仿真和模拟技术，可以为空间光电探测、激光通信系统等光电高技术装备的总体设计、性能测试、性能指标优化等提供依据，还可以为各种光电测控设备中的光学传输特性测试提供实验平台，加快新型光电高技术装备的研制速度，为各种以光学为工作对象的高技术装备在复杂大气环境下工作性能的研究提供基础条件。

以光学传输特性模拟、仿真与测试为基础，对装备性能和功能进一步提高，构建大气环境光学传输特性研究平台，深入开展大气光学探测、大气激光通信等装备在复杂大气环境光学传输特性研究，为上述装备和技术的应用提供有力的技术支撑。

在需求强烈和共性技术有一定支撑的背景卜，研究复杂大气环境下光学传输特性的模拟、仿真和测试系统，将光学在不同大气环境下的传输特性模拟、仿真、测试进行综合集成，联合国内光学传输特性研究的相关技术能力和各种资源，推动该技术的工程化应用。

1.1.2 研究意义

光学探测、光学成像、激光通信、激光测距等光电工程装备都是以光学为主要探测信息，搭载平台有星载(航天)、机载(航空)、舰载(海上)、艇载(临近空间)、车载(陆地)等。其工作的环境复杂多样，包括大气、海水、临近空间和太空。特别是，复杂大气环境对光学传输过程的影响，包括大气吸收、散射造成的衰减，以及各种尺度的湍流效应和热晕效应等。

长期以来，大气环境中的光学传输特性研究都只是以装备的具体应用环境和应用目标进行有针对性的研究。由于不同光电高技术装备的应用目标、技术参数和性能要求的巨大差异，其研究结果并不具有广泛的适应性。因此，研制复杂大气环境下光学传输特性仿真模拟及综合测试系统，开展多种波长和多种维度的复杂大气环境中光学传输特性的研究，可以从光学自身特点出发，结合不同光学高技术装备的适用环境、具体技术指标和性能要求，有针对性地控制实验条件进行系统地研究，得到的结果可以为这些光电高技术装备的性能优化和工作性能评估提供非常有价值的参考资料。

1.2 国内外研究现状

1.2.1 偏振传输特性

1. 国外研究现状

偏振光在大气中传输时会受到传输介质的类型、粒子形貌、粒径大小、粒子浓度等因素影响，导致目标偏振特性受到传输介质的散射、吸收和反射程度的不同，使偏振探测效果各异。瑞利(Rayleigh)散射理论验证了自然光在传播过程中受大气气溶胶粒子的散射作用。散射作用会改变光的偏振特性，形成不同偏振态的偏振光。

1997 年，Jeffrey 等[1]将离散坐标法用于多尺度矢量辐射传输求解。其中的矢量离散坐标法适用于热源和平行光下的传输模型。把该方法应用于三维等温围场时发现，内部的辐射场是非偏振的，满足基尔霍夫定律。

2000 年，美国进行了散射介质中可见光偏振成像的实验[2]。实验在水体、烟雾类型的散射介质中进行偏振成像。实验表明，偏振成像能够提高散射介质中图像的对比度，特别是对全斯托克斯(Stokes)偏振图像进行某些处理后效果更佳。利用偏振成像技术可以增强浑浊介质中的目标成像质量。

2001 年，Hatcher[3]采用蒙特卡罗(Monte Carlo)和多组分近似法研究矢量辐射传输，通过对穆勒(Mueller)矩阵进行定义，多次对比两种方法计算两层浑浊介质的结果，验证求解矢量辐射传输的可行性。结果表明，两种方法都可以精确预测浑浊介质的散射性质。

2006 年，密苏里大学哥伦比亚分校深入研究了可见光波段(波长 633nm)条件下，浑浊介质的光学特性对目标偏振成像(包括线偏振成像和圆偏振成像)的影响[4]。实验研究的介质光学特性包括散射系数、吸收系数、反射系数；选取的不同类别的目标具有不同的散射、吸收和反射特性。浑浊介质的光学特性，以及目标的类别都会对偏振成像效果的改善有不同程度的影响。此外，文献[4]特别指出浑浊介质中偏振成像的应用，即依据目标的偏振态辨别目标的类型。如果目标类型已知，那么依据不同偏振分量之间相关图像的清晰度可以揭示背景的某些光学特性。

2010 年，Endre 等[5]以大气-海洋模型为背景，描述斯托克斯(Stokes)矢量在介质中传输的过程，分析给出矢量辐射传输过程中的理论模型，并分别统计入射光为偏振光和非偏振光两种情况时海平面位置的 Stokes 矢量值。同年，Benoit 等[6]用积分矢量 Monte Carlo 方法研究多次散射介质中的后向散射矩阵，并对充满均匀悬浮单次散射粒子的方盒进行模拟成像，研究不同 Mueller 矩阵元素对不同粒子的敏感性。

2012 年，Boris 等[7]提出快速线对线模型，并计算垂直非齐次环境下短波辐射的 Stokes 参数，评估云和气溶胶对传输的影响。

2017 年，普林斯顿大学通过建立介质和有源波片中的多次散射分析模型，对光的水平、倾斜入射和吸收特性进行分析[8]。

2021 年，Alemanno 等[9]用光谱偏振技术测定火星模拟物质的光学常数。同年，Jaiswal 等[10]基于 Stokes 矩阵，计算火星大气粒子(水冰云、干冰、沙尘)的单次散射和多次散射偏振特性，并对两种散射偏振特性进行比较分析。

2. 国内研究现状

在大气环境偏振光传输技术领域，国内尚未深入开展复杂环境下偏振信息传输特性的研究。基础研究工作的缺乏在一定程度上限制了我国大气环境偏振信息传输与探测技术的发展。

1992 年，中国科学院安徽光学精密机械研究所[11]研究了球形与非球形颗粒反射膜后向散射角的分布特性。结果表明，散射强度和角分布曲线与颗粒密度、颗粒尺寸、形状有关，选择合适的表面颗粒参数有可能控制其后向散射角的分布特性。

2001 年，南京理工大学[12]根据 T 矩阵方法，发展了非球形回转体微粒消光特性的计算模型，编制出 T 矩阵方法微粒消光特性计算程序，能够对固定取向和随机取向回转体微粒的消光截面、散射截面、吸收截面和散射相函数进行计算，并在此基础上讨论非球形微粒的取向、形状、粒径、表面特征等因素对消光特性的影响，得出采用薄片形和针形的微粒有利于提高消光性能。

2002 年，北京大学[13,14]在瞬态矢量辐射传输，以及不同散射条件下 Mueller 矩阵的详细解析表达式方面做了大量的研究，例如为求解高斯(Gauss)平面脉冲波的全极化散射，推导与时间相关的 Mueller 矩阵解析表达式；基于高阶 Mueller 矩阵解，迭代反演非均匀地表植被分布和土壤湿度的图像。

2010 年，哈尔滨工业大学[15]运用谱元法求解双层介质矢量辐射传输的问题，运用切比雪夫多项式建立谱元的基本公式，并与基准解进行对比。数值结果显示，该方法在解决多尺度偏振辐射传输问题上具有精确性、灵活性和高效性。

2010 年，西安电子科技大学[16]研究了非球形混合气溶胶紫外和可见光的传输与散射特性，利用 T 矩阵方法计算有限长柱状、椭球状和切比雪夫粒子的散射强度，并与等效球形粒子的散射强度进行了比较。此外，利用多分散 Monte Carlo 方法计算粒径满足对数正态分布的水雾传输特性，并与等效近似方法计算结果进行比较。研究表明，等效球形粒子与非球形粒子的散射强度差距很大。当传输以多次散射为主时，等效近似方法计算结果与多分散 Monte Carlo 方法的计算结果差距也比较大。

2012 年，燕山大学研究了散射粒子形状改变对光波在二维随机介质系统中传输情况的影响。基于整体散射效应模型，建立非球形粒子作为散射粒子的二维随机介质的模型[17]，构建麦克斯韦(Maxwell)方程，采用非均匀网格划分的时域有限差分方法解 Maxwell 方程，得到非球形粒子二维随机介质模型中的传输和空间分布。

2015 年，浙江工业大学[18]采用双光路检测配置条件，结合米(Mie)散射理论，运用 Stokes 矢量形式，以烟雾模拟特定气溶胶环境，探究偏振光经过不同烟雾环境的传输变化情况。实验表明，烟雾质量浓度不同时，水平线偏振光的偏振特性基本不改变，右旋偏振光和 45°线偏振光退偏程度随烟雾质量浓度的增加而增加，460nm 和 556nm 波长的偏振光在变化趋势上保持一致。

2015 年，解放军理工大学[19]对偏振光在非球形气溶胶中的传输特性进行仿真研究，系统给出矢量辐射传输 Monte Carlo 模型，并验证其准确度；考虑入射光偏振态，讨论不同方向漫射光 Stokes 矢量对气溶胶形状的敏感性。

2016 年，长春理工大学[20]针对自然界中多数沙尘、烟煤粒子的非球形问题，研究非球形椭球粒子的折射率、有效半径、粒子形状等参数变化对光偏振特性的影响，采用基于 T 矩阵的非球形粒子仿真方法，模拟非偏振光经椭球粒子传输后光的偏振特性及其与球形粒子间的差异，并以实际沙尘、海洋、烟煤三种气溶胶粒子为例说明结果的正确性。研究表明，在光传输过程中，椭球粒子多数情况下无法近似为球形粒子进行计算。

2016 年，山东理工大学[21]基于矢量辐射传输理论，利用矩阵算法研究海洋-大气耦合系统中海雾气溶胶对太阳光的偏振散射特性。研究表明，多波长多角度偏振度(degree of polarization，DOP)信息随海洋表面和大气环境变化敏感，可以结合辐射强度和 DOP 对海洋背景下的气溶胶特性进行遥感反演。

2017 年，西安电子科技大学[22]利用离散偶极子方法对从简单到复杂的雾霾簇团粒子散射特性进行仿真计算，并利用 Monte Carlo 方法计算具有一定尺度分布的雾霾介质中的光透射率随传输距离的变化趋势。结果表明，光在雾中传输时，波长越长透射率越大。雾的海洋型分布对光的衰减比大陆型分布更严重,所以分布对透射率的影响比较大。

2017 年,北京大学[23]通过理论分析验证了在大气湍流的情况下,多个偏振参数对于地面光传输的特性。首先,基于扩展的惠更斯-菲涅耳原理导出偏振参数的第一力矩特征和第二力矩特征。然后,针对不同的传播距离、光源特性和湍流强度,给出数值模拟。最后,进行一系列的测试,验证具有湍流控制条件的理论,其中分别在两个波长处测量偏振态。因此,理论预测与实验数据密切相关。随着湍流强度的增加,偏振参数的一阶矩在不同的趋势中随之变化,而其二阶矩增加。所提方法有望用于建立全面的偏振统计模型,并改善自由空间光通信链路的性能。

2017 年,长春理工大学[24]针对红外波段下湿度对偏振光传输特性的影响问题,以自然界中常见的烟煤粒子作为研究对象,采用 Monte Carlo 方法仿真研究不同红外波段下湿度对线偏振光和圆偏振光传输特性的影响情况及其之间的差异特性。研究结果表明,在短波波段,线偏振光与圆偏振光的 DOP 随湿度的增加呈现逐渐上升的趋势;在中波波段,随湿度的增加,两种偏振光都呈现下降趋势;在长波波段,湿度对偏振状态几乎没有影响。进一步比较可知,在短波波段,圆偏振光具有更好的偏振特性;在中长波段,线偏振光的偏振特性更加显著。因此,在应用红外偏振进行探测时,该研究对波段的选取、湿度的控制及偏振态的应用具有重要的指导意义。

2019 年,长春理工大学[25]采用 T 矩阵算法研究椭球、圆柱、切比雪夫粒子的偏振传输特性及其与球形粒子偏振传输特性的差异。研究结果表明,对于横纵轴之比为中等的椭球粒子,当散射角小于 60°时,不同形状椭球粒子的 DOP 差异较小,可用 Mie 散射方法进行粒子偏振特性的近似计算;当散射角大于 60°时,DOP 随横纵轴之比的变化较大,且球形与椭球粒子的 DOP 差异随着横纵轴之比的增加而增大;对于直径与高度之比为中等的圆柱体粒子,DOP 的变化相比椭球粒子更加平稳,但后向散射与侧向散射区域仍不能采用 Mie 散射进行近似计算;形状比例极端的椭球粒子和圆柱体粒子的偏振曲线均类似于钟形,且在散射角约为 90°时,DOP 达到最大值;切比雪夫粒子的形变参数和级次都对粒子前向散射偏振特性的影响较小,但对后向散射偏振特性的影响较大,且灵敏度随级次的增加而减小。同年, 针对椭球形粒子浓度对激光偏振光传输特性的影响问题,采用随机抽样拟合相函数的 Monte Carlo 方法,模拟偏振光经过椭球形粒子发生多次散射后的偏振特性,并通过实验验证其正确性。结果表明,椭球形粒子的浓度越高,DOP 变化的随机性越大,并且圆偏振光的保偏性优于线偏振光。在相同浓度下,不同起偏角度的线偏振光对偏振态的影响差别不大[26]。

2020 年,长春理工大学[27]在前期非偏振光气溶胶单粒子散射特性研究的基础上，采用 Monte Carlo 方法建立偏振光粒子群传输特性模型，对不同湿度水雾环境下可见波段偏振光传输特性进行研究，重点分析水雾环境湿度改变对不同可见光波段偏振光偏振特性的影响情况，并建立接近真实水雾环境的半实物仿真系统，通过室内实验对偏振光传输特性模型进行验证。该方法既适合湿度变化的环境，又适合特性湿度环境的偏振光特性研究。

1.2.2　大气湍流模拟

1. 国外研究现状

大气湍流一直被认为是影响大气光通信、光学望远镜成像质量的重要因素。目前，自适应光学通过对波前相位进行校正可以在一定程度上克服大气湍流的影响，改善光信号的质量。光传输理论和自适应光学技术大多是建立在科尔莫戈罗夫(Kolmogorov)统计理论基础之上，因此不断有湍流运动不满足科尔莫戈罗夫理论的报道出现。例如，近地层和高空温度谱幂率偏离–5/3，光在近地面层传输时到达角(angle of arrival，AOA)起伏谱幂率偏离–8/3[28]。由于光传输实验通常是在近地面层进行的，偶尔有利用飞机在高空进行，甚至利用卫星来完成，因此研究人员进行了非科尔莫戈罗夫理论研究和数值模拟。由于高空实验和湍流大气的复杂性且不易重复，直接在边界层上部进行实验的难度很大。

大气湍流的随机性、不规则性和组成结构的复杂性限制了湍流理论的实际应用，因此在开展激光大气传输理论研究的同时，更需要实践理论结果，进行实验研究。室内模拟是大气边界层研究的重要手段，具有稳定性佳、重复性好、易控制等优点。模拟湍流的理论建立在湍流统计理论的基础上，结合实际应用需求发展为可在室内模拟对流湍流、热射流湍流、机械湍流等。为了反映实际大气的规律，室内模拟湍流应满足几何相似条件、热力相似条件、动力相似条件、大气层结构相似条件等。结合自动控制技术和计算机技术，可使模拟系统获得更为复杂、稳定、可靠的湍流，满足实际应用的需求。现有的大气湍流模拟方法包括用水或酒精作为介质的液体湍流池、用空气作为介质的湍流箱、用几何方法模拟大气湍流、相位屏模拟大气湍流，以及液晶器件模拟大气湍流等[29]。国外湍流模拟池的部分研究成果如表 1.1 所示。

表 1.1　国外湍流模拟池的部分研究成果

项目	马里兰大学 (美国)	科罗拉多大学(美国)	阿拉巴马大学(美国)	莫斯科大学 (俄罗斯)
研制方法	充液式湍流	冷热风	液晶	变形镜
大气结构常数	4.00×10^{-15}	1.50×10^{-11}	——	1.5×10^{-13}

续表

项目	马里兰大学(美国)	科罗拉多大学(美国)	阿拉巴马大学(美国)	莫斯科大学(俄罗斯)
模拟高度/km	1～2.5	—	—	—
光强起伏对数方差	<1	>1	—	—
到达角起伏方差	—	—	0～1.33π	—
湍流强度	弱、中、强	中、强	—	—
Re	—	1.00×10^6	—	—
外湍流尺寸	—	—	—	—
相干长度/cm	—	5～62	—	—
风速/(cm/s)	—	18	—	—
响应时间/Hz	—	5～35	—	150～1000
动态范围/波长/μm	0.63/1.55	0.6328	—	—

目前，美国、欧洲航天局、日本在激光通信及传输特性研究方面领先。美国大气环境仿真进展如表 1.2 所示。

表 1.2　美国大气环境仿真进展

时间	研究内容
20 世纪 80 年代以前	受计算机和数值模式等技术水平的限制，大气环境影响仿真实验实用化程度不高。武器系统的环境实验，主要采用野外环境实验和武器实际使用实验等方法
20 世纪 80 年代中期	随着计算机技术、信息技术、计算流体力学和大气数值模拟等仿真相关技术的迅速发展，大气环境影响仿真水平迅速提高。与此同时，高技术武器发展成本和复杂程度迅速提高，野外环境实验和实际使用实验的经费投入大、周期长、实验可靠性下降。因此，美国在研究途径上作了重大调整，倚重大气环境影响仿真实验
1992 年	美国将环境影响仿真研究正式列入"美国国防部 1992—1995 年关键技术计划"
1995 年	美国颁布的"国防部建模仿真主计划"列出了要努力实现的六大仿真目标。其中，第二大目标就是自然环境仿真，涵盖地面、海洋、大气，以及太空的广阔空间
1996 年	模式模拟执行委员会设立"多军种模式模拟处"，负责为不同部门和各军种提供标准的大气环境模式、算法和资料
20 世纪 90 年代末	美国利用环境仿真手段模拟了天气对一场涉及 5000 个目标的局部冲突的影响。结果表明，掌握天气及其对装备的影响，仅精确弹药一项就可节约 3.1 亿美元
2000 年	美国首次将大气环境仿真应用模块直接嵌入战斧巡航导弹的任务规划系统中
2006 年	在伊拉克战争中，美国气候中心凭借高级气候模拟与环境仿真系统，针对气象资料稀少的战区创建了数千个虚拟气象站，有力保障了作战时机的选择，以及整个作战进程

2018 年，美国明尼苏达大学[30]研究了一种数值方法模拟复杂浮式结构物与大尺度海浪和大气湍流的耦合作用。该方法采用高阶谱方法模拟水的运动，并采用黏性求解器(具有波动边界)模拟空气运动。

同年，新加坡高性能计算研究所[31]提出一种 Monin-Obukhov 相似理论(Monin-Obukhov similarity theory，MOST)，对浮力产生/破坏项进行一致修正，模拟不同分层下的大气边界层。同时，粗糙壁函数也被修改为与 MOST 一致。在测试中，由于模型与 MOST 的一致性，风和湍流剖面不会沿拉伸方向衰减。采用该模型进行城市潮流和风能模拟需要进一步测试。

2018 年，英国谢菲尔德大学[32]提出一种修正 k-Ω 湍流模型，并给出中性大气流动中所有流体变量流向梯度为零的条件。新模型已应用于两种不同风力涡轮机的尾迹模拟，对正确预测风机尾流的恢复、准确模拟风机相互作用，以及整个风电场的能量输出有至关重要的影响。

2. 国内研究现状

20 世纪 60 年代，我国开始研究大气湍流，由于当时实验条件不足，并没有研制大气湍流模拟装置。直到 90 年代，基于大气物理理论验证[33-35]的需要才开始研究大气湍流模拟装置，国内已经有多家单位在该领域取得研究成果。国内湍流模拟装置的部分研究成果如表 1.3 所示。

表 1.3　国内湍流模拟装置的部分研究成果

项目	中国科学院安徽光学精密机械研究所	中国科学技术大学	中国科学院长春光学精密机械与物理研究所	中国电子科技集团公司第二十七研究所
研制方法	对流水槽	热风式	液晶	对流式
大气结构常数	1.00×10^{-17}	—	1.00×10^{-14}	2.00×10^{-11}
模拟高度	近地面	—	300km	近地面
功率谱	von Karman	von Karman	von Karman	von Karman
湍流强度	弱、中、强	弱、中	弱、中	弱、中
Re	2.00×10^{7}	—	—	—
外湍流尺度	20~30cm	—	—	1.5m
相干长度/cm	1~50	—	10	1.4~12
风速	无	可调节	6m/s	0.1~2m/s
响应时间/Hz	50	—	100	—
动态范围/波长/μm	0.63/0.81	—	0.6328	—

中国科学院安徽光学精密机械研究所研制的湍流模拟池[36]如图 1.1 所示。其中, A 为测量温度廓线传感器, B 为用于加入热水的有机玻璃隔板, C 为对流水槽边框, D 为隔板上的小空(为了热水能够稳定均匀地流入水槽中), E 为测量用计算机。湍流模拟池的体积为 1.0m×0.5m×0.5m, 介质为去离子水, 底部通过油进行二次加热, 上表面由循环水冷却。自动控制系统控制两面温差, 湍流发展稳定后的温差起伏范围约为 ±0.5℃。调节温差即可调整湍流强度。湍流池横断面中心部分均匀区域为 0.2m×0.2m。湍流谱为 von Karmann 谱(到达角起伏满足−5/3 指数谱)。

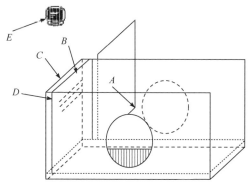

图 1.1 中国科学院安徽光学精密机械研究所研制的湍流模拟池

中国科学技术大学研制的热风式湍流模拟池[37]如图 1.2 所示。装置的主体部分是一个两端不封闭的四方形铁筒。铁筒下部分内侧水平放置 6 只 100Ω 的陶瓷电阻, 用于外加电压使其加热周围的冷空气。陶瓷电阻每三个串联后再并联。等效阻值为 150Ω。铁筒顶部放置一抽气风扇, 风扇向上抽取热空气, 产生垂直于光束传输方向的横向风。光束从铁筒一端进入, 经过流动热空气从铁筒另一端射出后, 就叠加了模拟湍流产生的动态波前畸变。通过改变陶瓷电阻的外加电压, 可以改变电阻的发热温度, 调节湍流的强弱。同时, 风扇的转速也可以通过改变驱

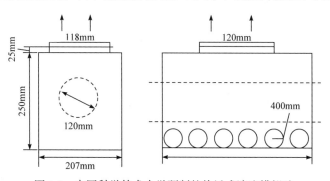

图 1.2 中国科学技术大学研制的热风式湍流模拟池

动电压进行调节，以便模拟不同大小的风速。可以看出，湍流畸变波前的时间功率谱形状在低频段符合–2/3 规律，在高频段符合–11/3 规律，与 Tyler 理论相符。

中国科学院长春光学精密机械与物理研究所研制的液晶湍流模拟池[38]如图 1.3 所示。基于 Zernike 多项式模拟大气湍流的理论，干涉仪利用此湍流模拟器产生 Zernike 模式面形，能够很好地产生 Zernike 多项式的前 2～8 项模式面形。选取前 231 项 Zernike 模式，进行湍流的计算模拟与液晶湍流模拟器的实验模拟。计算模拟与实验模拟的湍流结果比较接近，说明此类型液晶湍流模拟器可以模拟大气湍流。

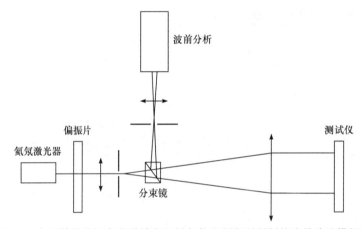

图 1.3　中国科学院长春光学精密机械与物理研究所研制的液晶湍流模拟池

中国电子科技集团公司第二十七研究所研制的对流式大气湍流模拟池[39]如图 1.4 所示。大气湍流模拟原理型装置外壳及内胆均采用金属板材制作(厚度 1.0～1.2mm)，外壳与内胆之间用硅酸铝纤维充填，形成保温层，内表面平整、光滑，

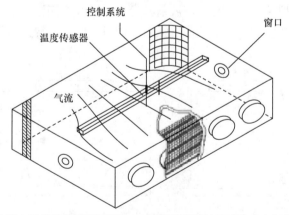

图 1.4　中国电子科技集团公司第二十七研究所研制的对流式大气湍流模拟池

并涂黑漆,以减少杂散光。顶部沿光路方向开细长槽,热线风速仪可从槽中插入,测量沿光路方向的温度、风速。工作室内装有加热器及风扇,出风处安装有金属整流网。模拟器箱体底部安装可伸缩调节支架,用于调节模拟器高度。

1.3　大气环境特性

1.3.1　大气衰减

1. 大气对光波的吸收

当激光在大气中传输时,大气分子在光波电场的作用下,入射光的频率做受迫运动,所以为了克服大气分子内部阻力要消耗能量,表现为大气吸收[37,38]。不同大气分子对光波的吸收也不一样。在近红外区,H_2O、CO_2 是最主要的吸收分子,是晴天大气光学衰减的重要因素。由它们的吸收谱线可知,对一些特定波长的光波表现出极为强烈的吸收,光波几乎无法通过,而对某些区段(大气窗口)呈现弱吸收。常见的大气窗口在 $0.8 \sim 1.6\mu m$ 和 $8 \sim 13\mu m$。大气光通信采用的光源波长通常有 $0.8\mu m$、$1.06\mu m$、$1.55\mu m$ 等。

气体分子对光波的吸收总是和分子内部从低能态到高能态的跃迁相联系。分子的能态取决于分子内部的三类运动,即电子的运动、原子核在平衡位置附近的振动和整个分子绕特定对称轴的旋转。这三种运动可以同时发生,导致分子能态跃迁变得比较复杂,因此大气分子对光波的吸收谱线是错综复杂的。分子对光波吸收谱线的自然宽度很小,但由于分子间的碰撞和分子热运动的多普勒效应会使谱线增宽,因此其往往比自然线宽要大好几个量级[40,41]。

定义吸收截面 σ_a 为度量大气分子或粒子对光波的吸收能力。因此,吸收效率 $Q_a = \sigma_a/\pi r^2$。大气吸收系数 k_a 为

$$k_a(\lambda) = \int_0^\infty \sigma_a(2\pi r/\lambda)n(r)\mathrm{d}r \tag{1.1}$$

其中,$\sigma_a(2\pi r/\lambda)$ 表示尺度数为 $2\pi r/\lambda$ 的粒子吸收截面。

大气吸收光学厚度 τ_a 为

$$\tau_a = \int_0^L \int_0^\infty n(r)Q_a(2\pi r/\lambda, n_c)\pi r^2 \mathrm{d}r\mathrm{d}z \tag{1.2}$$

其中,$n(r)$ 为大气折射率;L 为传输距离。

当入射光的频率等于大气分子的固有频率时,发生共振吸收,吸收出现极大值。因此,分子的吸收特性强烈地依赖光波的频率。对可见光和红外光来说,分子的散射作用很小,但是分子的吸收效应对任意光波段都是不可忽略的。

图 1.5 所示为地球大气对不同波长光波的吸收情况。气体分子对光辐射产生连续的吸收，仅在少数几个波长区吸收较弱，形成大气窗口。大气分子对特定波长的激光表现出较好的透过率，因此可以选择光波波长处在大气窗口的激光进行传输。

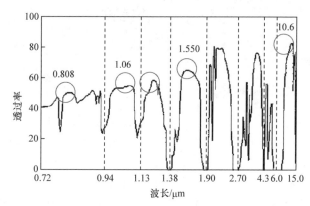

图 1.5　地球大气对不同波长光波的吸收情况

(1) 水蒸气

空气中的水主要分布在平流层。水蒸气的多少随着天气变化而发生改变，海拔高度、研究区域所在的位置，以及时间都会影响水蒸气的含量，因此在研究大气传输特性的过程中，应该因地制宜地选择水蒸气含量。

大气吸收主要部分是水蒸气吸收，并且水蒸气吸收涉及整个波段的光波。其吸收作用远大于其他气体的吸收作用，对于太阳光波来说，吸收发生在 2.5~3.0μm 和 5.5~7.0μm，以及 ≤27.0μm 三个波段范围。不同于其他气体，水蒸气含量分布不均匀，范围大约为 0.1%~0.3%。气象上常用的表示含水量的方法有以下几种。

① 相对湿度 r。饱和水蒸气压 E 的经验公式为

$$E = 6.1078\exp(a(T-273.16)/(T-b)) \tag{1.3}$$

其中，T 为温度；E 为饱和水蒸气压；对于水的表面，$a = 17.269$、$b = 35.86$，对于结冰的表面，$a = 21.87$、$b = 7.66$。

② 饱和比湿 Q 为

$$Q = 0.622E/P \tag{1.4}$$

(2) 臭氧

臭氧是吸收对人体有害光波的主力军。在太阳辐射光谱中，臭氧在 0.22~0.32μm (紫外波段)有个强吸收带，在 0.6μm 附近有一宽吸收带。虽然臭氧相对于其他气体含量少得多，但它对人类，以及其他动植物有不可或缺的作用。臭氧含

量除了用一般的气体浓度量表达，还经常用多普森单位，缩写为 DU，即

$$1DU = 10^{-3} 大气厘米 \tag{1.5}$$

(3) 二氧化碳

近几年，二氧化碳吸收作用参与的全球变暖引起人们的重视，其中 15μm 波长的影响最大，其次为 4.3μm 波长。在 10.4、9.4、5.2、4.8、2.7、2.0、1.6、1.4μm 有复合带，由于北半球工业化较早，植物生长较多，生物数量和种类也比较多，因此 CO_2 含量在北半球变化特别大，每年以 0.3% 的速度增长。其对温室效应的影响不言而喻。

二氧化碳对中红外和远红外的吸收作用最大，虽然它在大气中的含量是三种气体中最少的，但是对大气吸收的作用越来越大，应该高度关注。

当同时考虑多普勒影响的作用时，线中心吸收系数 k_{v_0} (cm^{-1}) 为

$$k_{v_0} = \frac{S}{a_D}\left(\frac{\ln 2}{\pi}\right)^{1/2} \exp(a^2)\mathrm{erf}(a) \tag{1.6}$$

其中，S 为积分线强度；a_D 为多普勒半宽度；参数 a 定义为

$$a = \left(\frac{a_N + a_L}{a_D}\right)(\ln 2)^{1/2} \tag{1.7}$$

其中，a_N 为自然半宽度；a_L 为洛伦兹线形半宽度，一般 $a_N \ll a_L$，所以 a_N 可以忽略不计；a_D 为

$$a_D = \frac{v_0}{c}\left(\frac{2kT\ln 2}{M}\right)^{1/2} \tag{1.8}$$

其中，v_0 为线中心频率；c 为光传输速度；k 为玻尔兹曼常数；T 为绝对温度；M 为 CO_2 的质量，根据碰撞理论与实验修正，洛伦兹线形半宽度可定义为

$$a_L = a_{L_0}[P + (B-1)p_{CO_2}]\left(\frac{T_0}{T}\right)^{0.58} \tag{1.9}$$

在大气情况下，S 可定义为

$$S = P_{CO_2}\frac{1}{8\pi v_{lu}^3 p_{CO_2}}N_t A_{u\to l}\frac{g_u}{g_t}\left(1 - \exp\left(-\frac{hv_{lu}}{kT}\right)\right) \tag{1.10}$$

其中，N_t 为低能态单位体积内的分子数；$A_{u\to l}$ 为爱因斯坦自发辐射系数；g_u 为高能态的统计权重；g_t 为低能态的统计权重；h 为普朗克常数；v_{lu} 为跃迁频率。

根据麦克斯韦-玻尔兹曼分布，N_t 可定义为

$$N_t = \frac{N_T g_l}{Q(T)} \exp\left(-\frac{E_t}{kT}\right) \tag{1.11}$$

其中，N_T 为单位体积内的分子总数；$Q(T)$ 为配分函数；E_t 为低能态能量，可用分子振动和转动常数从下式计算，即

$$E_t(J) = 1388.185 + 0.390188 J(J+1) + 11.42 \times 10^8 J^2(J+1)^2 \tag{1.12}$$

其中，J 为转动量子数。

令 S_0 是在某一温度 T_0 和吸收气体压力为一个大气压的积分线强度，那么 T 时的 S_{lu} 为

$$S_{lu} = \alpha S_0 \tag{1.13}$$

其中，α 为积分线系数。

由于大气中 CO_2 气体的混合比随高度变化不大，因此可以合理地假定

$$P_{CO_2} = xP \tag{1.14}$$

可以得到 CO_2 辐射吸收系数的计算公式，即

$$k_{v_0} = A_1 PT^{-3/2} \frac{1}{Q(T)} \exp\left(A_2 - \frac{A_3}{T}\right) \exp(A_4^2 P^2 T^{-2.16})(1 - \mathrm{erf}(A_4 PT^{-1.08})) \tag{1.15}$$

其中，对于不同的光谱波长，参数 A_1、A_2、A_3、A_4 取与之对应的值。

2. 大气对光波的散射

定义散射为波从一种载体向另一种载体中传播时方向发生变化的现象。光波在传输过程中不是直线传输的，具有波动性和粒子性，所以当光照射到大气中时，由于大气各个地方的成分不一样，光波的方向发生改变，这就叫作大气散射。大气散射可以分为选择性散射和无选择性散射两类。其中，选择性散射强度与辐射波长有关，又可分为 Rayleigh 散射和 Mie 散射；散射中影响最大的空气分子、气溶胶、云雨滴为无选择性散射。

(1) Rayleigh 散射

当入射光波的波长远大于空气中微粒的直径时，会发生 Rayleigh 散射。入射波长越短，散射强度越大，并且前后向散射强度几乎没有差别。Rayleigh 散射主要是对波长较短的可见光波段，对红外辐射作用有限，对微波的作用可以不考虑。

根据 Rayleigh 散射，当辐射波长远大于微粒的直径时，光照强度与波长的四次方成反比，定义为

$$I(\lambda)_{\mathrm{scattering}} \propto \frac{I(\lambda)_{\mathrm{incident}}}{\lambda^4} \tag{1.16}$$

其中, $I(\lambda)_{\text{incident}}$ 为入射光的光强分布函数; $I(\lambda)_{\text{scattering}}$ 为 Rayleigh 散射光照强度; λ 为光的波长。

(2) Mie 散射

太阳的光照能量在空气中传输时, 会引起大气消减因子的散射和吸收。衰减因子对光照能量的散射和吸收不仅与单位面积的粒子数、半径有关, 还与复折射指数有密切关系。根据 Mie 散射理论, 可以计算出单粒子的散射、消光和吸收效率因子, 即

$$Q_s(\lambda,\gamma,m) = \frac{\sigma_s(\lambda,\gamma,m)}{\pi\lambda^2} = \frac{2}{x^2}\sum_{n=1}^{a}(2n+1)(|a_n(x,m)|^2 + |b_n(x,m)|^2) \quad (1.17)$$

$$Q_e(\lambda,r,m) = \frac{\sigma_e(\lambda,\gamma,m)}{\pi r^2} = \frac{2}{x^2}\sum_{n=1}^{a}(2n+1)\text{Re}(a_n(x,m)+b_n(x,m)) \quad (1.18)$$

$$Q_a(\lambda,r,m) = Q_e(\lambda,r,m) - Q_s(\lambda,r,m) \quad (1.19)$$

其中, $x = 2\pi r/\lambda$; r 为气溶胶粒子半径; m 为粒子复折射指数; $a_n(x,m)$ 为电多极系数; $b_n(x,m)$ 为磁多极系数; σ_s 为单个粒子的散射面; σ_e 为单个粒子消光截面; Re 表示虚部。

单粒子的散射相函数为

$$\begin{aligned} p_a(\lambda,r,m,\theta) &= \frac{2\pi}{(x/r)^2\sigma_s(\lambda,r,m)}(|S_1(x,m,\theta)|^2 + |S_2(x,m,\theta)|^2) \\ &= \frac{r(|S_1(x,m,\theta)|^2 + |S_2(x,m,\theta)|^2)}{\sum_{n=1}^{a}(2n+1)(|a_n(x,m)|^2+|b_n(x,m)|^2)} \end{aligned} \quad (1.20)$$

其中, θ 为散射角; S_1 为散射到某一方向上的光能量和总的散射光能量之间的比值; S_2 为衰减因子散射偏振时角度分布函数。

$$S_1(x,m,\theta) = \sum_{n=1}^{a}\frac{(2n+1)}{n(n+1)}(a_n(x,m)\pi_n(\cos\theta) + b_n(x,m)\tau_n(\cos\theta)) \quad (1.21)$$

$$S_2(x,m,\theta) = \sum_{n=1}^{a}\frac{(2n+1)}{n(n+1)}(a_n(x,m)\tau_n(\cos\theta) + b_n(x,m)\pi_n(\cos\theta)) \quad (1.22)$$

其中, $\tau_n(\cos\theta) = \frac{d}{d\theta}p_n^1(\cos\theta)$, $P_n^1(\cos\theta)$ 为 n 阶勒让德多项式; $\pi_n(\cos\theta) = \frac{1}{\sin\theta}p_n^1(\cos\theta)$。

对于多粒子体系, 则多粒子体散射、消光和吸收效率因子为

$$K_{s,e,a}(\lambda,m) = \int_{r_{\min}}^{r_{\max}}Q_{s,e,a}(\lambda,r,m)\pi r^2\frac{dN(r)}{dr}dr \quad (1.23)$$

其中, $Q_{s,e,a}(\lambda,r,m)$ 为多粒子体散射、消光和吸收效率因子; $N(r)$ 为粒子尺度分布。

$$p(\lambda, m, \theta) = \frac{1}{K_s(\lambda, m)} \int_{r_{\min}}^{r_{\max}} p_a(\lambda, r, m) \sigma_s(\lambda, r, m) \frac{\mathrm{d}N(r)}{\mathrm{d}r} \mathrm{d}r \qquad (1.24)$$

其中，$K_s(\lambda, m)$ 为散射函数；$p_a(\lambda, r, m)$ 为单粒子偏振相函数。

$$q(\lambda, m, \theta) = \frac{1}{K_s(\lambda, m)} \int_{r_{\min}}^{r_{\max}} q_a(\lambda, r, m) \sigma_s(\lambda, r, m) \frac{\mathrm{d}N(r)}{\mathrm{d}r} \mathrm{d}r \qquad (1.25)$$

其中，$q_a(\lambda, r, m)$ 为单粒子体散射相函数。

(3) 无选择性散射

当光波的波长远小于大气衰减因子的波长时会出现无选择性散射。其强度与波长无关，因此发生无选择性散射的各个波段强度是相同的。大气散射影响遥感成像的准确性，这是因为散射会将光波散射到各个方向，减少从发射源到达目标物体和从目标物体到达卫星之间的光强度，降低影像的对比度，进而使遥感图像的信息量减少。气溶胶散射就是无选择散射的一种。

气溶胶散射直径在 $10^{-3} \sim 10\mu m$，其中直径为 0.01~1μm 的叫作霾。气溶胶按类型可以分为吸湿性气溶胶和非吸湿性气溶胶。大气散射特点如表 1.4 所示。

表 1.4　大气散射特点

类型	半径/μm	浓度/(个/cm³)
空气分子	10^{-4}	10^{19}
艾特肯(Aitken)核	$10^{-3} \sim 10^{-2}$	$10^4 \sim 10^9$
霾	$10^{-2} \sim 1$	$10^3 \sim 10$
雾滴	$1 \sim 10$	$100 \sim 10$
云滴	$1 \sim 10$	$300 \sim 10$
雨滴	$10^2 \sim 10^4$	$10^{-2} \sim 10^{-5}$

就单个成分而言，卷积集合 V_j 和单位面积的粒子数量 N_j 之间的关系为

$$V_j = \frac{4\pi}{3} \int_0^{+\infty} r^3 \frac{\mathrm{d}N_j(r)}{\mathrm{d}r} \mathrm{d}r \qquad (1.26)$$

假设 C_j 是 j 的气溶胶卷积因子，由 $C_j = v_j/v$、$v_j = n_v V_j$，式(1.26)可写为

$$n = \sum_j n_j = v \sum_j \frac{C_j}{V_j} \qquad (1.27)$$

因此，可以获得粒子密度百分比，即

$$\frac{n_j}{n} = \frac{\dfrac{C_j}{V_j}}{\sum_j \dfrac{C_j}{V_j}} \qquad (1.28)$$

消光系数为

$$K^{\text{ext}}(\lambda) = \sum_j \frac{n_j}{n} K_j^{\text{ext}}(\lambda) \tag{1.29}$$

不对称因子为

$$g(\lambda) = \frac{N}{K^{\text{sca}}(\lambda)} \sum_j \frac{n_j}{n} g_j(\lambda) k_j^{\text{sca}}(\lambda) \tag{1.30}$$

相函数方程为

$$P_a(\lambda) = \frac{N}{K^{\text{sca}}(\lambda)} \sum_j \frac{n_j}{n} P_j(\lambda) k_j^{\text{sca}}(\lambda) \tag{1.31}$$

单个粒子的反照率为

$$\omega_0(\lambda) = \frac{K^{\text{sca}}(\lambda)}{K^{\text{ext}}(\lambda)} \tag{1.32}$$

1.3.2　大气光折射特性

大气光折射是光波在穿过大气层进入地球的过程中，空气含量不同而发生方向改变的现象。根据地球大气不同高度的空气密度，假设大气由一层层不同的介质组成，而光在两种介质中会发生折射，所以在光波到达目标物的过程中不是沿着直线传播的，而是折射到各个方向上，到达地面的只是少部分。因此，观测目标物会偏离实际的位置，当天顶角数值很大时，要计算大气的折射作用。

光在不同载体中的传输会产生方向改变的现象，若两种介质的折射率分别为 n_1 和 n_2，入射角度和折射角分别为 j 和 θ，则折射定义为

$$n_1 \sin j = n_2 \sin \theta \tag{1.33}$$

由此可以把某一高度的大气根据空气浓度分成两层。这样折射率就与高度有关，大气上层为直线传输层，折射率为常量，下层为折射变化层，因此可得出在两种介质中的传输路线关系，即

$$n \cos \theta = 常数 \tag{1.34}$$

即斯涅耳(Snell)定律。

1.3.3　大气湍流

1. 形成机制

流体力学研究表明，湍流是空气质点做无规则或随机变化的一种运动状态。

流体的流动有两种形式,即层流和湍流[40]。湍流是较为规则运动的层流由特定的外力条件过渡为不稳定的湍流。湍流可以分为自由剪切湍流和平板间热对流湍流。自由剪切湍流如图 1.6 所示。平板间热对流湍流如图 1.7 所示。稳定的层流由外因扰动触发脉动,扰动逐步加强,流动慢慢失去稳定性和规律性,形成湍流斑,继续增强扰动,流体的稳定性和规律性被严重破坏,最后形成湍流。这一类湍流称为剪切湍流。位于两平板间的流体可由下板面逐步加热,上板面逐渐冷却,形成互减温度差,同时平板间的流态失稳也会触发许多小尺度的对流涡旋。上下板间的温差继续加大,就会形成充分发展的湍流。这一类湍流称为热湍流或对流湍流。在实际应用中,边界层、射流,以及管道中的湍流属于前一类;夏天地球大气受下垫面加热后产生的湍流属于后一类。

 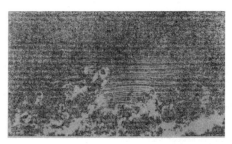

图 1.6　自由剪切湍流　　　　　　　　图 1.7　平板间热对流湍流

为了研究湍流形成的机制,研究人员运用流动稳定性理论、分岔理论和混沌理论等讨论分析,并进行了大量的模拟实验。以热对流湍流的形成为例(图 1.8),研究人员比较倾向于下述理论,即随着流体内温差的逐渐增加,稳定的层流①在发生流体运动不稳定后,出现分岔流态;继而发生②不稳定,流态进一步分岔;在③、④阶段中许多更高程度、更不稳定的流态接连发生,是湍流形成的过渡区;

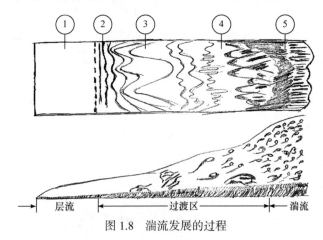

图 1.8　湍流发展的过程

当扰动持续叠加将流体的稳定性和规则性彻底破坏(⑤)就形成热对流湍流。这种复杂的流动称为湍流[41]。

Re 可作为层流向湍流转换的依据,其定义为

$$Re = \frac{\rho v L}{\mu} \tag{1.35}$$

其中,ρ 为流体密度;v 为流体的特征速度;L 为流动的特征长度;μ 为流体的黏性系数。

现在已经证明,存在一个临界雷诺数(critical Reynolds number)Rec,当 $Re <$ Rec 时流动为层流,当 $Re >$ Rec 时流动为湍流。

剪切流中湍流的发生情况更为复杂。实验发现,平滑剪切流向湍流过渡常会伴有突然发生的、做奇特波状运动的湍流斑(过渡斑)。可以设想,许多逐渐形成的过渡斑,一再出现新的突然扰动而互相作用和衰减,使混乱得以维持。把过渡斑作为一种孤立的非线性波动现象来研究,有可能对湍流过渡现象取得较深刻的理解。

2. 基本特性

应用湍流理论首先要从研究湍流的基本特性开始,湍流形成的过程伴随着随机性、不稳定性和不确定性,湍流形成后这些特性也被继承。但是,由湍流统计理论分析得出,湍流场中任意两个相邻空间点有某种程度上运动参数的关联,如能量关联、速度关联与压强关联等,边界条件不同的湍流具有不同的关联特征。总的来说,湍流具有以下基本特性[40]。

(1) 随机性(脉动性)

湍流的流体质点运动具有很强的随机性,这一点类似于分子在时间与空间上的完全不规则且随时变化的运动特征。湍流运动不可预测,对于一种叠加在随时空缓慢变化的平均流动之上的涨落或脉动,外部随机扰动导致流动失稳并将这些扰动放大。初始条件的不确定性也可导致非线性动力系统的随机性。根据湍流统计学平均特征理论,随机性的湍流运动参数在一定程度上符合某种概率规律,抓住这一规律可解决很多湍流问题。

(2) 涡旋性

湍流是平均流和不规则脉动叠加而成的,其中脉动具有很宽的频谱。在湍流中,非线性机理不断产生越来越小的涡旋,形成从大到小的涡旋谱系。最大涡旋特征尺度可与流域特征尺度相当。由于能量在最小涡旋中耗散,因此也称耗散尺度。Re 越大,科尔莫戈罗夫尺度越小。小涡旋逐渐发展,湍流内尺度增大,会形成外尺度湍流大涡旋,并且在大涡旋中还包含不同尺度的小涡旋。这些涡旋处于

不断形成与破坏的过程中。大气湍流中涡旋的形态如图 1.9 所示。

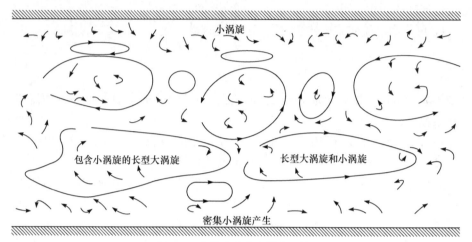

图 1.9　大气湍流中涡旋的形态

(3) 扩散性

在湍流中，动量、质量、热交换的速率比层流扩散(分子扩散)的速率大几个数量级。这导致湍流的许多重要应用。例如，燃烧炉内湍流燃烧和传热的速率比蜡烛燃烧时层流火焰相应的速率快得多。

(4) 耗散性

小尺度涡旋的脉动能量不断被黏性转换为热,因此不会出现更小的尺度运动。为补偿黏性耗散，湍流需要不断补充能量，否则会很快衰减。常见的随机声波(噪声)也是一种随机运动，但它的黏性损耗很小，本质上是非耗散的，因此不属湍流的范畴。湍流中能量耗散率 ε 应与能量传输率相当，$\varepsilon \sim u^3/l$。因此，它和流体运动黏性系数 v 是确定 Kolmogorov 尺度 η 的基本因素。通过量纲分析，可以得到 η 为

$$\eta = (v^3/\varepsilon)^{1/4} \tag{1.36}$$

3. 基本方程

湍流运动=平均运动+脉动运动。湍流运动同样满足连续方程，以及纳维-斯托克斯方程，但是由于湍流运动随时间、空间的剧变性(脉动性)，细致地考虑其真实的运动几乎是不可能的,也没有意义,因此通常采用平均运动方程组描述湍流运动[40]。

(1) 连续方向

不可压缩流体的连续方程为

$$\frac{\partial u}{\partial x} + \frac{\partial v}{\partial y} + \frac{\partial w}{\partial z} = 0 \tag{1.37}$$

根据前面的讨论，可以将速度分量表示为

$$u = \bar{u} + u', \quad v = \bar{v} + v', \quad w = \bar{w} + w' \tag{1.38}$$

因此，流体的连续方程可以变为

$$\frac{\partial \bar{u}}{\partial x} + \frac{\partial \bar{v}}{\partial y} + \frac{\partial \bar{w}}{\partial z} + \frac{\partial u'}{\partial x} + \frac{\partial v'}{\partial y} + \frac{\partial w'}{\partial z} = 0 \tag{1.39}$$

对式(1.39)求平均，即

$$\frac{\partial u'}{\partial x} + \frac{\partial v'}{\partial y} + \frac{\partial w'}{\partial z} = 0 \tag{1.40}$$

$$\frac{\partial \bar{u}}{\partial x} + \frac{\partial \bar{v}}{\partial y} + \frac{\partial \bar{w}}{\partial z} = 0 \tag{1.41}$$

这就是不可压缩流体平均速度和脉动速度满足的连续方程，表明不可压缩流体做湍流运动时，平均速度 $\overline{V'}$ 和脉动速度 V' 的散度均为 0[42]，即

$$\mathrm{div}\overline{V'} = 0, \quad \mathrm{div}V' = 0 \tag{1.42}$$

(2) 平均运动方程——雷诺方程

对于均匀不可压缩流体，考虑不受质量力作用，流体运动方程为

$$\frac{\mathrm{d}V}{\mathrm{d}t} = -\frac{1}{\rho}\nabla p + \nu \nabla^2 V \tag{1.43}$$

x 方向的运动方程为

$$\frac{\partial u}{\partial t} + u\frac{\partial u}{\partial x} + v\frac{\partial u}{\partial y} + w\frac{\partial u}{\partial z} = -\frac{1}{\rho}\frac{\partial p}{\partial x} + \nu \nabla^2 u \tag{1.44}$$

为了平均化运算方便，进行适当变换，即

$$\frac{\partial u}{\partial t} + \frac{\partial(uu)}{\partial x} + \frac{\partial(uv)}{\partial y} + \frac{\partial(uw)}{\partial z} = -\frac{1}{\rho}\frac{\partial p}{\partial x} + \nu \nabla^2 u + u\left(\frac{\partial u}{\partial x} + \frac{\partial v}{\partial y} + \frac{\partial w}{\partial z}\right)$$

$$\Rightarrow \frac{\partial u}{\partial t} + \frac{\partial(uu)}{\partial x} + \frac{\partial(uv)}{\partial y} + \frac{\partial(uw)}{\partial z} = -\frac{1}{\rho}\frac{\partial p}{\partial x} + \nu \nabla^2 u \tag{1.45}$$

将任意物理量表示为 $A = \bar{A} + A'$，则 x 方向的平均运动方程(雷诺方程)为

$$\bar{u}\left(\frac{\partial \bar{u}}{\partial x} + \frac{\partial \bar{v}}{\partial y} + \frac{\partial \bar{w}}{\partial z}\right) = 0 \tag{1.46}$$

同理，可以得到 y、z 方向的平均运动方程，最终得到如下形式的平均运动(雷诺)方程[40]，即

$$\begin{cases} \rho\left(\dfrac{\partial \overline{u}}{\partial t}+\overline{u}\dfrac{\partial \overline{u}}{\partial x}+\overline{v}\dfrac{\partial \overline{u}}{\partial y}+\overline{w}\dfrac{\partial \overline{u}}{\partial z}\right)=-\dfrac{\partial \overline{p}}{\partial x}+\mu\nabla^2\overline{u}+\dfrac{\partial(-\rho\overline{u'u'})}{\partial x}+\dfrac{\partial(-\rho\overline{u'v'})}{\partial y}+\dfrac{\partial(-\rho\overline{u'w'})}{\partial z} \\[3mm] \rho\left(\dfrac{\partial \overline{v}}{\partial t}+\overline{u}\dfrac{\partial \overline{v}}{\partial x}+\overline{v}\dfrac{\partial \overline{v}}{\partial y}+\overline{w}\dfrac{\partial \overline{v}}{\partial z}\right)=-\dfrac{\partial \overline{p}}{\partial y}+\mu\nabla^2\overline{v}+\dfrac{\partial(-\rho\overline{v'u'})}{\partial x}+\dfrac{\partial(-\rho\overline{v'v'})}{\partial y}+\dfrac{\partial(-\rho\overline{v'w'})}{\partial z} \\[3mm] \rho\left(\dfrac{\partial \overline{w}}{\partial t}+\overline{u}\dfrac{\partial \overline{w}}{\partial x}+\overline{v}\dfrac{\partial \overline{w}}{\partial y}+\overline{w}\dfrac{\partial \overline{w}}{\partial z}\right)=-\dfrac{\partial \overline{p}}{\partial z}+\mu\nabla^2\overline{w}+\dfrac{\partial(-\rho\overline{w'u'})}{\partial x}+\dfrac{\partial(-\rho\overline{w'v'})}{\partial y}+\dfrac{\partial(-\rho\overline{w'w'})}{\partial z} \end{cases}$$

$$(1.47)$$

其中，$\dfrac{\partial \overline{p}}{\partial z}$ 为平均压力梯度力；$\mu\nabla^2\overline{w}$ 为平均运动的黏性力；$\dfrac{\partial(-\rho\overline{w'u'})}{\partial x}+\dfrac{\partial(-\rho\overline{w'v'})}{\partial y}+\dfrac{\partial(-\rho\overline{w'w'})}{\partial z}$ 为湍流(雷诺)应力，是一个二阶张量。

(3) 雷诺应力

将雷诺方程与黏性流体应力形式的动量方程进行比较，由雷诺方程可以看出，在湍流的时均运动中，除了原有的黏性应力分量，还多出脉动速度乘积的时均值 $-\rho\overline{u'u'}$、$-\rho\overline{u'v'}$ 等构成的附加项。这些附加项构成一个对称的二阶张量，即

$$p'=\begin{bmatrix} p'_{xx} & p'_{xy} & p'_{xz} \\ p'_{yx} & p'_{yy} & p'_{yz} \\ p'_{zx} & p'_{zy} & p'_{zz} \end{bmatrix}=\begin{vmatrix} -\rho\overline{u'u'} & -\rho\overline{u'v'} & -\rho\overline{u'w'} \\ -\rho\overline{v'u'} & -\rho\overline{v'v'} & -\rho\overline{v'w'} \\ -\rho\overline{w'u'} & -\rho\overline{w'v'} & -\rho\overline{w'w'} \end{vmatrix} \qquad (1.48)$$

式(1.48)中的各项构成雷诺应力。

4. 统计理论

激光大气湍流模拟装置以湍流的统计理论为基础进行设计研发。由于湍流的随机性和不规则性，无法利用单次的固定规律描述湍流，因此研究时引入平均统计的概念。结果表明，湍流细微结构是平均分布的，可以描述流体运动的某些概貌。湍流场运动的平均速度和其他参数平均所有量在空间坐标轴上是保持不变的，并且相关函数沿任何方向也是相同的。由于实验室内模拟湍流具有湍流场对脉动无交互的特性，也不会有不均匀性造成的湍能扩散效应和各向异性造成的湍能重分配效应，因此可以利用这种湍流研究湍能衰减规律和湍流场中各级涡旋间的能量分配和交换规律[43]。这种对理论研究十分有益的理想湍流称为均匀各向同性湍流。卡门和豪沃思经过一系列的研究推导出相关性随时间变化的卡门-豪沃思方程和湍流的三维能谱函数，可以描述湍流场中动态涡旋的能量谱曲线变化。

根据局部各向同性概念，能量谱在惯性子区中是按 κ 的-5/3 次幂变化的。湍流的能量曲线变化称为科尔莫戈罗夫谱定律，即湍流的流动总是受到边界条件

的影响。由于边界条件不可能是均匀同向的，大尺度涡旋的运动中受边界影响较少的小尺度涡旋可能是各向同性的。为了消减边界条件对湍流场的影响，科尔莫戈罗夫研究湍流动力相对速度 $i=i-\lambda'$，并推导出结构函数 $\overline{w_i'w_j'}$，认为由脉动场 i 确定的平均性质具有各向同性，因此称这种湍流为局部均匀各向同性湍流[44]。

研究人员对湍流的统计理论不断总结完善，在局部均匀各向同性的理想湍流模型中获得很多实验成果。该理论在湍流的光学特性、湍流的流体力学特性、大气流体能量分布等研究领域广泛应用，已成为湍流研究中最有力的科学研究手段。

5. 物理意义

大气湍流指大气中局部温度、压强等参数随机变化引起折射率随空间位置和时间的随机变化。这是一种快速不规则的运动，各种物理量都是时间和空间的随机变量，需要用统计方法描述。从麦克斯韦(Maxwell)方程组和随机场理论出发，可以建立大气湍流模型。

大气的物理性质在不同高度、不同位置都是不一样的。即使同一点的不同时刻，大气也会产生变化。大气最重要的一个特征是通常处于湍流运动状态。大气折射率的随机起伏也是由湍流运动引起的。由于大气总处于不停地流动中，因此形成温度、压强、密度、流速、大小等不同的气体涡旋。这些涡旋也总是处于不停的运动变化中，它们的运动相互交联、叠加，形成随机的湍流运动。

大气湍流的折射率随时间、空间、波长而变化，可以简化为关于空间的函数。这是因为大气湍流涡旋有很大的范围，从几毫米到几十米，所以折射率的随机变化与波长的依赖关系可以忽略。此外，由于光穿过大气所需的时间非常短，仅仅是折射率随机变化分量"涨落时间"的一小部分，因此其随时间变化的依赖关系也可以忽略。重点研究温度起伏引起的折射率场变化的大气湍流，通过研究光波在大气湍流中传输特性，可以验证很多湍流的理论模型，同时具有实际应用价值。

大气湍流导致大气折射率不断起伏。光波经过大气湍流传输，大气折射率产生起伏变化，从而引起光波的光强起伏、相位起伏、到达角起伏、光束漂移和光束扩散等现象。大气湍流对光束特性的影响程度和形式与光束的直径 d、湍流尺度 L 的相对大小有关，大致可根据湍流尺度的不同分为三种。当湍流尺度大于光束直径时，光束发生随机偏折，主要表现为接收端的光束漂移。当湍流尺度几乎等于光束直径时，光束也会发生随机偏折，主要表现为到达角的起伏、像素抖动。当湍流尺度小于光束直径时，光束发生衍射，相干性下降，主要表现为光束扩展、光强起伏、光强衰落。

当$d/L \ll 1$时，湍流的主要作用是使光束产生随机偏折。犹如光束射入一个折射率与空气不同的介质一样被折射。这时光束的传播方向或在接收面上的投影位置是随机漂荡的，这就是光束漂移。大尺度湍流引起的光束漂移如图 1.10 所示。

图 1.10　大尺度湍流引起的光束漂移

当$d/L \gg 1$时，光束截面内将包含许多湍流涡旋，各自对照射的那一小部分光束起衍射作用，从而使光束强度和相位在空间和时间上出现随机分布。同时，光束面积也在扩大，引起光束强度起伏、相位起伏和光束扩展。小尺度湍流引起的光强起伏如图 1.11 所示。

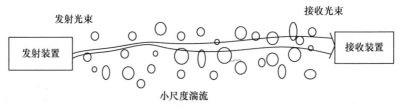

图 1.11　小尺度湍流引起的光强起伏

当$d/L \cong 1$时，湍流的作用是使光束截面发生随机偏转，从而形成到达角起伏。在使用光学系统接收时，焦平面上将出现像素抖动[45]。

1.3.4　大气湍流表征

1. 大气折射率随机起伏的空间自相关函数及谱密度

若大气折射率随机起伏$\xi_1(r,t,\lambda)$在三维空间中是平稳的，则称它是统计平均的。自相关函数可表示为[46]

$$B_n(r) = \overline{\xi_1(r_1)\xi_1(r_1 - r)} \tag{1.49}$$

其中，$r = r_1 - r_2 = (\Delta x, \Delta y, \Delta z)$。

对于一个定常函数，只要符合狄利克雷条件，就能把它表示成傅里叶积分的形式。但是，并不能保证每一个随机变量$\xi(r)$都满足狄利克雷条件，而相关函数

$B(r)$ 一般情况下是绝对可积的, 因此相关函数 $B(r)$ 一定存在一个谱密度函数 $\Phi(K)$, 使 $B(r)$ 与 $\Phi(K)$ 存在一一对应关系, 即

$$B(r) = \int_K e^{iKr} \Phi(K) dK \tag{1.50}$$

$$\Phi(K) = \frac{1}{(2\pi)^3} \int_R e^{-iKr} B(r) dr \tag{1.51}$$

如果折射率随机起伏具有圆对称的自相关函数, 则可利用球坐标系完成角坐标的积分简化处理, 设 $K \cdot r = Kr\cos\theta$, $dr = r^2 \sin\theta dr d\theta d\varphi$, $d^3 K = k^2 \sin\theta d\theta d\varphi dk$, 则有

$$B(r) = 4\pi \int_0^\infty \frac{\sin Kr}{Kr} \Phi(K) K^2 dK \tag{1.52}$$

$$\Phi(K) = \frac{1}{(2\pi)^2} \int_0^\infty \frac{\sin Kr}{Kr} B(r) r^2 dr \tag{1.53}$$

实际理论分析和计算常用于处理 z 坐标平面上的二维自相关函数和二维功率谱密度函数的关系问题。设二维空间 (x, y) 的矢径函数为 ρ , 二维谱空间 (K_x, K_y) 的矢径函数为 κ , 定义该二维自相关函数为 $B_n(\rho; z)$, 二维功率谱密度函数为 $F_n(\kappa_x, \kappa_y, z)$, 即

$$F_n(\kappa_x, \kappa_y, z) = \int_{-\infty}^\infty \Phi_n(K_x, K_y, K_z) dK_z \tag{1.54}$$

二维自相关函数和二维功率谱密度函数的傅里叶变换为[46]

$$\begin{cases} F_n(\rho, z) = \dfrac{1}{(2\pi)^2} \iint_{-\infty}^{+\infty} B_n(\rho; z) \exp(-i\kappa\rho) d^2\rho \\ B_n(\rho; z) = \int_{-\infty}^\infty \int F_n(\kappa, z) \exp(-i\kappa\rho) d^2\kappa \end{cases} \tag{1.55}$$

其中

$$\begin{cases} \kappa = (\kappa_x, \kappa_y) \\ \rho = (\Delta x, \Delta y) \\ B_n(\rho; z) = \overline{\xi_1(\rho; z) \xi_1(\rho_1 - \rho; z)} \end{cases} \tag{1.56}$$

如果二维自相关函数和二维功率谱密度函数具有圆对称性, 则可表示为[47]

$$\begin{cases} F_n(\kappa, z) = \dfrac{1}{2\pi} \int_0^\infty B_n(\rho; z) J_0(\kappa\rho) \rho d\rho \\ B_n(\rho; z) = 2\pi \int_0^\infty F_n(\kappa, z) J_0(\kappa\rho) \kappa d\kappa \end{cases} \tag{1.57}$$

其中，$J_0(\kappa\rho)$ 为零阶贝塞尔函数；$\kappa = \sqrt{\kappa_x^2 + \kappa_y^2}$；$\rho = \sqrt{(\Delta x)^2 + (\Delta y)^2}$。

2. 折射率结构函数和波结构函数

(1) 折射率结构函数

在实际应用中，大气折射率的随机起伏 $\xi_1(r,t,\lambda)$ 在三维空间中只能在足够短的时间间隔内看作是平稳的，当时间间隔加长，平稳条件就不再保持[45]。此时，随机过程的各种平均量会发生显著的变化，应用平稳过程的理论不再能确切地描述该过程。为了研究这些过程，需要引入推广意义下的平稳过程，其中最重要的是具有平稳增量的过程。增量平稳过程的含义是，虽然大气折射率的随机起伏 $\xi(t)$ 不是平稳过程，但 $\Delta\xi(t) = \xi(t+\tau) - \xi(t)$ 却是平稳随机过程。因此，空间任意两点的大气折射率结构函数为

$$D_n(r,r') = \left\langle [\xi(r) - \xi(r')]^2 \right\rangle \tag{1.58}$$

如果平稳条件仅与任意两点间的相对位置有关，与其所处的具体位置无关，则折射率结构函数满足的条件为

$$D_n(r,r') = D_n(r - r') \tag{1.59}$$

(2) 波结构函数

光波在湍流大气传输中的对数振幅起伏和相位起伏结构函数的和称为波结构函数，表示为 $D(\rho,z)$。在微扰近似条件下，其垂直于传输方向的平面内的表达式为[48]

$$D(\rho,z) = D_\chi(\rho,z) + D_{\text{phase}}(\rho,z) = 8\pi^2 k^2 \int_0^z \mathrm{d}z \int_0^\infty (1 - J_0(\kappa\rho)) \Phi_n(\kappa)\big|_z \kappa \mathrm{d}\kappa \tag{1.60}$$

其中，$D_\chi(\rho,z)$ 为对数振幅起伏结构函数；$D_{\text{phase}}(\rho,z)$ 为相位结构函数，是激光大气传输理论分析中的重要参数之一，其模型可表述为[48]

$$D_{\text{phase}}(\rho,z) = 4\pi^2 k^2 z \int_0^\infty m(1 - J_0(m\rho)) f_s(m)\phi_n(m)\mathrm{d}m \tag{1.61}$$

其中，k 为波数；z 为传输路径；m 为空间波数；$J_0(m\rho)$ 为 0 阶第一类贝塞尔函数；ρ 为观察面上任一点距轴的矢矩；$\phi_n(m)$ 为湍流的功率谱密度；$f_s(m)$ 定义为

$$f_s(m) = 1 + \frac{k}{m^2 z} \sin\frac{m^2 z}{k} \tag{1.62}$$

在湍流惯性子区内(即 $l_0 \ll \rho \ll L_0$)，对应不同的传输光束，其相位结构函数 $D_{\text{phase}}(\rho,z)$ 的计算模型如表 1.5 所示。

表 1.5 相位结构函数 $D_{\text{phase}}(\rho,z)$ 的计算模型

传输光束类型	二维空间矢径函数 ρ 的取值范围	相位结构函数 $D_{\text{phase}}(\rho,z)$ 的计算模型
平面波	$\rho \leqslant l_0$	$1.953 C_n^2 z k^2 l_0^{-1/3} \rho^2$
	$l_0 < \rho \leqslant L_0$	$2.914 C_n^2 z k^2 \rho^{5/3}$
	$\rho > L_0$	$0.073 C_n^2 z k^2 L_0^{5/3}$
球面波	$\rho \leqslant l_0$	$0.651 C_n^2 z k^2 l_0^{-1/3} \rho^2$
	$l_0 < \rho \leqslant L_0$	$1.093 C_n^2 z k^2 \rho^{5/3}$
	$\rho > L_0$	$0.073 C_n^2 z k^2 L_0^{5/3}$

(3) 局部均匀各向同性湍流理论

假如大气湍流向各方面无限扩展，可以认为湍流涡旋运动的随机特征是各向同性的。实际上，这种条件很少能被满足：一方面，流动会受到固体边界的限制；另一方面，流动的能量也不能无限制扩大。量级为 L_0 的大涡旋运动肯定不是各向同性的。对于小涡旋，整体运动的影响迅速下降。当 $l \ll L_0$，且运动区域离固体边界足够远时，运动就可以认为是各向同性的。在建立湍流统计理论的过程中，Kolmogorov 于 1941 年提出三个基本假设[43]。

① 虽然流体整体是非各向同性的，但是在给定的微小域内，可以近似地把它看作各向同性的。

② 在局部均匀各向同性区域中，流体运动仅由内摩擦力和惯性力决定。

③ 在大的 Re 时，存在称为惯性范围的尺度区间 $l_0 \ll r \ll L_0$。在该惯性范围内，大气的速度、温度、折射率的统计特性服从 2/3 次方定律，即

$$D_i(t) = \left\langle (i_1 - i_2)^2 \right\rangle = C_i^2 r^{\frac{2}{3}} \tag{1.63}$$

其中，D_i 代表速度、温度和折射率的结构函数；r 为观察点之间的距离；C_i^2 为相应场的结构常数。

1.3.5 大气湍流模型

光束大气传输及自适应光学相位校正的研究需要对大气的湍流特性进行定量描述。定量地测量大气光学湍流基于对大气光学参数的测量，这包括近地面大气折射率结构常数 C_n^2、大气相干长度 r_0、等晕角 θ_0，以及 C_n^2 的垂直廓线等。更主要的是，通过测量了解它们的光学特性及其变化规律是研究光波大气传输特性的基础。测量大气光学湍流基本参数最直接的方法是利用光学测量的方法。

1. 大气折射率结构常数

(1) 折射率结构常数数学模型

大气折射率结构常数 C_n^2 是反映大气湍流特性的重要参数之一。它描述大气湍流起伏的强弱，可以反映湍流谱的部分特征，与团能的耗散率密切相关，对光波在湍流大气中的传播起着支配作用。

由于光学湍流的均匀各向同性，常利用大气折射率结构常数描述湍流强度，其定义为

$$C_n^2 \leqslant (n(x) - n(x+r))^2, \quad l_0 \ll r \ll L_0 \tag{1.64}$$

其中，n 为大气折射率；x 和 r 为位置矢量；l_0 和 L_0 为内尺度和外尺度。

对于可见光和近红外光波，折射率起伏主要是温度起伏引起的。温度结构常数 C_T^2 的定义为

$$C_T^2 \leqslant (T(x) - T(x+r))^2, \quad l_0 \ll r \ll L_0 \tag{1.65}$$

因此，C_n^2 可直接由温度结构常数 C_T^2 求得，即

$$C_n^2 = \left(79 \times 10^{-6} \frac{P}{T^2} \right)^2 C_T^2 \tag{1.66}$$

其中，T 为气温；P 为气压。

研究表明，折射率结构常数 C_n^2 与海拔高度密切相关。如果能找到它们的关系，就可以估计 C_n^2 的值。

Hufnagel 等较早开展了对大气折射率结构常数 C_n^2 的研究，认为折射率结构常数的值除了与离地面的高度有关，还受大气条件的影响。同时，根据大量实验数据提出在平均海拔高度 3～24km，折射率结构常数满足

$$C_n^2(h) = 2.72 \times 10^{-16} \left[3\overline{v^2} \left(\frac{h}{10} \right)^{10} \exp(-h) + \exp\left(-\frac{h}{1.5} \right) \right] \tag{1.67}$$

其中，$\overline{v^2}$ 为横向风速平方均值；h 为海拔高度。

在这个模型之后又出现多种描述大气折射率结构常数 C_n^2 的模型。Ben-Yosef 等根据季节、气象、地理值位置的变化提出 C_n^2 的模型，即

$$C_n^2 = 4.168146 \times 10^{-13} h^{-4/3} \tag{1.68}$$

与该模型相似的形式是由计算机模拟表示的模型公式，即

$$C_n^2 = 1.585 \times 10^{-12} h^{-4/3}, \quad h \leqslant 3\text{km} \tag{1.69}$$

这个模型在近地表面上能很好地描述折射率结构常数的变化规律，但是在高空则不然，因为在高空，气流流动速度加快，此时的大气折射率结构常数 C_n^2 应较大。Welsh 引用 Hufnagel 模型提出新的 C_n^2 模型，即

$$C_n^2 = A\left[2.2\times10^{-23}\left(\frac{h}{1000}\right)^{10}\mathrm{e}^{-h/1000} + 10^{-16}\mathrm{e}^{-h/1500}\right] \tag{1.70}$$

其中，A 为任意常数。

Post 根据以上模型和公式，综合可以得到 C_n^2 模型，即

$$C_n^2 = \begin{cases} 1.585\times10^{-12}h^{-4/3}, & h \leqslant 3\mathrm{km} \\ 2.693928\left[2.2\times10^{-23}\left(\dfrac{h}{1000}\right)^{10}\mathrm{e}^{-h/1000} + 10^{-16}\mathrm{e}^{-h/1500}\right], & h > 3\mathrm{km} \end{cases} \tag{1.71}$$

该模型较为接近实际情况，可以很好地描述折射率结构常数 C_n^2 的变化规律，因此利用该模型可以事先估测 C_n^2 的值。测量折射率结构常数 C_n^2 常用的方法有气球探空测量、光学遥感测量、雷达测量。

(2) 探空气球测量

光学湍流最直接的测量方法之一是使用探空气球。气球携带气象传感器测量气象参数，如温度 T、气压 P、风速 V、湿度 RH 等。经过一定时间后，传感器得到温度结构常数 C_T^2，再计算 C_n^2，即

$$C_n^2 = \left(79\times10^{-6}\frac{P}{T^2}\right)^2 C_T^2 \tag{1.72}$$

这一技术给出了很高的垂直空间分辨率，适合详细研究折射率结构常数 C_n^2。

(3) 光学遥感测量

测量 C_n^2 最方便常用的方法是光学遥感测量，较为常用有 Scidar、GeneralizedScidar 方法等。传统的 Scidar 测量技术利用双星做光源，可用来测量 C_n^2。其原理是从双星发出的光经过高度为 h 的单一湍流层时，双星闪烁的短曝光图像的自相关函数强度与 $C_n^2(h)$ 成正比，位置反映湍流层的高度。当经过多个湍流层时，每层相位屏扰动相互独立。与双星连线平行和垂直的方向的自相关函数分量差为

$$B_{**} = \int_0^\infty \mathrm{d}hK(x,h)C_n^2(h) + N(x) \tag{1.73}$$

其中，$x=\theta h$；$K(x,h)$ 为核函数；$N(x)$ 为估算的噪声；$B_{**}(x)$ 由望远镜像平面测量得到。

(4) 雷达测量

近年来，在气象和大气物理研究领域，多普勒雷达系统也被用于测量大气湍流。其原理是波长为 λ_R 的雷达信号受尺度为 $\lambda_R/2$ 的湍流涡旋反射，后向散射信号功率与大气湍流强度成正比，由此可以测出 C_n^2。

2. 大气相干长度

大气相干长度 r_0 又叫 Fried 参数，表征大气传输路径的光学湍流效应和光波在湍流大气中传播的空间相干性，通常可描述为

$$r_0 = 2.1\left(1.46(\sec\varphi)k^2\int_0^L C_n^2(h)\mathrm{d}h\right)^{-3/5}, \quad \text{平面波} \tag{1.74}$$

$$r_0 = 2.1\left(1.46(\sec\varphi)k^2\int_0^L C_n^2(h)(h/L)^{5/3}\mathrm{d}h\right)^{-3/5}, \quad \text{球面波} \tag{1.75}$$

$$r_0 = 2.1\left(1.46(\sec\varphi)k^2\int_0^L C_n^2(h)h^{5/3}\mathrm{d}h\right)^{-3/5}, \quad \text{其他} \tag{1.76}$$

大气湍流引起的折射率起伏导致光波的波前发生畸变，光波的相干性受到破坏，进而影响光波的进一步传播，因此大气相干长度 r_0 是描述光束在湍流介质中传输到距离发射端为 L 处光束横截面上相位的相干距离。其基本原理是测量光束到达角起伏方差，进而得出大气相干长度 r_0。

由于大气相干长度 r_0 是一个随机量，只能借助统计方法分析，这就要求对 r_0 的测量要在足够长的时间内使大气湍流满足广义平稳随机过程(即空间上满足局地均匀各向同性，时间上满足平稳增量过程)。在大气湍流满足广义平稳过程的条件下，Fried 总结了波前相位起伏的结构函数 $D_\phi(r)$ 与 r_0 的关系，即

$$D(\rho) = 6.88(r/r_0)^{5/3}, \quad r \gg l_0 \tag{1.77}$$

当相干接收系统的接收孔径 $r = r_0$ 时，波结构函数 $D(r)$ 的值为 6.88。这时该系统的光学性能达到最佳。根据随机介质中波的传播理论，对地-空光程中传播的波长为 λ 的平面波，r_0 与大气折射率结构常数 C_n^2 的关系为

$$r_0 = \left(\frac{2.91}{6.88}k^2\sec\phi\int_{h_0}^{\infty} C_n^2(h)\mathrm{d}h\right)^{-3/5} \tag{1.78}$$

其中，$k = 2\pi/\lambda$；ϕ 为天顶角；h_0 为观测点的高度。

容易看出，大气相干长度可以由沿光路的大气折射率结构常数 C_n^2 积分得到。如果直接测量 $C_n^2(h)$ 的垂直分布，则可求出 r_0。这种做法通常称为湍流积分法。由于实时获得整层的 $C_n^2(h)$ 垂直分布是相当困难的，因此这种方法不能作为常规观测的手段。

湍流介质中光束的到达角起伏方差 δ_α^2 与 $C_n^2(h)$ 的关系同 r_0 与 $C_n^2(h)$ 的关系相似，即

$$\delta_\alpha^2 = 2.91 D^{-1/3} \arccos\phi \int_{h_0}^{\infty} C_n^2(h) \mathrm{d}h \tag{1.79}$$

其中，D 为接收望远镜的孔径。

因此，r_0 与 δ_α^2 的关系为

$$r_0 = 3.18 k^{-6/5} D^{-1/5} \delta_\alpha^{-6/5} \tag{1.80}$$

r_0 可以通过测量到达角起伏方差来获得，利用计算机自动控制和成像技术可以对 r_0 进行实时观测。大气相干长度 r_0 是非常重要的大气光学参数，表示光波通过湍流传播的衍射极限，描述光波在湍流大气中传播的空间相干性，以及整层大气传输路径上的综合湍流强度。此外，它还决定了自适应光学系统中变形镜的最少驱动器数目。

3. 大气湍流等晕角

等晕角 θ_0 描述的是在某一圆锥区域内大气湍流相关的最大角度，当角度超过 θ_0 时，两个波阵面相关系数降低到 e^{-1} 以下。当角度小于 θ_0 时，大气湍流引起的波阵面相位差小于 π，角度再增大便无同相位性，会产生相干相消，即在等晕角 θ_0 范围内，大气路径上湍流造成的畸变基本相同。等晕角 θ_0 也是一个随机量，也要在大气湍流满足广义平稳过程的条件下，根据经典科尔莫戈罗夫湍流理论模型推导得到的等晕角 θ_0，即

$$\theta_0 = \left(2.91 k^2 \int_0^{+\infty} C_n^2(z) z^{5/3} \mathrm{d}z \right)^{-3/5} \tag{1.81}$$

对应光的地-空垂直及斜乘传输方式，表达式还应考虑光路中传输天顶角的大小，以及观测点海拔高度等参数的影响。设传输距离为 z，与参考位置的高度为 h，则 $z = h \sec\phi$。因此，等晕角 θ_0 的表达式变为

$$\theta_0 = \left(2.91 k^2 \sec\phi \int_{h_0}^{\infty} C_n^2(h) h^{5/3} \mathrm{d}h \right)^{-3/5} \tag{1.82}$$

同 r_0 一样，θ_0 的观测也需要通过对另一物理量的观测进行换算。最方便的方法是星光闪烁法，这是由于其闪烁方差 δ_α^2 也具有与 θ_0 相似的权重函数。理论计算表明，当两者权重相同时，下式成立，即

$$\theta_0 = C(\log(1 + \delta_\alpha^2 / \langle S \rangle^2))^{-3/5} \tag{1.83}$$

其中，$\langle S \rangle$ 为星光信号的平均值；C 为常数，大量实验求得 $C = 0.9676$。

式(1.83)在弱湍流和中等强度湍流时具有很好的精度，仅在强湍流的条件下误差达 20%左右。一般情况下，整层湍流不会处于强湍流状态，因此式(1.83)通常是有效的。通常采用星光闪烁法，即通过测量星光闪烁方差与星光信号平均值$\langle S \rangle$来推算等晕角 θ_0。

4. 大气湍流尺度

(1) 湍流外尺度

湍流的外尺度 L_0 在某种意义上可以理解为大气中大湍流的尺度，也可理解为能量注入的尺度湍流外尺度。其物理特性表现为既会影响对大气成像系统分辨率的估算，也会严重影响对大气湍流统计特征的测量[49-54]。

由于光在湍流大气传输过程中的相位起伏特性和湍流的外尺度 L_0 具有密切的关系，因此以相位补偿为目的的自适应光学技术，以及天文观测中对大气湍流外尺度的准确测量受到关注。经典大气湍流传输理论认为，湍流外尺度为几十米到几千米的范围。大气相干长度 r_0，以及等晕角 θ_0 很小，一般认为在可见光范围内，r_0 在 2～40cm，θ_0 在 5～20μrad。近年来，随着理论和实验工作的深入展开，人们对此有了不同的看法，即边界层以上大气湍流外尺度 L_0 并不像传统理论中假设的几十米到几千米，而是比较小的范围。

大气湍流外尺度与高度的关系为

$$L_0 = 0.5 + 5\exp\left(-\left(\frac{z-7500}{2500}\right)^2\right) \tag{1.84}$$

根据外尺度的拟合公式进行数值分析，可以得到湍流外尺度 L_0 的高度分布，如图 1.12 所示。同样，可以得到湍流外尺度 L_0 的估计值，因此有很大的应用价值。

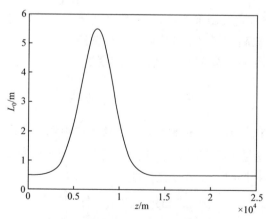

图 1.12 湍流外尺度 L_0 的高度分布图

目前对大气湍流外尺度 L_0，可以采用光束抖动频谱遥感测量，或者借助同一目标天体经两不同直径的子孔后，成像的抖动方差之间的关系进行测量。此外，还有利用非光学的方法进行测量，如采用温度起伏方差、折射率结构常数与外尺度之间的关系。

(2) 湍流内尺度

湍流内尺度 l_0 的一种解释是大气中小湍涡的尺度，也可理解为 C_T^2 在惯性子区和能量耗散区间的过渡尺度。其物理特性表现为湍流内尺度越大，闪烁指数越大，成像系统的分辨率越差。此外，大气湍流内外尺度 L_0 对光传播的影响也不能忽视。研究表明，内尺度越大，闪烁指数也越大，成像系统的分辨率越差，并且随着内尺度的增加，成像系统的分辨率会加速降低。

目前，对于湍流内尺度的测量方法，一种是光学测量方法。Livingston 最早提出利用同一传播方向的、不同距离处测量的闪烁方差求内尺度。Hill 等提出利用双口径相关闪烁、空间滤波技术、光强空间相关性等多种探测内尺度的方法。Consortini 等提出利用两平行细光束位移的相关函数性质，以及同步测量到达角起伏与光强起伏求出内尺度的方法。另一种测量方法是温度脉动法，通过测量湍流温度尺度获取光学湍流尺度。

5. 大气湍流功率谱

根据运动和能量输送关系可以将各种尺度的湍流分为三个特定区域，如图 1.13 所示。功率谱密度的大小对应湍流的三个特定区域[46,55]。

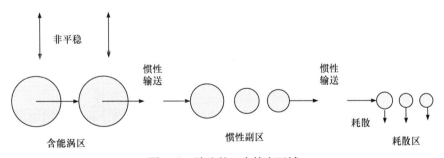

图 1.13 湍流的三个特定区域

(1) 含能涡区

其空间尺度较大，是各向异性的，通常是非平稳、非均匀的。平均场通过雷诺应力和浮力做功，向这个子区传输能量。含能涡区从平均场得到湍流能量，并往小尺度涡旋区传送，湍流黏性耗散可以不予考虑。含能涡区具有较强的涨落，并且在各种要素的涨落量之间具有较强的相关性。

(2) 惯性副区

湍能尺度小于含能涡区，是符合局地均匀与各向同性的小尺度湍流中尺度稍大的部分。它从含能涡区传送能量，通过逐级传输方式，从上一级湍涡传输到下一级湍涡。在惯性副区内，各级湍涡的湍能耗散仍然可以忽略不计。在这一区域，功率谱 $\Phi_n(k)$ 的展开式为[46]

$$\Phi_n(k) = 0.033 C_n^2 k^{-\frac{11}{3}} \tag{1.85}$$

(3) 耗散区

湍涡最小尺度部分，湍能耗散随湍流尺度的减小而增加。上一级湍涡传送过来的部分能量能传送到它的下一级湍涡，而最小尺度的湍涡最终将上一级尺度湍涡传来的动能完全耗散。在这一区域，当 k 接近某一固定值 k_m 时，功率谱的下降速度加快了，可以表示为[56]

$$\Phi_n(k) = 0.033 C_n^2 k^{-\frac{11}{3}} \exp\left(-\frac{k^2}{k_m^2}\right), \quad k > k_m \tag{1.86}$$

其中，$k_m = 5.91/l_0$。

上述两个理论的不足之处是，功率谱在原点均有不可积的极点。von Karman 谱可以有效地克服这一缺点，近似描述为[46]

$$\Phi_n(k) \approx \frac{0.033 C_n^2}{(k^2 + k_0^2)^{\frac{11}{6}}} \exp\left(-\frac{k^2}{k_m^2}\right) \tag{1.87}$$

其中，$k_0 \approx 2\pi/L_0$。

$\Phi_n(k)$ 的极限形式为[46,57]

$$\lim_{k \to 0} \Phi_n(k) = 0.033 C_n^2 k_0^{-\frac{11}{3}} \tag{1.88}$$

需要强调的是，在 $k_0 \ll k \ll k_m$ 之外，特别是小值 k 区域，对功率谱的描述缺乏物理基础。$\Phi_n(k)$ 是用人为的手段避免在 $k = 0$ 处出现极点现象而采取的计算公式，它同时表述湍流内尺度 l_0 与外尺度 L_0 对传输统计特性的影响情况。

安德鲁斯(Andrews)谱也是目前较为精确地描述折射率变化情况的数值模型谱。安德鲁斯谱 $\Phi_n(k)$ 在耗散区可近似描述为

$$\Phi_n(k) = \frac{0.033 C_n^2 \exp\left(-\frac{k^2}{k_1^2}\right)}{(k^2 + k_0^2)^{\frac{11}{6}}} \left[1 + a_1\left(\frac{k}{k_1}\right) - a_2\left(\frac{k}{k_1}\right)^{\frac{7}{6}}\right] \tag{1.89}$$

其中，$a_1 = 1.802$; $a_2 = 0.254$; $k_1 = 3.3/l_0$。

当 $a_1 = a_2 = 0$ 且 $k_1 = k_m$ 时，安德鲁斯谱模型简化为 von Karman 谱模型。

当 $k_0 = l_0 = 0$ 时，安德鲁斯谱模型简化为塔塔尔斯基谱模型。

$\Phi_n(k)$ 对 C_n^2 归一化的通用曲线如图 1.14 所示。当 $k \geqslant 2\pi/l_0$ 时，$\Phi_n(k)$ 是很小的数值，可以将其忽略；当 $2\pi/L_0 \leqslant k < 2\pi/l_0$ 时，$\Phi_n(k)$ 是一个关于 k 的递减函数；当 $k < 2\pi/L_0$ 时，$\Phi_n(k)$ 随 k 的减小而增长的速度越来越慢。

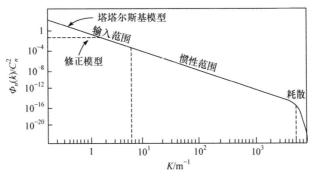

图 1.14　$\Phi_n(k)$ 对 C_n^2 归一化的通用曲线

C_n^2 的量级在 $10^{-18} \sim 10^{-13}\,\mathrm{m}^{-2/3}$，目前还没有统一的关于湍流强弱的划分办法。Davis 曾提出一种划分[46]，折合到 C_n^2 数值的强弱湍流的划分如表 1.6 所示。

表 1.6　强弱湍流的划分

湍流类型	数值
弱湍流	$C_n^2 < 6.4 \times 10^{-17}$
中等强度湍流	$2.5 \times 10^{-13} > C_n^2 \geqslant 6.4 \times 10^{-17}$
强湍流	$C_n^2 \geqslant 2.5 \times 10^{-13}$

参 考 文 献

[1] Jeffrey L H, Theodore F S, Witold F K. A multi-dimensional discrete-ordinates method for polarized radiative transfer part I: validation for randomly oriented axisymmetric particles. Journal of Quantitative Spectroscopy and Radiative Transfer, 1997, 58(3): 379-398.

[2] David B, Chenault J, Larry P. Polarization imaging through scattering media//Proceedings SPIE, 2000, 4133: 124-133.

[3] Hatcher T H. Monte Carlo and multi-component approximation methods for vector radiative transfer by use of effective Mueller matrix calculations. Applied Optics, 2001, 40(3): 400-412.

[4] Ralph E, Nothdurft G Y. Effects of turbid media optical properties on object visibility in subsurface

polarization imaging. Applied Optics, 2006, 45(22): 5532-5541.

[5] Endre R S, Jon K L, Knut S, et al. Discrete ordinate and Monte Carlo simulations for polarized radiative transfer in a coupled system consisting of two media with different refractive indices. Journal of Quantitative Spectroscopy & Radiative Transfer, 2010, 111(4): 616-633.

[6] Benoit G, Rodolphe V, Menguc M P. Polarization imaging of multiply-scattered radiation based on integral-vector Monte Carlo method. Journal of Quantitative Spectroscopy & Radiative Transfer, 2010, 111(2): 287-294.

[7] Boris F, Victoria F. A polarized atmospheric radiative transfer model for calculation of spectra of the stokes parameters of shortwave radiation based on the line-by-line and Monte Carlo methods. Atmosphere, 2012, 3(4): 451-467.

[8] Salatino M, de Bernardis P, Masi S. Modeling transmission and reflection Mueller matrices of dielectric half-wave plates. Journal of Infrared, Millimeter, and Terahertz Waves, 2017, 38(2): 215-228.

[9] Alemanno G, Garcia-Caurel E, Carter J, et al. Determination of optical constants from martian analog materials using a spectro-polarimetric technique. Planetary and Space Science, 2021, 6(24): 195.

[10] Jaiswal B, Mahapatra G, Nandi A, et al. Polarization signatures of Mars dust and clouds: prospects for future spacecraft observations. Planetary and Space Science, 2021, 201(4): 105193.

[11] 刘文清, 王亚萍, 谢品华, 等. 球形与非球形颗粒反射膜后向散射特性的实验研究. 量子电子学, 1992, 9(2): 191-194.

[12] 李毅. 非球形微粒及其形成烟幕的消光机理研究. 南京: 南京理工大学, 2002.

[13] 常梅, 金亚秋. 随机非球形粒子全极化散射的时间相关 Mueller 矩阵解. 物理学报, 2002, 51(1): 74-83.

[14] 梁子长, 金亚秋. 用多阶 Mueller 矩阵解对非均匀地表植被生物量和土壤湿度的迭代反演. 遥感学报, 2004, 8(3): 201-206.

[15] Zhao J M, Liu L H, Hsu P F, et al. Spectral element method for vector radiative transfer equation. Journal of Quantitative Spectroscopy & Radiative Transfer, 2010, 111(3): 433-446.

[16] 汤双庆. 非球形混合气溶胶紫外和可见光的传输与散射特性. 西安: 西安电子科技大学, 2010.

[17] 李志全, 郑莎, 牛力勇, 等. 二维非球形粒子随机介质中光场的传输特性. 中国激光, 2012, 39(3): 40-44.

[18] 宣建楠, 隋成华, 鄢波. 气溶胶浓度对偏振光传输特性的影响. 光学仪器, 2015, 37(4): 110-118.

[19] 胡帅, 高太长, 刘磊, 等. 偏振光在非球形气溶胶中传输特性的 Monte Carlo 仿真. 物理学报, 2015, 64(9): 290-305.

[20] 张肃, 彭杰, 战俊彤, 等. 非球形椭球粒子参数变化对光偏振特性的影响. 物理学报, 2016, 65(6): 143-151.

[21] 孙贤明, 王海华, 申晋, 等. 海洋背景下气溶胶的偏振光散射特性研究. 激光与光电子学进展, 2016, 53(4): 16-23.

[22] 白进强. 离散偶极子方法研究雾霾粒子的光散射特性. 西安: 西安电子科技大学, 2017.

[23] Zhang J K. Superior signal persistence of circularly polarized light in polydisperse, real-world fog environments. Optical Society of America, 2017, 56(18): 5145-5155.

[24] 张肃, 付强, 战俊彤, 等. 红外波段下湿度对偏振光传输特性的影响. 光子学报, 2017, 46(5): 39-45.

[25] 张肃, 战俊彤, 付强, 等. 不同形状的非球形粒子对偏振传输特性的影响. 光子学报, 2019, 39(6): 383-390.

[26] 于婷, 战俊彤, 马莉莉, 等. 椭球形粒子浓度对激光偏振传输特性的影响. 中国激光, 2019, 46(2): 213-221.

[27] 战俊彤, 张肃, 付强, 等. 不同湿度环境下可见光波段激光偏振特性研究. 红外与激光工程, 2020, 49(9): 209-215.

[28] Ketprom U, Kuga Y, Jaruwatanadilok S, et al. Numerical studies on time-domain responses of on-off-keyed modulated optical signals through a dense fog. Applied Optics, 2004, 43(2): 496-505.

[29] 段梦云, 单欣, 艾勇. 激光大气湍流模拟装置的研究与进展. 光通信技术, 2014, 38(1): 49-52.

[30] Calderer A, Guo X, Shen L, et al. Fluid-structure interaction simulation of floating structures interacting with complex, large-scale ocean waves and atmospheric turbulence with application to floating offshore wind turbines. Journal of Computational Physics, 2018, 355: 144-175.

[31] Gopalan H. Evaluation of Wray-Agarwal turbulence model for simulation of neutral and non-neutral atmospheric boundary layers. Journal of Wind Engineering and Industrial Aerodynamics, 2018, 182: 322-329.

[32] Bouras I, Ma L, Ingham D, et al. An improved k-ω turbulence model for the simulations of the wind turbine wakes in a neutral atmospheric boundary layer flow. Journal of Wind Engineering and Industrial Aerodynamics, 2018, 179: 358-368.

[33] Deskos G, del Carre A, Palacios R. Assessment of low-altitude atmospheric turbulence models for aircraft aeroelasticity. Journal of Fluids and Structures, 2020, 95: 102981.

[34] 塔塔尔斯基. 湍流大气中波的传输理论. 温景嵩, 等译. 北京: 科学出版社, 1978.

[35] 饶瑞中. 光在湍流大气中的传播. 合肥: 安徽科学技术出版社, 2005.

[36] 岁涛, 袁仁民, 孙鉴泞. 对流边界层夹卷通量参数化的室内模拟研究. 大气与环境光学学报, 2006, (6): 6.

[37] 张慧敏, 李新阳. 热风式大气湍流模拟装置的 Hartmann 测量光电工程. 光学工程, 2004, 31: 4-7.

[38] 刘永军, 胡立发, 曹召良, 等. 液晶大气湍流模拟器. 光子学报, 2006, 35(12): 1060-1063.

[39] 强希文, 宗飞, 翟胜伟, 等. 大气湍流的实验模拟与测量. 量子电子学报, 2020, 37: 506-512.

[40] 刘式达. 大气湍流. 北京: 北京大学出版社, 2008.

[41] 李玉权, 朱勇, 王江平. 光通信原理与技术. 北京: 科学出版社, 2006.

[42] Tatarskii V I. Wave Propagation in a Turbulent Medium. New York: McGraw-Hill, 1961.

[43] 吴健, 杨春平, 刘建斌. 大气中的光传输理论. 北京: 北京邮电大学出版社, 2005.

[44] 宋正方. 应用大气光学基础. 北京: 气象出版社, 1990.

[45] 张逸新. 随机介质中光的传播与成像. 北京: 国防工业出版社, 2002.

[46] 李晓峰. 星地激光通信链路原理与技术. 北京: 国防工业出版社, 2007.

[47] Underwood K. Self-referencing wavefront sensor. The International Society for Optical Engineering, 2001, 351: 180-190.

[48] Tatarskii V I. The Effects of the Turbulent Atmosphere on Wave Propagation. Jerusalem: Israel Program for Scientific Translations, 1971.

[49] Ricklin J C, Hammel S M, Eaton F D, et al. Atmospheric channel effects on free-space laser communication. Journal of Optical and Fiber Communications Reports, 2006, 3(2): 111-158.

[50] Yuksel H. Studies of the effects of atmospheric turbulence on free space optical communications. Maryland: The University of Maryland, 2005.

[51] Stotts L B, Stadler B, Hughes D, et al. Optical communications in atmospheric turbulence. Free-Space Laser Communications IX. International Society for Optics and Photonics, 2009, 7464: 746403.

[52] Ricklin J C, Hammel S M, Eaton F D, et al. Atmospheric channel effects on free-space laser communication. Journal of Optical and Fiber Communications Reports, 2006, 3(2): 111-158.

[53] Moll F, Knapek M. Wavelength selection criteria and link availability due to cloud coverage statistics and attenuation affecting satellite, aerial, and downlink scenarios. Free-Space Laser Communications VII. International Society for Optics and Photonics, 2007, 6709: 670916.

[54] Davidson F, Juan C J, Hammons A R. Channel fade modeling for free-space optical links//2010- Milcom 2010 Military Communications Conference, 2010: 802-807.

[55] 盛裴轩, 毛节太, 李建国, 等. 大气物理学. 北京: 北京大学出版社, 2003.

[56] Roddier F. Seeing monitor based on wavefront curvature sensing. The International Society for Optical Engineering, 2003, 1236: 474-479.

[57] Beland R R. Some aspects of propagation through weak isotropic nonKolmogorov turbulence. Beam Control, Diagnostics, Standards, and Propagation. International Society for Optics and Photonics, 1995, 2375: 6-16.

第2章　大气环境光学传输模型及仿真

2.1　大气衰减对光传输特性影响模型

2.1.1　朗伯-比尔定律

朗伯-比尔(Lambert-Beer)定义光能量总是以几何级数减少，光在大气中传输一定距离后的光功率为[1]

$$P(L) = P(0)\exp(-\sigma L) \tag{2.1}$$

其中，$P(0)$ 为发射光功率；$P(L)$ 为传输距离 L 后的光功率；σ 为大气信道的衰减系数。

2.1.2　能见度经验公式

研究表明，大气分子吸收在大气衰减中处于次要地位。在进行大气激光通信的系统设计时，只要选择工作波长在大气窗口范围之内，就可忽略大气吸收导致的功率衰减，即 $\alpha_d \approx 0$。此外，由于 Rayleigh 散射和波长的四次方成反比，近红外波段 Rayleigh 散射系数很小，因此 β_m 也可忽略。就水平传输而言，低层大气的主导衰减仅是 Mie 散射。这时 σ 可以用于能见度有关的经验公式，即

$$\sigma = \beta_a = \frac{3.912}{V}\left(\frac{\lambda}{550\text{nm}}\right)^{-q} \tag{2.2}$$

$$q = \begin{cases} 1.6, & R_v > 50\text{km} \\ 1.3, & 6\text{km} < R_v \leqslant 50\text{km} \\ 0.16R_v + 0.34, & 1\text{km} < R_v \leqslant 6\text{km} \\ R_v - 0.5, & 0.5\text{km} < R_v \leqslant 1\text{km} \\ 0, & R_v \leqslant 0.5\text{km} \end{cases} \tag{2.3}$$

其中，σ 为大气信道的衰减系数，单位为 km^{-1}；V 为大气能见度，单位为 km；λ 为激光波长，单位为 μm。

2.1.3　LOWTRAN/MODTRAN/HITRAN 等计算软件

气体分子吸收体现为窄吸收线,是由本身存在的光子能量与大气中的分子(和原子)气体和水蒸气共振产生的。当然,由于大气密度随着海拔高度变化,分子吸收在不同的海拔高度而不同。

MODTRAN 是中分辨率大气透过率和背景辐射计算软件包。它以 $2cm^{-1}$ 的光谱分辨率计算 $0\sim50000cm^{-1}$ 的大气透过率、大气背景辐射、单次散射的阳光、月光辐射亮度、太阳直射辐照度等。MODTRAN 增加了多次散射的计算,以及新的带模式、臭氧、氧气在紫外带的吸收参数。程序考虑连续吸收,分子、气溶胶散射,云、雨的散射和吸收,地球曲率及折射对路径及总吸收物质含量计算的影响。大气模式包括 13 种微量气体的垂直廓线,6 种参考大气模式,定义了温度、气压、密度、水蒸气、臭氧(O_3)、甲烷(CH_4)、一氧化碳(CO)和一氧化二氮(N_2O)的混合比垂直廓线。程序用带模式计算水(H_2O)、臭氧、一氧化二氮、甲烷、一氧化碳、氧气(O_2)、二氧化碳(CO_2)、一氧化氮(NO)、氨气(NH_3)和二氧化硫(SO_2)的透过率。带模式以逐线光谱为基础,包括氧分子的紫外吸收带和臭氧的紫外带。多次散射参数化计算使用二流近似和累加法,用 k-分布与原 LOWTRAN 的带模式透过率计算衔接[2]。其中,MODTRAN-4 版本有偏振模块,可以计算偏振参量。

利用该软件,可以分析不同情况下光的透过率。在美国标准大气条件下,地面到太空之间透过率如图 2.1 所示。

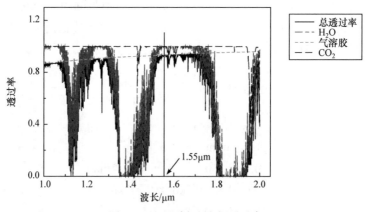

图 2.1　地面到太空之间透过率

在不同大气模式条件下,使用软件分析 $1520\sim1580nm$ 波段受气候影响的情况,实验证明其对 1550nm 处透过率影响不大。1550nm 处透过率如图 2.2 所示。

考虑能见度是影响光学波段透过率的主要因素,不同能见度对 1550nm 波段透过率的影响如图 2.3 所示。

卷云对透过率也有较大影响，主要是因为消光系数带来影响，仿真分析卷云高度 11km、厚度 1km 时，卷云对 1550nm 透过率如图 2.4 所示。

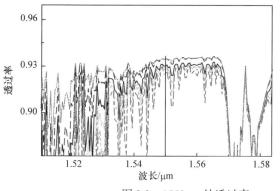

图 2.2　1550nm 处透过率

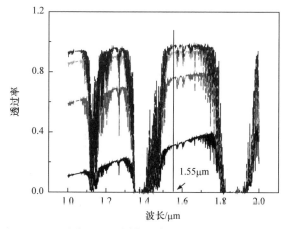

图 2.3　不同能见度对 1550nm 波段透过率的影响

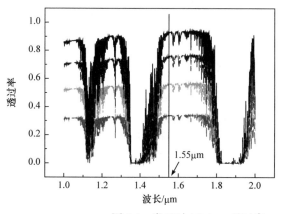

图 2.4　卷云对 1550nm 透过率

针对可见光与近红外波段，200～1600nm 波段大气透过率如图 2.5 所示。

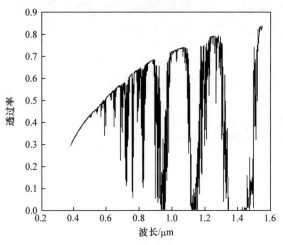

图 2.5　200～1600nm 波段大气透过率

不同距离与大气透过率关系如图 2.6 所示。

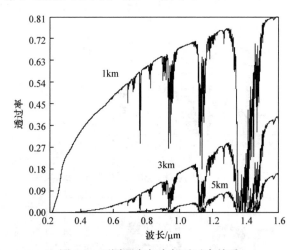

图 2.6　不同距离与大气透过率关系

不同雨量与大气透过率关系如图 2.7 所示。
不同高度与大气透过率关系如图 2.8 所示。
不同天顶角与大气透过率关系如图 2.9 所示。
不同云层与大气透过率关系如图 2.10 所示。

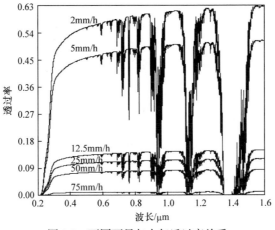

图 2.7　不同雨量与大气透过率关系

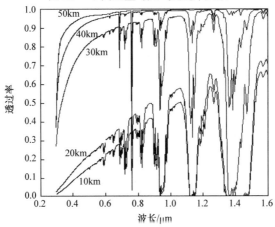

图 2.8　不同高度与大气透过率关系

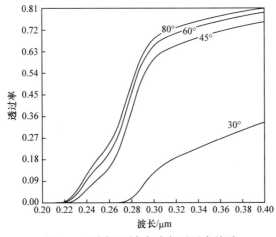

图 2.9　不同天顶角与大气透过率关系

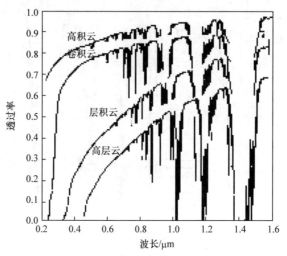

图 2.10　不同云层与大气透过率关系

2.2　大气湍流对光传输特性影响模型

2.2.1　光强闪烁

光强闪烁实际上就是光在大气中传输，当光束直径比湍流尺度大很多时，光束截面内包含多个湍流涡旋，照射在湍流涡旋的那部分光束会产生独立散射和衍射，使光束的强度和相位在空间和时间上出现随机分布，相干性退化的同时，也会造成光束面积扩大，引起接收端的光强起伏和衰减。

光强闪烁特性可分为光强闪烁强度、表征空间特性的光强闪烁概率分布、表征时间特性的光强闪烁频谱[3]。

1. 光强闪烁方差

光强闪烁强度可以用归一化的光强闪烁方差表示，即

$$\sigma_I^2 = \overline{\left(\frac{I - \overline{I}}{\overline{I}}\right)^2} \tag{2.4}$$

其中，I 为瞬时光强；$\overline{I}$ 为平均光强。

大气湍流对激光传输造成的光强闪烁分为弱湍流、强湍流两种情况，其中弱湍流、强湍流两种情况又分为平面波和球面波两种。

Tatarskii 利用 Rytov 近似方法获得的弱起伏条件下的结果可表示为

$$\sigma_I^2 = 1.24 k_0^{7/6} C_n^2 z^{11/6} \leqslant 1 \tag{2.5}$$

其中，C_n^2 为折射率结构常数；$k_0 = 2\pi/\lambda$ 为波数；z 为传输距离。

光强闪烁大小可以由 Rytov 近似结果较好地预测。在 $\sigma_I^2 > 1$ 的强起伏区，需采用强起伏理论描述。由于弱起伏区的对数振幅满足高斯分布，理论和应用常用对数振幅起伏的方差和协方差描述光强起伏。

对数振幅起伏协方差为

$$B_x(\rho, L) = (2\pi k)^2 \int_0^L \mathrm{d}z J_0(\gamma k \rho) \int_0^\infty \sin^2(P(\gamma, k, z)) \Phi n(k) k \mathrm{d}(k) \tag{2.6}$$

对数振幅起伏方差为

$$\sigma_x^2 = (2\pi k)^2 \int_0^L \mathrm{d}z \int_0^\infty \sin^2(P(\gamma, k, z)) \Phi n(k) k \mathrm{d}(k) \tag{2.7}$$

大气湍流的高度分布可以当作平行平面处理时，在湍流强度均匀的路径上，弱湍流可表示为

$$\sigma_\chi^2 = 0.31 k_0^{7/6} C_n^2 z^{11/6}, \quad \text{平面波} \tag{2.8}$$

$$\sigma_\chi^2 = 0.125 k_0^{7/6} C_n^2 z^{11/6}, \quad \text{球面波} \tag{2.9}$$

Fante 通过渐进理论得到方差小于 1 为无限平面波的 σ_1^2，即

$$\begin{aligned}
\sigma_1^2 \approx {} & 1 + \frac{1.84\sigma_1^2}{\beta^{5/6}} \int_0^1 \mathrm{d}\zeta \int_0^\infty \eta^{-8/3} \mathrm{d}\eta \sin^2(\pi\beta^2\eta^2\zeta) \\
& \times \exp\left(-\eta^2 - 11.06\sigma_1^2\beta^{-5/6} \int_0^\zeta \mathrm{d}\tau \left\{\left[(\tau\beta\eta)^2 + 1\right]^{5/6} - 1\right\} \right. \\
& \left. - 11.06(1-\zeta)\sigma_1^2\beta^{-5/6}\left[(\beta^2\eta^2\zeta^2 + 1)^{5/6} - 1\right]\right)
\end{aligned} \tag{2.10}$$

其中，$\beta = \lambda z / l_0$。

对于强湍流平面波，即

$$\sigma_I^2 = \begin{cases} 1 + \dfrac{2.03}{(\sigma_0^2)^{1/6}}, & \sigma_0^2 = \left(\dfrac{2\pi}{l_0}\right)^{7/3} C_n^2 z^3 \to \infty \\[3mm] 1 + \dfrac{0.86}{(\sigma_0^2)^{2/5}}, & \beta = \dfrac{\lambda z}{l_0^2} \to \infty \end{cases} \tag{2.11}$$

对于强湍流球面波，即

$$\sigma_I^2 = 1 + 2.8(\sigma_1^2)^{-2/5} \tag{2.12}$$

选取波长为 1550nm，大气折射率结构常数分别为 $C_n^2 = 1 \times 10^{-13}$、$C_n^2 = 1 \times 10^{-14}$、$C_n^2 = 1 \times 10^{-15}$，光强闪烁与传输距离的关系如图 2.11 所示。传输距离为 10km，大

气折射率结构常数分别为 $C_n^2 = 5 \times 10^{-13}$、$C_n^2 = 1 \times 10^{-14}$、$C_n^2 = 5 \times 10^{-16}$，光强闪烁与激光波长的关系如图 2.12 所示。由此可知，大气湍流引起的光强闪烁随传输距离的增加而增加；大气湍流引起的光强闪烁随湍流强度的增加而增加；弱湍流远距离传输比强湍流近距离传输影响大；波长越长，光强闪烁越小，特别是强湍流效果更明显；球面波比平面波受到的光强闪烁小。

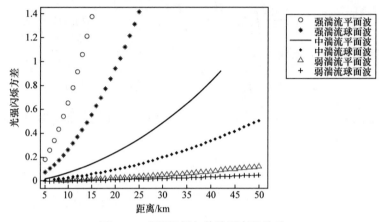

图 2.11 光强闪烁与传输距离的关系

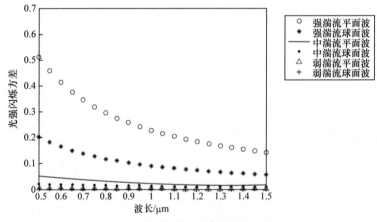

图 2.12 光强闪烁与激光波长的关系

2. 孔径平滑效应

大气湍流引起的光强闪烁导致接收机收到的光强产生起伏，但是光强起伏方差与接收器孔径尺寸有关，接收器孔径越大，光强起伏方差越小。这就是所谓的孔径平滑效应，也是目前被动自适应补偿的有效方法之一。

孔径平滑因子可表示为

$$G = \sigma_d^2 / \sigma_p^2 \tag{2.13}$$

其中，σ_d^2 为接收孔径直径为 d 时的光强起伏方差；σ_p^2 为点接收时的光强起伏方差；由定义可知 G 越小，平滑效果越好，接收的闪烁方差越小。

目前使用的孔径平滑因子的一般计算公式为[4]

$$G = \frac{16}{\pi D_0} \int_0^{D_0} \frac{\sigma_d^2}{\sigma_p^2} \left\{ \arccos\left(\frac{\rho}{D_0}\right) - \left(\frac{\rho}{D_0}\right) \left[1 - \left(\frac{\rho}{D_0}\right)^2\right]^{\frac{1}{2}} \right\} \rho d\rho \tag{2.14}$$

对于弱湍流孔径平滑因子，可以近似为

$$G = \left[1 + 1.062 \left(\frac{k_0 D_0^2}{4z}\right)^{\frac{7}{6}}\right]^{-1}, \quad \text{平面波} \tag{2.15}$$

$$G = \left[1 + 0.204 \left(\frac{k_0 D_0^2}{4z}\right)^{\frac{7}{6}}\right]^{-1}, \quad \text{球面波} \tag{2.16}$$

其中，D_0 为接收孔径的直径；$k_0 = 2\pi/\lambda$ 为波数；z 为传输距离。

弱湍流孔径平滑因子与大气环境无关，与传输距离、接收段结构设计参数有关。选取波长为 1550nm，接收端孔径的直径分别 D=10cm、D=30cm、D=50cm。不同孔径下平滑因子与传输距离的关系如图 2.13 所示。传输距离分别为 z=1km、z=5km、z=10km，传输波长为 λ=1550nm、λ=808nm。不同距离下平滑因子与孔径

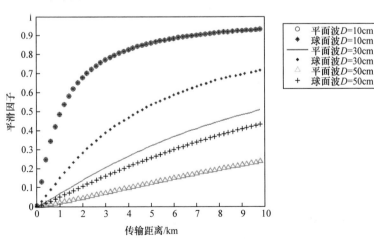

图 2.13　不同孔径下平滑因子与传输距离的关系

直径的关系如图 2.14 所示。接收端孔径的直径分别 D=10cm、D=30cm、D=50cm、传输波长为 λ=1550nm、λ=808nm。不同波长下平滑因子与传输距离的关系如图 2.15 所示。

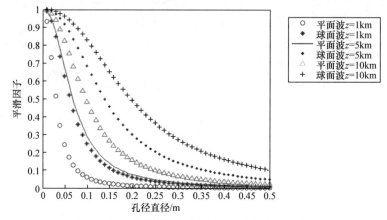

图 2.14　不同距离下平滑因子与孔径直径的关系

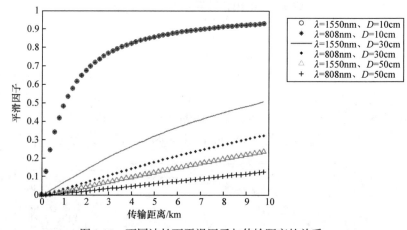

图 2.15　不同波长下平滑因子与传输距离的关系

由图 2.13～图 2.15 可知，平滑因子随传输距离的增加而增加，上限趋于 1；平滑因子随孔径直径的增加而递减，下限趋于 0；波长越长，平滑因子越小，小孔径接收时，波长的影响近乎相同；平面波比球面波平滑因子小，平滑效果更好。

3. 光强闪烁空间特征

光强闪烁概率分布在弱起伏条件下，理论研究和实验研究两者之间的结果得到了统一，即光强起伏的概率密度分布服从对数振幅正态分布，但是强起伏、强弱起伏之间的中等起伏条件下尚无确定的分布形式。目前常用的研究方法有实验数据高阶矩处理法、计算机数值模拟法、低阶矩处理后得到的概率分布数字特征法等。目前，用于描述强起伏条件下闪烁概率分布的模型有 K 分布、Beckmann 分布、负指数分布和 Gamma-Gamma 分布等。

4. 光强闪烁时间特征

为了解接收光强起伏在各频率上分量的统计特性，有必要研究光强闪烁的功率谱。光强起伏的时间频谱特征在一定程度上反映湍流介质折射率场起伏的统计特性。理论分析获得的 Kolmogorov 湍流条件下的对数振幅起伏频谱最大特征就是高频段频谱密度呈-8/3 幂律。研究对数振幅起伏频谱有理论推导法、计算机数值模拟法、实验测试再数据拟合法等。目前，分析对数振幅起伏频谱一种是三段式，即将频率分成低频、高频、超高频三段来分析；另一种是五段式，即将频率分成低频、膝点、高频、跟点、超高频五段来分析[5]。

5. 光强闪烁间歇特征

对于小尺度湍流，能量耗散并不是均匀分布在流场中间，而是在一些区域很活跃，在另一些区域很微弱。这种情况对其他物理量同样存在，并且对它们的高阶统计量更为显著，这便是湍流的精细结构间歇性。因此，在间歇性湍流大气中，传播的光波也存在一定的间歇特征。间歇性的一个直观表现是异常高频信号的突然爆发，因此对随机信号间歇性的研究，可以通过对信号频谱进行小波分析，得到具体信号的间歇特征。

2.2.2　到达角起伏

光波在湍流大气中传输时，在接收望远镜焦平面位置上，光通信信号经过大气传输后由于湍流的扰动，光束截面随机偏转做随机抖动，引起动态的波前误差，从而使光波产生到达角起伏，增加系统误码率。

1. 到达角起伏方差

光波在均匀介质中的传播具有均匀波前，而在湍流大气中传播时，由于光束截面内不同部分的大气折射率的起伏，光束波前的不同部分具有不同的相移。这些相移随机起伏，导致波前达到角起伏，从而导致望远镜中的像素抖动。

下面从几何光学的角度研究到达角起伏规律[6]。把沿 z 轴的任一空气薄层 dz 看作一个薄棱镜，每个棱镜在接收面处产生波面倾角 da_c，其值可表示为

$$da_c = \frac{\Delta n(z')}{w(z')}dz' \tag{2.17}$$

对光波到达角光路上各大气薄层产生的 da_c 求和，可得

$$a_c = \int_0^z \frac{\Delta n(z')dz'}{w(z')} \tag{2.18}$$

到达角起伏方差为

$$\langle a_c^2 \rangle = \int_0^z \int_0^z dz_1' dz_2' \frac{\langle \Delta n(z_1') \Delta n(z_2') \rangle}{w(z_1') w(z_2')} \tag{2.19}$$

几何光学近似下，束腰可由下式表示，即

$$w(z') = D \left| 1 - \frac{z'}{F} \right| \tag{2.20}$$

即

$$\langle a_c^2 \rangle = 2.29 C_n^2 Z D^{-\frac{1}{3}} \frac{3F}{8Z} \frac{\left[1 - \left(1 - \frac{Z}{F} \right) \left| 1 - \frac{Z}{F} \right|^{\frac{5}{3}} \right]}{\left(1 - \frac{Z}{F} \right)^2} \tag{2.21}$$

对准直光束 $F \to \infty$，式(2.5)可简化为经典的平面波结果，即

$$\langle a_c^2 \rangle = 2.29 C_n^2 Z D^{-\frac{1}{3}} \tag{2.22}$$

其中，D 为 $2r$ 与 $2a_0$ 中的较小者。

对强发散光束($F \to 0$)，可表示为

$$\langle a_c^2 \rangle = \frac{3}{8} \left[2.29 C_n^2 Z (2r)^{-\frac{1}{3}} \right] \tag{2.23}$$

由于通常接收端光束的直径远大于接收孔直径，因此常用平面波极限近似式。由 Rytov 方法可求得对应的相位结构函数，即

$$D_s(\widehat{\rho,z}) = \begin{cases} \frac{1}{2} D_1(\hat{\rho}), & l_0 \leqslant \hat{\rho} < \sqrt{\lambda z} \\ D_1(\hat{\rho}), & \hat{\rho} \geqslant \sqrt{\lambda z} \end{cases} \tag{2.24}$$

其中，D_1 为平面波结构函数，在各区域的具体关系为

$$D_1(\hat{\rho}) = 2.92 |\hat{\rho}|^{\frac{5}{3}} k_0^2 \left(1 - 0.805 \left| \frac{\hat{\rho}}{L} \right| \right)^{\frac{1}{3}} \int_0^z C_n^2(z')dz', \quad |\hat{\rho}| \geqslant L_0 \tag{2.25}$$

$$D_1(\hat{\rho}) = 2.92 |\hat{\rho}|^{\frac{5}{3}} k_0^2 \int_0^z C_n^2(z')dz', \quad l_0 \leqslant |\hat{\rho}| < L_0 \tag{2.26}$$

$$D_1(\hat{\rho}) = 3.28k_0^2 l_0^{-1/3}|\hat{\rho}|^2 \int_0^z C_n^2(z')\mathrm{d}z', \quad |\hat{\rho}| < l_0 \tag{2.27}$$

考虑离地高度 h 与传输距离 z 和天顶角 γ 的关系，平面波的到达角起伏方差为

$$\langle a_c^2 \rangle_p = \frac{\sec\gamma \int_0^h \mathrm{d}\xi c_n^2}{(2r)^{1/3}} \times \begin{cases} 1.46, & l_0 \leqslant 2r < \sqrt{\lambda h \sec\gamma} \\ 2.92, & \sqrt{\lambda h \sec\gamma} \leqslant 2r < L_0 \end{cases} \tag{2.28}$$

2. 到达角起伏谱测量的影响因素

由于到达角起伏是一个随机过程，因此必须采用统计量描述。功率谱函数描述到达角起伏在频域内的起伏特性。由理论推导可知，到达角起伏低频近似功率谱可表示为[7]

$$W(f) = 0.804 C_n^2 L v^{-1/3} D^{-1/3} f^{-2/3} \tag{2.29}$$

到达角起伏高频近似功率谱可表示为

$$W(f) = 0.011 C_n^2 L v^{8/3} D^{-1/3} f^{-11/3} \tag{2.30}$$

3. 到达角起伏概率分布

通常情况下，到达角起伏的一维分布符合正态分布规律，因此到达角起伏的概率密度函数可表示为

$$P(\alpha_c) = \frac{1}{\sqrt{2\pi}\sigma_\alpha} \exp\left(-\frac{\alpha_c^2}{2\sigma_\alpha}\right) \tag{2.31}$$

2.2.3　光束漂移

激光束是一种有限展宽的光束。当光束直径远小于湍流尺度时，大气湍流对光束传播的主要影响是使光束整体偏折。在远处接收机端，光斑点以某个统计平均位置为中心，发生快速的随机性跳动(其频率可由数赫兹到数十赫兹)。此现象称为光束漂移，它与波长无关。光束漂移角与光束束宽 W_0 密切相关。若湍流强度变得很强时，光束可能分裂形成多束较细的光束，接收机探测器接收到的信号功率非常弱。这种情况易造成系统通信中断。

Clifford 给出了平面波传播时的光束漂移均方值计算表达式，即

$$\langle \rho_l^2 \rangle = 2.2 C_n^2 l_0^{-1/3} L^3 \tag{2.32}$$

其中，C_n^2 为大气折射率结构常数；l_0 为湍流内尺度；L 为光束传播距离。

Ishimaru 推导出了高斯准直光束传播时，光束漂移的均方值计算表达式，即

$$\langle \rho_l^2 \rangle = [(\alpha_1 L)^2 + (1-\alpha_2 L)^2] W_0^2/2 + 2.2 C_n^2 l_0^{-1/3} L^3 \tag{2.33}$$

其中，W_0 为发射光束的半径；$\alpha_1=\lambda/(\pi W_0^2)$；$\lambda$ 为波长；$\alpha_2=1/R_0$，R_0 为发射高斯光束的相前曲率半径。

在均匀各向同性的大气湍流中传播的光束，光束漂移也是均匀各向同性的，即 $\sigma_x^2 = \sigma_y^2 = \langle \rho_l^2 \rangle$，则光束中心的漂移距离等于 ρ_c 的概率密度可表示为[8]

$$p(\rho_c) = \int_0^{2\pi} \frac{\rho_c}{\sigma_\rho^2} \exp\left(-\frac{\rho_c^2 - \rho_{sl}^2}{2\sigma_\rho^2}\right) I_0 \left(\frac{\rho_c \rho_{sl}}{\sigma_\rho^2}\right) \mathrm{d}\rho_c \tag{2.34}$$

其中，$\rho_{sl}\neq 0$ 为 y 轴方向光束中心漂移的均值；I_0 为第一类零阶修正 Bessel 函数。

2.2.4　光束扩展

光束展宽是指接收到的光斑半径面积的变化，是衍射和湍流涡旋的扩展引起的。当光束直径大于湍流涡旋直径时，会引起湍流涡旋的扩展，造成中心轴的接收光强有一常量衰减，光斑半径增大。所以，激光束的湍流展宽是与激光通过湍流大气传输后光束强度降低相关联的一种湍流效应。大气湍流引起光束展宽，会降低光束截面内的功率密度和接收机接收到的光功率，恶化系统性能。湍流造成的光束展宽大于衍射展宽。

比光束直径小的涡旋会导致光束发生扩展，使光束在大气湍流中的传播比在真空中发散得更快。因此，对于相同的通信距离，为了保证探测信噪比，大气湍流中要求的激光发射功率比真空中大[9]。

当一束高斯光在大气湍流中传输时，光束扩展导致光束半径增加。光束的有效半径 W_e 可表示为

$$W_e = W\left[1 + 4\pi^2 k^2 L \int_0^1 \int_0^\infty \kappa \Phi_n(\kappa)\left(1 - \exp\left(-\frac{\Lambda L \kappa^2 \xi^2}{k}\right)\right)\mathrm{d}\kappa\mathrm{d}\xi\right]^{1/2} \tag{2.35}$$

其中，W 为真空中传输时接收面上的光束半径。

发射平面和接收平面上的光束参数关系可表示为

$$\Lambda = \frac{2L}{kW^2} \tag{2.36}$$

光束在大气湍流中传输时，光束的漂移和扩展会导致通信两端对准困难，同时也会降低接收端接收平面上的能量密度。激光大气传输湍流效应导致的光束扩展与激光通过湍流大气传输后的功率下降紧密关联，是激光大气传输研究和实际工程应用的重要问题[10]。特别是，在窄光束远距离的星地链路中，漂移和扩展效

应其至会导致通信无法进行。因此，为了保证星地链路能够建立，必须对漂移和扩展效应进行研究。Gbur 等[11]给出了部分相干光受到大气湍流影响的条件。Shira 等[12]以高斯-谢尔模型(Gaussian Schell model，GSM)光束为例，用相干叠加方法研究部分空间相干光在湍流大气中的光束扩展问题。高铎瑞等[13]以部分相干 GSM 光束为例，对湍流引起的漂移方差和扩展角进行模拟，并给出激光通信系统中最佳发射光束的参数。Wei 等[14]根据推广 Huygens-Fresnel 原理推导斜程链路的波束扩展半径与高度的关系。以上工作涉及部分相干光的光束扩展和漂移问题。

根据部分相干 GSM 光束漂移方差和角扩展表达式，与激光通信链路传输方程结合，在只考虑湍流作用中光束扩展和漂移的影响的情况下，通过数值模拟定量研究部分相干光束通过大气湍流后的接收功率。对光束参数进行优化选取，并对其结果给出合理的物理解释。

光束扩展由衍射和湍流涡旋的扩展引起，光斑面积的变化造成光束展宽大于衍射展宽。光束扩展会降低光束截面内的功率密度，使接收机接收到的光功率降低，从而影响系统性能。

根据部分相干 GSM 光束漂移方差和角扩展表达式，对漂移方差和扩展角度进行模拟，并结合激光通信链路传输方程，在只考虑光束漂移引起的瞄准误差和光束扩展引起的接收端功率密度整体下降的基础上，定量地对激光通信系统接收到的光功率进行分析。研究结果表明，部分相干 GSM 光束接收端的光功率随空间相干长度、光束束腰半径、波长和传播距离的变化而变化。激光大气通信系统存在最佳发射光束参数，其取值与光束的束腰半径、空间相干长度、波长、传播距离和湍流强度有关，通过适当地调节通信激光的初始参数，可以优化接收端光功率。

2.3　大气环境下激光传输仿真软件

大气环境下激光传输仿真系统的组成如图 2.16 所示。仿真系统的组织结构如图 2.17 所示。大气环境激光传输软件界面如图 2.18 所示。

2.3.1　大气湍流下激光传输光斑仿真

模拟激光通过大气湍流信道后在接收面产生的光斑变化分为三个步骤。

① 计算位于接收面的任意一点的平均光强。

② 模拟光强随机扰动变化量。

③ 将得到的孤立一点的光强 $I(P_t, t)$ 复合为一幅光斑画面，并输出图像。在同

一时刻内将各点光强整合为一幅光斑图像，这样的一幅图像作为一帧输出，按照设定好的每一帧之间的变化频率连续输出光斑图像，当频率达到一定值时，就构成光斑闪烁的动态变化。

软件仿真界面示意图如图 2.19 所示。

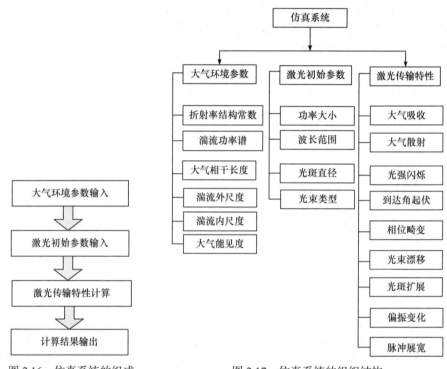

图 2.16　仿真系统的组成　　　　　　图 2.17　仿真系统的组织结构

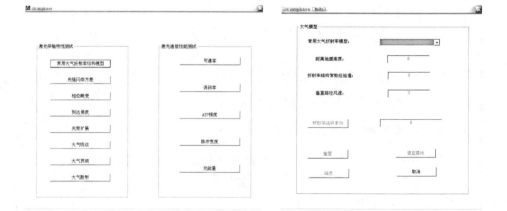

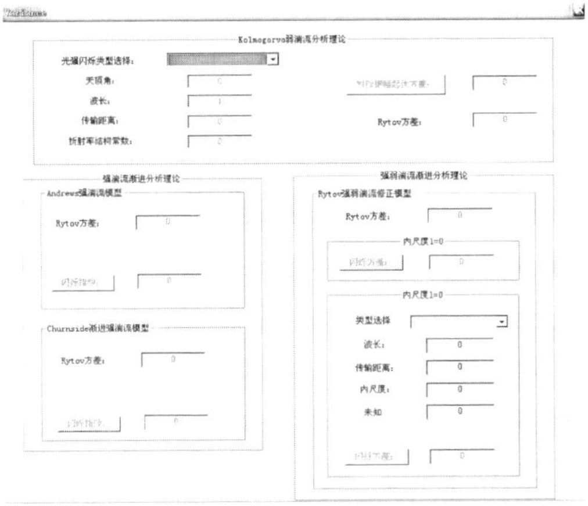

图 2.18　大气环境激光传输软件界面

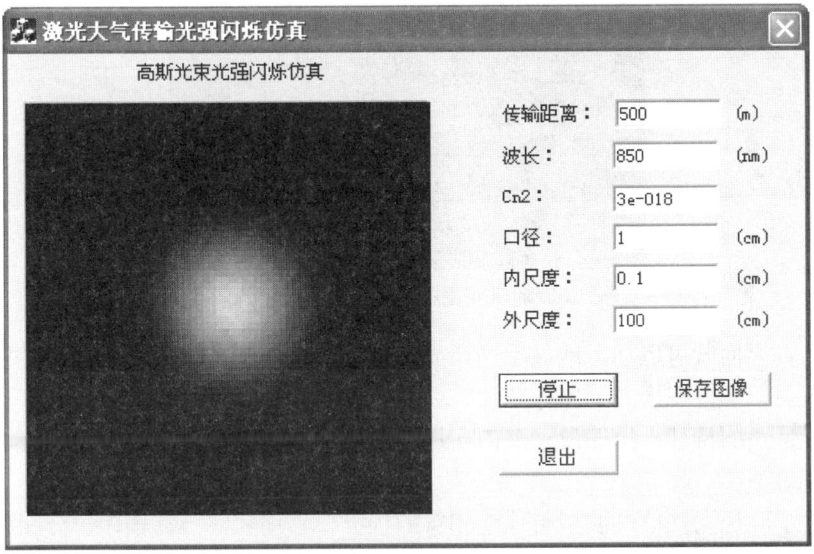

图 2.19　软件仿真界面示意图

在这个仿真软件界面上，根据需要共设置 6 个输入参数对话框，其中与光学系统有关的参数为传输距离(m)、光束的波长(nm)、发射端出光孔径(cm)，还包含与湍流有关的参数，即大气湍流折射率结构常数 C_n^2、大气湍流涡旋的内尺度(cm)、外尺度(cm)。这 6 个参数都是计算平均光强时需要的物理参数，由光束波长、湍流强度和湍流尺度可以确定湍流折射率谱密度，即确定一种特定的湍流状态。通过改变这些参数值可以动态模拟不同情况下光波通过大气信道后光斑的实时变化情况，仿真数学模型可表示为

$$\varphi_n(k) = 0.033C_n^2(k^2 + L_0^2)^{-11/6} \exp\left[-\left(\frac{kl_0}{5.92}\right)^2\right] \tag{2.37}$$

仿真界面的具体操作方法是，填入仿真所需的参数，了解每个参数的范围和常用值。这样才能保证仿真结果的有效性和参考价值。然后，启动仿真程序，仿真界面左侧窗口中出现光强闪烁的仿真图像，可以保存随机变化中的任意时刻的光强闪烁图像。随机变化中某时刻的光强闪烁图像如图 2.20 所示。

图 2.20　随机变化中某时刻的光强闪烁图像

仿真界面既可以动态地显示高斯光束通过大气信道传输后光强闪烁的实时变化，也可以在静态模式下保存图片，并做进一步光斑特性和参数的分析，进而分析大气信道的特性。界面设置灵活实用，适于不同的需求，具有一定的理论与实际参考价值。

为了验证大气信道模型与理论相符的程度，采用软件仿真程序，分析大气信道仿真结果。在仿真界面中，设置的参数包含传输距离(m)、激光的波长(nm)、发射端出光孔径(cm)、大气折射率结构常数、大气湍流气团的内尺度(cm)、外尺度(cm)。输入参数后由计算机模拟得到闪烁光斑，并实时显示。为了使对比效果更为明显，在只改变其中一个参数的情况下，对不同的仿真结果进行对比分析。

1. 湍流强度对光斑的影响

在软件仿真界面设定参数为传输距离 $L=1000$ m、激光波长 $\lambda=850$ nm、出光孔径的直径 $D=1$ cm、内尺度 $l_0=0.1$ cm、外尺度 $L_0=100$ cm。湍流强度对光斑的影响如图 2.21 所示。

由图 2.21 可知，在强湍流($C_n^2 = 3 \times 10^{-13}$)情况下，光斑的光强分散，中心光亮度很弱，光斑分裂闪烁特别严重；在弱湍流($C_n^2 = 3 \times 10^{-18}$)情况下，光斑的光强很集中，中心亮度高，光斑形状均匀，其半径明显比强湍流时小，分裂现象不明显。因此，湍流强度越强，光斑的分裂程度就越严重，激光能量衰减越大。因此，仿真结果与理论分析是一致的。

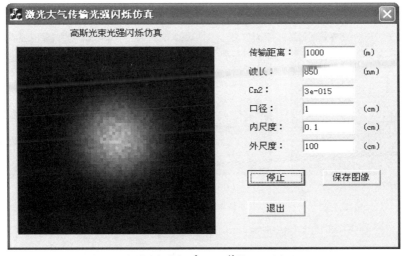

(a) 强湍流($C_n^2=3 \times 10^{-13}$)情况下的光斑

(b) 中等强度湍流($C_n^2=3 \times 10^{-15}$)情况下的光斑

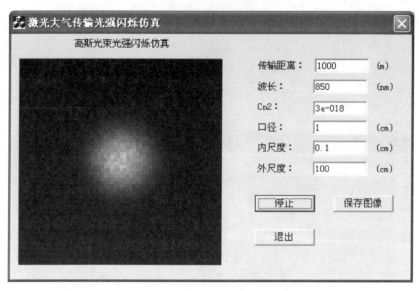

(c) 弱湍流(C_n^2=3×10^{-18})情况下的光斑

图 2.21　湍流强度对光斑的影响

2. 传输距离对光斑的影响

在软件仿真界面设定参数为湍流折射率结构常数 $C_n^2 = 3 \times 10^{-15}$ (中等强度)、λ =850nm、出光孔径的直径 D =1cm、内尺度 l_0 =0.1cm、外尺度 L_0 = 100cm。传输距离对光斑的影响如图 2.22 所示。

(a) L=500m　　　　　　(b) L=1000m　　　　　　(c) L=2000m

图 2.22　传输距离对光斑的影响

由图 2.22 可知,当传输距离较小时,接收光斑比较平稳,亮度集中,随着传输距离逐渐增加,光斑的亮度逐渐分散,光强减弱,光斑出现发散现象。这个变化过程是比较明显的。由仿真结果可知,传输距离的变化对单束光远场光斑亮度和收敛影响较大。激光通信距离越长,受到大气随机信道的衰减越大,接收到的光斑质量就越差。这与理论分析,以及大量相关的实验论证是一致的。

3. 激光波长对光斑的影响

选择近红外波段(850nm、1050nm 和 1550nm)，因为这三个波长处于大气透射层窗口，受到大气的吸收作用小，可以忽略吸收导致的功率衰减，大气透过率较高。下面分别讨论弱湍流和强湍流情况下，激光波长对接收光斑的影响。

(1) 弱湍流下，激光波长对光斑的影响

仿真设定的参数为传输距离 $L=500\,\text{m}$、湍流折射率结构常数 $C_n^2 = 3 \times 10^{-20}$ (弱湍流)、出光孔径的直径 $D=1\,\text{cm}$、内尺度 $l_0=0.1\,\text{cm}$、外尺度 $L_0=100\,\text{cm}$。在弱湍流情况下，激光波长对光斑的影响如图 2.23 所示。

(a)λ=850nm　　　　　　(b)λ=1050nm　　　　　　(c)λ=1550nm

图 2.23　弱湍流情况下激光波长对光斑的影响

对图 2.23 的仿真结果进行分析可知，随着激光波长的增加，虽然光斑半径增大了，但是光斑的中心亮度没有减弱，光斑形状均匀，非常平稳。这说明，在弱湍流情况下，随着激光波长的增加，光强闪烁的效应减弱。

(2) 强湍流下，激光波长对光斑的影响

仿真设定的参数为传输距离 $L=500\,\text{m}$、湍流折射率结构常数 $C_n^2 = 2.5 \times 10^{-13}$ (强湍流)、出光孔径的直径 $D=1\,\text{cm}$、内尺度 $l_0=0.1\,\text{cm}$、外尺度 $L_0=100\,\text{cm}$。在强湍流情况下，激光波长对光斑的影响如图 2.24 所示。

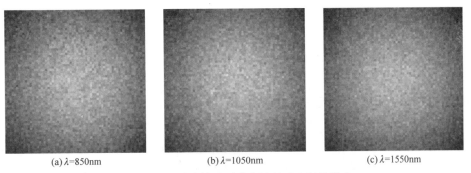

(a)λ=850nm　　　　　　(b)λ=1050nm　　　　　　(c)λ=1550nm

图 2.24　强湍流情况下激光波长对光斑的影响

　　由图 2.24 可知，在强湍流情况下，以这三种波长的激光进行传输的效果都不理想，说明强湍流对于光束传输特性的影响是极其严重的。就不同波长而言，随着激光波长的增加，光斑分散程度越来越严重，亮度减弱，即在强湍流情况下，激光波长越长，受大气信道的影响越剧烈。

　　因此，在强湍流情况下，波长越短，受到的大气衰减越小，选取短波长的光波进行传输有助于提高成像与通信质量。

4. 出光孔径对光斑的影响

　　在软件仿真界面上设定的参数为传输距离 L =500m、湍流折射率结构常数 $C_n^2 = 3 \times 10^{-18}$ (为弱湍流强度)、波长 λ =850nm、湍流内尺度 l_0 =0.1cm、外尺度 L_0 = 100cm。出光孔径对光斑的影响如图 2.25 所示。

(a) D=0.5cm　　　　　　　　(b) D=1cm　　　　　　　　(c) D=2cm

图 2.25　出光孔径对光斑的影响

　　由图 2.25 可知，在弱湍流情况下，传输距离为 500m，当激光器的出光孔径增大时，光斑的光强变得很集中，中心亮度提高，且光斑的半径逐渐减小。这说明，光斑质量与激光器的型号密切相关，口径越大相应的发射功率就越大，出光孔径在一定范围内越大，发射激光具有的能量越高，通过大气信道后的光斑质量越好。

5. 湍流内尺度对光斑的影响

　　在仿真界面设定的参数为传输距离 L =1000m、湍流折射率结构常数 $C_n^2 = 3 \times 10^{-15}$ (中等湍流强度)、波长 λ =850nm、出光孔径的直径为 D =1cm、湍流外尺度 L_0 =500cm。湍流内尺度对光斑的影响如图 2.26 所示。

　　如果湍流尺度远小于光束直径，在激光光束的截面内会同时包含多个湍流。每一个小湍流涡旋会对穿过它的那一部分光束起到衍射作用，导致光束原有的强度和相位都发生改变，使接收端产生光强起伏，光斑半径也会增大。如果湍流内尺度与光束直径大致相等，光束截面的随机偏转会引起到达角的起伏，造成接收的

(a) l_0=0.1cm　　　　　　　(b) l_0=1cm　　　　　　　(c) l_0=50cm

图 2.26　湍流内尺度对光斑的影响

光斑有抖动的现象。如果湍流内尺度远大于光束直径，激光光束通过湍流时，就会使整个光束发生随机偏折，从而在接收端产生光束漂移现象。由图 2.26 可知，通过改变湍流内尺度对比分析仿真结果发现，光束的直径为 1cm 时，内尺度为 l_0=0.1cm 时的光斑半径明显大于 l_0=1cm 和 l_0=50cm 时的光斑半径。这说明，湍流内尺度小于激光光束直径时的衍射作用。

在相同的参数设置下，针对毫米级的内尺度进行仿真对比，毫米级的湍流内尺度对光斑的影响如图 2.27 所示。

(a) l_0=0.05cm　　　　　　(b) l_0=0.1cm　　　　　　(c) l_0=0.4cm

图 2.27　毫米级的湍流内尺度对光斑的影响

对图 2.27 的结果进行对比分析，在中等强度的大气湍流情况下，当内尺度均为毫米数量级时，内尺度对光斑的影响是不明显的。

若湍流的强度为中等（$C_n^2 = 3 \times 10^{-14}$），毫米级的湍流内尺度对光斑的影响如图 2.28 所示。

由图 2.28 可以看出，随着内尺度的增大，光斑的亮度逐渐分散，光强减弱，光斑质量变差。综合比较图 2.27 和图 2.28，随着湍流强度的增大，内尺度对激光的闪烁效应表现得越来越明显。

对湍流大气光传播的数值模拟，是通过随机产生的高斯白噪声来计算最终的光场。这更接近数值实验而不是数值分析，因此这种数值模拟具有以下突出的优点。

①　在一定的传播参数条件下进行的一组数值模拟结果,可供我们对所需要的光场各种统计特征进行分析。

②　当实际的实验结果与理论预期结果不符时,我们可以用数值模拟结果进行检验。

③　实际大气状态时刻在改变,大气中的实验结果难以做到系统平均,而数值模拟可以按要求产生足够多的样本数。

数值模拟的优越性建立在其模拟结果的可靠性上。数值模拟的误差主要来源于计算方法本身,因此我们在着手进行数值模拟的时候就必须对有关的数值计算问题有清醒的认识,主要体现在数值计算参数的选取和数值计算结果的检验上。

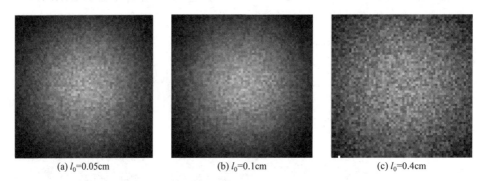

(a) l_0=0.05cm　　　　　　　(b) l_0=0.1cm　　　　　　　(c) l_0=0.4cm

图 2.28　毫米级的湍流内尺度对光斑的影响

2.3.2　光斑远场能量密度分布仿真

根据理论研究,通过软件编程对激光大气湍流中传输的远场光斑直径、光束漂移和光束扩展等参数进行计算,并且根据 1km 处的光斑图像和参数,对 2km 和 3km 处的光斑图像做仿真。软件各模块设置界面如图 2.29 所示。

仿真实验针对可见光图像,激光发射端参数和大气环境参数如表 2.1 所示。

表 2.1　激光发射端参数和大气环境参数

脉冲激光发射端参数		大气环境参数	
参数	大小	参数	大小
波长 $\lambda/\mu m$	0.53	大气能见度 V/km	20
单脉冲功率 P/J	0.5	大气折射率常数 $/m^{-2/3}$	1×10^{-18}
发散角 $\theta/mrad$	1.5	内尺度/cm	0.1
脉冲宽度/ns	10	外尺度/cm	100
发射半径 R/cm	0.4		

图 2.29　软件各模块设置界面

　　由于大气对激光能量产生的湍流效应，光斑直径、光束漂移、光斑扩展等参数在不同位置处发生变化，1km、2km 和 3km 处的激光参数如表 2.2 所示。

表 2.2　1km、2km 和 3km 处的激光参数

参数	1km	2km	3km
大气透过率	0.814444	0.663319	0.540237
光斑直径/m	1.50968	3.19873	5.22715
光束漂移/m	0.000203	0.001624	0.005481
光束扩展/m	0.00968309	0.198732	0.727148
接收能量/mW	0.407222	0.33166	0.270118

　　根据电荷耦合器件(charge coupled device，CCD)成像法测 1km 处的光斑图像，通过对大气效应分析，对其他位置处的光斑图像进行仿真。实验主要对 2km 和 3km 位置处的光斑图像进行仿真。1km 处光斑远场能量密度分布情况如图 2.30 所示。

　　2km 处光斑能量密度分布如图 2.31 所示。

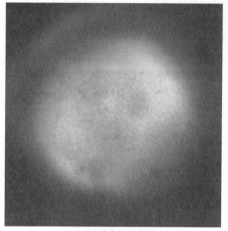

(a) 1km处光斑灰度图　　　　　　　(b) 1km处光斑伪彩图

(c) 1km处光斑三维伪彩图

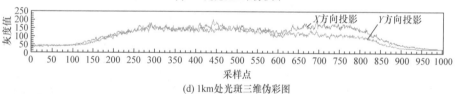

(d) 1km处光斑三维伪彩图

图 2.30　1km 处光斑能量密度分布

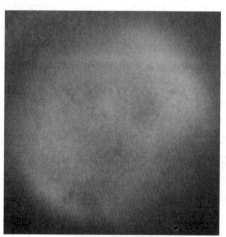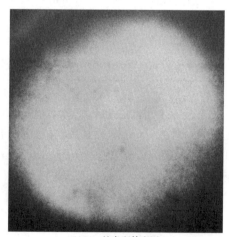

(a) 2km处光斑灰度图　　　　　　　(b) 2km处光斑伪彩图

(c) 2km处光斑三维伪彩图

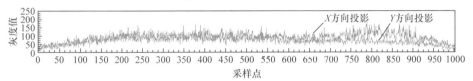

(d) 2km处光斑三维伪彩图

图 2.31　2km 处光斑能量密度分布

3km 处光斑能量密度分布如图 2.32 所示。

从数值和图像中可以得出以下结论，激光束受大气衰减效应影响，随着传播距离的增加，总能量逐渐削弱；大气湍流效应使光斑越来越大，光斑能量随机起伏越来越剧烈。仿真实验与理论描述基本一致。

(a) 3km处光斑灰度图

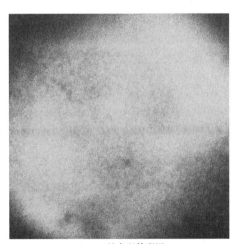

(b) 3km处光斑伪彩图

(c) 3km处光斑三维伪彩图

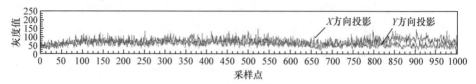

(d) 3km处光斑三维伪彩图

图 2.32　3km 处光斑能量密度分布

参 考 文 献

[1] Goodman J W. Statistical Optics. Washington: John Wiley & Sons, 1985.

[2] 毛克彪, 覃志豪. 大气辐射传输模型及 MODTRAN 中透过率计算. 测绘与空间地理信息, 2004, 27(4): 1-3.

[3] 付强, 姜会林, 王晓曼. 激光在大气中传输特性的仿真研究. 空军工程学报, 2011, 12(2): 6.

[4] Yuksel H, Davis C C. Aperture averaging analysis and aperture shape invariance of received scintillation in free space optical communication links. SPIE, 2006, 6304: 1-11.

[5] Churnside J H. Aperture averaging of optical scintillations in the turbulent atmosphere. Applied Optics, 1991, 30(15): 1982-1994.

[6] 饶瑞中. 光在湍流大气中的传播. 合肥: 安徽科学技术出版社, 2005.

[7] Davidson F, Hammons A R. On the design of automatic repeat request protocols for turbulent free-space optical links. Proceedings of MILCOM, 2010, 5: 139-145.

[8] 付强, 姜会林, 王晓曼, 等. 激光大气传输中光强闪烁特性研究. 空军工程大学学报, 2011, 2: 61-65.

[9] Hammons A R, Davidson F. Near-optimal frame synchronization for free-space optical packet communications//Proceedings of MILCOM, 2010, 5: 263-269.

[10] Wang Y J. Some study on the laser propagation in the atmosphere and its phase compensation. Anhui: Anhui Institute of Optics and Fine Mechanics, The Chinese Academy of Sciences, 1996.

[11] Gbur G, Wolf E. Spreading of partially coherent beams in random media. Journal of the Optics Society of America A-Optics Image Science and Vision, 2002, 19(8): 1592-1598.

[12] Shira T, Dogariu A, Wolf E. Mode analysis of spreading of partially coherent beams propagating through atmospheric turbulence. Journal of the Optics Society of America A-Optics Image Science and Vision, 2003, 20(6): 1094-1102.

[13] 高铎瑞, 付强, 赵昭. 湍流大气中激光通信系统接收光功率的优化研究. 激光与光电子学进展, 2014, 51(5): 39-44.

[14] Wei H Y, Wu Z S. Spreading and wander of laser beam propagation on slant path through atmospheric turbulence. Chinese Journal of Radio Science, 2008, 23(4): 611-615.

第 3 章　大气环境偏振光传输模型与仿真

3.1　偏振光学表征

3.1.1　偏振光的基础理论

根据光的电磁理论，光是一种由传播方向垂直电场和磁场交替转换振动形成的电磁波，是具有波粒二象性的统一体。光波信息包括振幅、频率、相位、偏振。偏振是光的重要特性之一，是指在光的传播方向上，光波电矢量振动的空间分布不再对称，只有横波才会发生偏振现象。

1. 偏振光定义

要研究光在大气中的偏振特性，首先要对光及其偏振特性进行准确的数学描述。光是一种电磁波，可以用 Maxwell 方程组描述，即

$$\begin{cases} \nabla \times H = \mathrm{j}\omega\varepsilon E \\ \nabla \times E = -\mathrm{j}\omega\mu H \\ \nabla \cdot H = 0 \\ \nabla \cdot E = 0 \end{cases} \tag{3.1}$$

设有一束沿 z 轴方向传播的光，光的电场强度 E、磁场强度 H 与传播方向三者之间两两垂直，形成右手螺旋关系。光是横电磁波(transverse electromagnetic wave，TEM)，在传播方向上没有电磁场分量。由式(3.1)，电场强度 E 和磁场强度 H 之间的关系可表示为

$$H = \frac{1}{\eta}\bar{z} \times E \tag{3.2}$$

其中，η 为波阻抗，与介质参数有关，真空中 $\eta_0 = \sqrt{\dfrac{\mu_0}{\varepsilon_0}} = 120\pi$，$\mu_0$ 为真空中的磁导率，ε_0 为介电常数。

由此可知，磁场强度由电场强度决定，因此对光可以只用电场强度 E 描述。在垂直于传播方向的平面上，光的电场分量可以分解为两个互相垂直的矢量，横波在光的传播方向上没有分量，因此电场矢量可表示为

$$\begin{cases} E_x = a_x \exp(\mathrm{i}(\omega t - kz - \delta_1)) \\ E_y = a_y \exp(\mathrm{i}(\omega t - kz - \delta_2)) \\ E_z = 0 \end{cases} \tag{3.3}$$

其中，a_x 为 x 轴方向的电场分量振幅；a_y 为 y 轴方向的电场分量振幅；ωt 为时间相位；kz 为空间相位；δ_1 和 δ_2 为 $z = 0$ 和 $t = 0$ 时的初始相位；$k = 2\pi/\lambda$，λ 为光在介质中的波长。

令 $\tau = \omega t - kz$，光波初始相位为 $\delta = \delta_2 - \delta_1$，电矢量在 x 轴和 y 轴两个方向上振动，传播方向为 z 轴正方向的单色平面电磁波方程，即

$$E = E_0 \cos(\tau + \delta) \tag{3.4}$$

将电场矢量分解到 x、y、z 三个方向上，可以表示为

$$\begin{cases} E_x = E_{0x} \cos(\tau + \delta_1) \\ E_y = E_{0y} \cos(\tau + \delta_2) \\ E_z = 0 \end{cases} \tag{3.5}$$

整理式(3.4)和式(3.5)，消去参量 τ，可表示为

$$\left(\frac{1}{E_{0x}}\right)^2 E_x^2 + \left(\frac{1}{E_{0y}}\right)^2 E_y^2 - 2 \frac{E_x}{E_{0x}} \frac{E_y}{E_{0y}} \cos\delta = \sin^2\delta \tag{3.6}$$

计算方程的系数行列式，即

$$\begin{vmatrix} \dfrac{1}{E_{0x}^2} & -\dfrac{\cos\delta}{E_{0x}E_{0y}} \\ -\dfrac{\cos\delta}{E_{0x}E_{0y}} & \dfrac{1}{E_{0y}^2} \end{vmatrix} = \frac{\sin^2\delta}{E_{0x}^2 E_{0y}^2} \geqslant 0 \tag{3.7}$$

式(3.7)的值比零大时，电矢量的末端轨迹投影为一椭圆。沿光波的传播方向，在某一时刻，将空间中各点处电矢量的末端投影到 xoy 平面，会得到一个椭圆。椭圆偏振光投影示意图如图 3.1 所示。

若将磁场矢量也做上述投影，得到的也是椭圆轨迹，这种电磁波称作椭圆偏振光。椭圆偏振光在介质中传播时，光矢量的大小、方向都是规则变化的，椭圆的形状会因相位差 δ 的改变而不同。当 $\sin\delta > 0$ 时，沿光波传来的反方向看去，电场矢量的旋转方向为顺时针。此时，光为右旋椭圆偏振光；反之，当 $\sin\delta < 0$ 时，为左旋椭圆偏振光。椭圆偏振光随 δ 变化的过程如图 3.2 所示。

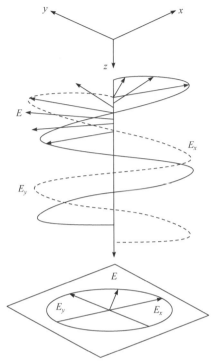

图 3.1 椭圆偏振光投影示意图

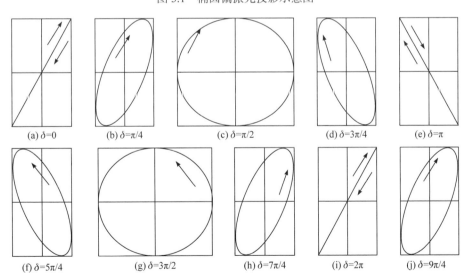

图 3.2 椭圆偏振光随 δ 变化的过程

2. 偏振光分类

由于光矢量有不同的振动状态，光波可分为自然光、部分偏振光和完全偏振光。当光波电场与磁场矢量的振荡方向呈无规律分布时，为自然光或非偏振光。在垂直光线传播方向的某一平面内，光矢量沿各方向的振动强度均等的光称为自然光。完全偏振光的振动强度在各方向的变化具有一定的规律性。

在光学研究中，有两种椭圆偏振光的特例情况经常讨论。一种情况是，电场矢量 E 沿某一固定方向保持不变，这种叫做线偏振光。另一种情况是，电场矢量 E 的端点轨迹投影为一圆，呈螺旋振动前进，即圆偏振光。

由式(3.7)，当 $\delta = \delta_2 - \delta_1 = m\pi(m = 0, \pm 1, \pm 2, \cdots)$ 时，方程由椭圆表达式变为直线表达式，可以表示为

$$\frac{E_y}{E_x} = (-1)^m \frac{E_{0y}}{E_{0x}} \tag{3.8}$$

光的电矢量末端轨迹为一直线，光变成线偏振光。线偏振光的特点是在向前传播时只有光矢量大小会变化，而振动方向始终保持不变。在空间中看，线偏振光的振动面为一固定方向上的平面，因此线偏振光又叫作平面偏振光。

若两分量振幅 E_x 和 E_y 的相位差为 $\pi/2$ 的奇数倍，即 $E_{0x} = E_{0y} = E_0$，$\delta = \delta_2 - \delta_1 = m\pi/2$ $(m = \pm 1, \pm 3, \pm 5, \cdots)$，可以表示为

$$E_x^2 + E_y^2 = E_0^2 \tag{3.9}$$

光的电矢量末端轨迹沿传播方向看去是一个圆，这种光波称为圆偏振光。圆偏振光在传播时，光矢量大小保持不变，振动方向呈一定规律性变化，偏振面随光的传播不断旋转。圆偏振光因旋向不同可分为左旋圆偏振光和右旋圆偏振光两种。当观察者迎着光传播的方向观察时，右旋圆偏振光电场矢量轨迹的旋转方向为顺时针。左旋圆偏振光电场矢量轨迹的旋转方向为逆时针。

获得线偏振光的方法很多，可以由反射、折射、干涉、衍射、晶体双折射等方法产生线偏振光，目前最方便的方法是用偏振片获得线偏振光。偏振片是一种人工薄膜，是由具有很强选择性吸收的微粒晶体有规则地排列在透明胶层中制成的，只允许某一电矢量振动方向的光透过，被允许透过的方向称为偏振化方向，而垂直振动的光则会被吸收，即偏振片具有二向色性。因此，通过偏振片后的自然光，再透射出时基本上会变为只在某一方向上振动的线偏振光。

对相同方向上传播的两束线偏振光，若其振动方向相互垂直且相位差恒定为 $\delta = (2m - 1/2)\pi$，将这两个线偏振光叠加，会得到规则变化的光矢量，即圆偏振光。圆偏振光的电矢量方向随时间变化，大小固定不变。相位差为 $\delta = (2m - 1/2)\pi$ 时，即 x 轴超前 y 轴 $\pi/2$ 的奇数倍时，光波为右旋圆偏振光，相位差为 $\delta = (2m - 1/2)\pi$ 时，即 y 轴超前 x 轴 $\pi/2$ 的奇数倍时为左旋圆偏振光。要在自然光源条件下产生圆偏振光，首先要经过一个起偏器，出来一个线偏振光，再经过一个四分之一波

片，波片的光轴与起偏器的起偏方向成 45°夹角。起偏器起偏出来的是一个线偏振光，使之以 45°偏振方向入射，振动分量在 x、y 方向上相同，再经过一个四分之一波片，振动方向产生 $\pi/2$ 的相位差，合成即可以得到圆偏振光。现在已有专门的圆偏振片可应用于实际实验中，也可以直接用圆偏振片产生圆偏振光。

3. 偏振光参量

描述偏振光特性的参量有很多，不同的计算方法用到的参量有所不同。DOP 反映在整个强度中完全偏振光的比例，偏振方位角 θ 是偏振光的振动方向和参考方向之间的夹角；线偏振度(degree of linear polarization，DOLP)表示光线中线偏振分量所占比例；圆偏振度(degree of circular polarization，DOCP)表示光线中圆偏振分量所占的比例。

若入射光的偏振态用 $S_{\text{in}} = \begin{bmatrix} I & Q & U & V \end{bmatrix}^{\text{T}}$ 表示，则偏振光的几个重要参量可以表示为以下几种。

DOP

$$P = \frac{\sqrt{Q^2 + U^2 + V^2}}{I} \tag{3.10}$$

DOLP

$$\text{DOLP} = \frac{\sqrt{Q^2 + U^2}}{I} \tag{3.11}$$

DOCP

$$\text{DOCP} = \frac{V}{I} \tag{3.12}$$

偏振方位角

$$\theta = \frac{1}{2}\arctan(U/V) \tag{3.13}$$

退偏振度

$$D = \frac{I_{\perp}}{I_{//}} = \frac{I - Q}{I + Q} \tag{3.14}$$

利用椭率角 ε 与椭圆偏振方位角 θ 也可以表述偏振光。用椭圆偏振方位角 θ 与椭率角 ε 描述偏振光时，电场矢量的幅值、相位与椭圆偏振的方位角、椭率角之间的关系可以表示为

$$\begin{cases} \tan 2\theta = \tan 2\nu \cos\delta \\ \tan 2\varepsilon = \pm\sin 2\theta \tan\delta \\ \tan\nu = \dfrac{E_y}{E_x} \end{cases} \tag{3.15}$$

则完全偏振光的矩阵可以表示为

$$S = \begin{bmatrix} 1 \\ \cos 2\varepsilon \cos 2\theta \\ \cos 2\varepsilon \sin 2\theta \\ \sin 2\varepsilon \end{bmatrix} \tag{3.16}$$

部分偏振光的 DOP 不等于 1, 用上述方法表述 Stokes 矢量时还可以加入 DOP 的值, 与椭圆偏振方位角 θ 和椭率角 ε 三个参量共同表示, 即

$$S = \begin{bmatrix} P \\ P\cos 2\varepsilon \cos 2\theta \\ P\cos 2\varepsilon \sin 2\theta \\ P\sin 2\varepsilon \end{bmatrix} \tag{3.17}$$

因此, 如果总的光强度值给定, 由 DOP、椭率角和偏振方位角即可确定偏振光的偏振态。

3.1.2 偏振光的表示方法

研究偏振光在大气中的传输特性, 首先要清楚地描述光的偏振。准确地测量光的偏振参量需要选择合适的数学方法描述偏振光, 以便进一步进行理论分析及仿真研究, 因此可以利用电矢量 E 振动取向的时间及空间的统计分布描述偏振特性。在偏振相关研究中, 常用的偏振描述方法有 Stokes 矢量表示法、三角函数表示法、琼斯(Jones)矩阵法、邦加球表示法、二向反射分布函数法等。其中, Jones 矢量是用相互正交且具有相位差的两个振动分量表示, 只能用于描述处于完全偏振状态的偏振光。邦加球表示法的特点是把偏振光的状态放到一个单位球的球面上直观表示, 比较容易理解, 但是不适合进行复杂的计算。Stokes 矢量是一个列向量, 用四维矢量的列矩阵表示, 既可以表述完全偏振状态的光, 还可以用于表述部分偏振光。Stokes 矢量是由最常选用的、宏观可测量的、独立的三个参量, 即振幅 E_x、E_y 和相位差 δ 描述的。我们在偏振光在大气传输中的散射分析和偏振态变化的求解中, 主要用 Stokes 矢量表示法表示偏振光特性。

1. Stokes 矢量表示法

Stokes 矢量是由一组线性相关可以叠加的强度量纲参量组成的。如果多个独立的波列混合成一束光波，则该混合光波的 Stokes 参量是各独立波列相应 Stokes 参量非相干叠加的结果，即 Stokes 矢量具有可叠加性。要得到经过多次散射后的大量光子的统计偏振信息，可以利用 Stokes 矢量的叠加性。

Stokes 矢量是由最常选用的、宏观可测量的、独立的 3 个参量，即振幅 E_x、E_y 和相位差 δ 描述的。Stokes 矢量矩阵形式可由 4 个参数给出，任意偏振光的状态可以表示为

$$S = \begin{bmatrix} I \\ Q \\ U \\ V \end{bmatrix} = \begin{bmatrix} \left\langle \left| E_x \right|^2 \right\rangle + \left\langle \left| E_y \right|^2 \right\rangle \\ \left\langle \left| E_x \right|^2 \right\rangle - \left\langle \left| E_y \right|^2 \right\rangle \\ 2E_x E_y \cos\delta \\ 2E_x E_y \sin\delta \end{bmatrix} \tag{3.18}$$

其中，E_x、E_y 分别为电矢量在 x、y 方向上的分量；δ 为两振动分量的瞬间相位差；$\langle \ \rangle$ 为时间的平均符号；I 为强度在 x、y 两个方向上的总和；Q 为强度在 x、y 两个方向上的差值；U 为强度在 $+45°$ 和 $-45°$ 方向上的差值；V 为偏振光旋向是右旋还是左旋。

对于完全偏振光的关系可以表示为

$$I^2 = Q^2 + U^2 + V^2 \tag{3.19}$$

其中，4 个参量可以在已知 3 个参量时推导出第 4 个。

对于部分偏振光，则可以表示为

$$I^2 > Q^2 + U^2 + V^2 \tag{3.20}$$

DOP 是用来表示完全偏振光在总的光强度中所占的比例，可以表示为

$$\mathrm{DOP} = \frac{\sqrt{Q^2 + U^2 + V^2}}{I} \tag{3.21}$$

I、Q、U、V 都是有关强度的量纲，要得到这些值，可用光电方法进行测量。

在要进行测量的光路中加入起偏和相位延迟器件(1/4 波片)，通过对光强的测量和调制的 Stokes 矢量进行稳态连续光束的测量。具体方法是，让测量的光束通过一偏振分析器，调整偏振分析器，使出射光束分别为 0°、90°、45°线偏振光，探测 3 种线偏振光的强度；当光束出射为 0°线偏振光后再通过一个 1/4 波片，得到出射为圆偏振光时的光强度，即可以得到 Stokes 矢量。

Stokes 矢量可由 4 个强度测量值计算得到，表示为

$$I = I_x + I_y$$
$$Q = I_x - I_y$$
$$U = 2I_p - (I_x + I_y)$$
$$V = 2I_R - (I_x + I_y)$$

$$\tag{3.22}$$

其中，I_x、I_y、I_p 为 0°、90°、45°线偏振光的光强；I_R 表示光束通过偏振分析器出射变为 0°线偏振光后，经过 1/4 波片时探测到的强度。

上述方法为偏振光调制法，用于测量入射光的 Stokes 矢量。测量条件是，光束是稳态连续的。

2. 琼斯矩阵矢量表示法

Jones 曾提出一种用列矩阵表示电场矢量 x、y 分量的方法描述偏振光，可以表示为

$$E = \begin{bmatrix} E_x \\ E_y \end{bmatrix} = \begin{bmatrix} E_{0x}e^{j\delta_1} \\ E_{0y}e^{j\delta_2} \end{bmatrix} \tag{3.23}$$

式(3.23)即 Jones 矢量，可表征一般椭圆偏振光。例如，对于右旋圆偏振光，其 Jones 矢量可以表示为

$$E = \begin{bmatrix} E_x \\ E_y \end{bmatrix} = \begin{bmatrix} -j \\ 1 \end{bmatrix} E_{0x}e^{j\delta_0} \tag{3.24}$$

可以利用 Jones 矢量对偏振光进行叠加计算。例如，两束线偏振光 E_1 和 E_2 的 Jones 矢量可以表示为

$$E_1 = \begin{bmatrix} \sqrt{2}e^{i\delta_1} \\ 0 \end{bmatrix}, \quad E_2 = \begin{bmatrix} 0 \\ \sqrt{2}e^{i(\delta_1+90°)} \end{bmatrix} \tag{3.25}$$

两偏振光叠加后可以表示为

$$E = E_1 + E_2 = \begin{bmatrix} \sqrt{2}e^{i\delta_1} \\ \sqrt{2}e^{i(\delta_1+90°)} \end{bmatrix} \tag{3.26}$$

Jones 矢量虽然也可以进行叠加运算，但是却只能描述完全偏振光，对部分偏振光和完全非偏振光则不能描述。

3. Mueller 矩阵表示法

入射光穿过一定厚度的散射介质后，光的偏振态、振幅、相位，以及传播方

向都会发生改变。因为散射介质对偏振光的作用类似于偏振器件，所以可以将其看作特殊的偏振器件。Mueller 矩阵用于描述散射粒子或散射体对偏振光的散射作用过程，可以求解散射介质对偏振光偏振状态的改变。

Mueller 矩阵[1]用来处理 Stokes 矢量，可以应用于非偏振光、部分偏振光，以及偏振光。光强可以由 Stokes 矢量和 Mueller 矩阵直接表示。Mueller 矩阵是散射介质特性的表达形式，用来反映介质对光的作用，其元素值、散射粒子的性质与入射光波长、散射角有关。

若用 Stokes 矢量表示偏振光，Mueller 矩阵表示散射体，则可以表示为

$$S_{\text{out}} = M \cdot S_{\text{in}} \tag{3.27}$$

其中，入射光的 Stokes 矢量 $S_{\text{in}} = \begin{bmatrix} I_i & Q_i & U_i & V_i \end{bmatrix}^{\text{T}}$，$I_i$ 为入射光强；出射光的 Stokes 矢量 $S_{\text{out}} = \begin{bmatrix} I_i & Q_i & U_i & V_i \end{bmatrix}^{\text{T}}$；$M$ 为散射粒子或者偏振元器件的 Mueller 矩阵，是一个 4×4 的矩阵。

当有多个光学偏振元件时，可以写成级联矩阵的形式，即

$$M = \begin{bmatrix} m_{11}(\theta) & m_{12}(\theta) & m_{13}(\theta) & m_{14}(\theta) \\ m_{21}(\theta) & m_{22}(\theta) & m_{23}(\theta) & m_{24}(\theta) \\ m_{31}(\theta) & m_{32}(\theta) & m_{33}(\theta) & m_{34}(\theta) \\ m_{41}(\theta) & m_{42}(\theta) & m_{43}(\theta) & m_{44}(\theta) \end{bmatrix} \tag{3.28}$$

其中，$m_{ij}(\theta), i, j = 1, 2, \cdots, 4$ 为 Mueller 矩阵元，任意入射偏振光在介质中的传输过程都由这 16 个矩阵元素决定，任何有关偏振光散射问题的定量求解都需要知道 $m_{ij}(\theta)$ 的值，因此 Mueller 矩阵元素的求解是解决偏振光在大气中传输问题的关键。

$m_{ij}(\theta)$ 是根据 Mie 散射相关理论计算得到的，与相位矩阵联系紧密。各向同性均匀的球形粒子为散射体时，Mueller 矩阵可以表示为

$$M = \begin{bmatrix} m_{11}(\theta) & m_{12}(\theta) & 0 & 0 \\ m_{12}(\theta) & m_{11}(\theta) & 0 & 0 \\ 0 & 0 & m_{33}(\theta) & m_{34}(\theta) \\ 0 & 0 & -m_{34}(\theta) & m_{33}(\theta) \end{bmatrix} \tag{3.29}$$

其中，有 8 个非零元素，4 个相互独立的 Mueller 矩阵元，可以表示为

$$m_{11}(\theta) = \frac{1}{2}(|S_1|^2 + |S_2|^2)$$

$$m_{12}(\theta) = \frac{1}{2}(|S_2|^2 - |S_1|^2) \tag{3.30}$$

$$m_{33}(\theta) = \text{Re}\{S_2 S_1^*\}$$

$$m_{34}(\theta) = \text{Im}\{S_2 S_1^*\}$$

　　根据上述相关理论和公式推导结合 Mie 散射理论，编程计算不同尺度粒子作用条件下 4 个独立 Mueller 矩阵元 m_{11}、m_{12}、m_{33}、m_{34} 随散射角余弦的变化趋势。Mueller 矩阵元随散射角余弦的变化如图 3.3 所示。

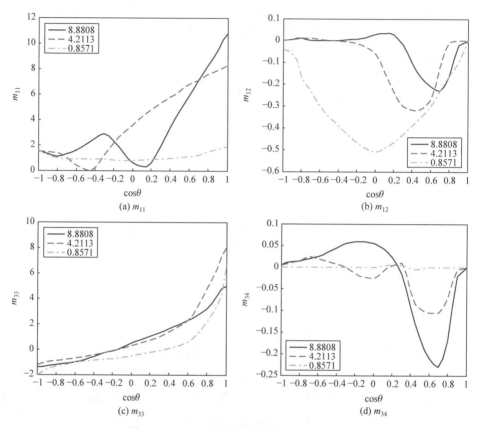

图 3.3　　Mueller 矩阵元随散射角余弦的变化

　　图中粒子尺度参数分别为 x=8.8808、4.2113、0.8571，四种介质为 0.5~1.0μm 的水雾粒子、0.1~0.5μm 的城市气溶胶粒子、0.01~0.1μm 的大气分子、0.001~0.01μm 的大气分子。其中，各尺度粒子谱分布为大气分子-均匀分布、水雾粒子-Junge 分布、城市气溶胶粒子-对数正态分布。

　　m_{11} 反映光被粒子散射后，散射强度的角度分布。从图 3.3(a)可以看出，随散射角的增加，散射光强度先减小后增大，小于 60°前向散射区的散射较强，后向散射较弱。

　　m_{12} 反映自然光入射后，被粒子散射产生的散射光中线偏振分量的大小。从图 3.3(b)可以看出，线偏振散射光分量在前向和后向区域基本都是先增大后减小再增大，大粒子的线偏振分量集中在后向散射上，平均尺度参数越小，线偏振分量在前向后向区域分布越对称。

m_{33} 反映右旋圆偏振光入射后，被粒子散射的散射光中的圆偏振分量。从图 3.3(c)可以看出，散射粒子尺度参数较小时，在旋向上前向散射的圆偏振光为右旋(+1)，后向散射被逆转为左旋(−1)；圆偏振光的旋向逆转的角度随粒子尺度参数的增大而增大；圆偏振分量在前向角度范围内减小较快，在后向散射区域减小变缓慢。

m_{34} 反映 −45° 的线偏振光入射后，被粒子散射的散射光中的圆偏振分量。从图 3.3(d)可以看出，粒子尺度较小时，m_{34} 近乎为 0，表明偏振光在传输过程中相对总光强来说，圆偏振部分光强减小的速度更快；在很窄范围的前向和后向上圆偏振分量几乎为零；粒子尺度参数越大，m_{34} 越大，圆偏振分量也越多。

传输介质 Mueller 矩阵描述形式通常由实验方法确定。通过对入射光束偏振态的改变，以及接收端偏振态测量仪的探测结果，可以得到 16 次的光强，组成 4×4 阶矩阵。偏振光起偏器的 Mueller 矩阵如表 3.1 所示。

表 3.1　偏振光起偏器的 Mueller 矩阵

光学器件	Mueller 矩阵	光学器件	Mueller 矩阵
水平偏振光起偏器	$\begin{bmatrix} 1 & 1 & 0 & 0 \\ 1 & 1 & 0 & 0 \\ 0 & 0 & 0 & 0 \\ 0 & 0 & 0 & 0 \end{bmatrix}$	垂直偏振光起偏器	$\begin{bmatrix} 1 & -1 & 0 & 0 \\ -1 & 1 & 0 & 0 \\ 0 & 0 & 0 & 0 \\ 0 & 0 & 0 & 0 \end{bmatrix}$
+45°线偏振光起偏器	$\begin{bmatrix} 1 & 0 & 1 & 0 \\ 0 & 0 & 0 & 0 \\ 1 & 0 & 1 & 0 \\ 0 & 0 & 0 & 0 \end{bmatrix}$	−45°线偏振光起偏器	$\begin{bmatrix} 1 & 0 & -1 & 0 \\ 0 & 0 & 0 & 0 \\ -1 & 0 & 1 & 0 \\ 0 & 0 & 0 & 0 \end{bmatrix}$
右旋圆偏振光起偏器	$\begin{bmatrix} 1 & 0 & 0 & 1 \\ 0 & 0 & 0 & 0 \\ 0 & 0 & 0 & 0 \\ 1 & 0 & 0 & 1 \end{bmatrix}$	左旋圆偏振光起偏器	$\begin{bmatrix} 1 & 0 & 0 & -1 \\ 0 & 0 & 0 & 0 \\ 0 & 0 & 0 & 0 \\ -1 & 0 & 0 & 1 \end{bmatrix}$

采用 Stokes 描述光束偏振态信息，Mueller 矩阵描述散射介质的光学特性，两者的关系可以表示为

$$S_0 = M \times S_i \tag{3.31}$$

其中，S_0 为入射光束偏振态信息；S_i 为散射光束偏振态信息；M 为传输介质的四阶 Mueller 矩阵。

通过式(3.31)可知，出射光的偏振态取决于入射光的偏振态，但是散射介质的 Mueller 矩阵性质与散射粒子的分布、尺度、介质折射率有关。

4. 三者之间的关系

Jones 矢量和 Stokes 矢量都可以表述偏振光的偏振态。两种矢量存在的转换关系式可以表示为

$$S = \sqrt{2}M(E \otimes E^*) = \sqrt{2}M\begin{bmatrix} E_x E^* \\ E_y E^* \end{bmatrix} = \sqrt{2}M\begin{bmatrix} E_x E_x^* \\ E_x E_y^* \\ E_y E_x^* \\ E_y E_y^* \end{bmatrix} \tag{3.32}$$

其中，符号 $\otimes$ 表示 Kronecker 张量积；M 为 4×4 的 Jones-Mueller 矩阵，可以表示为

$$M = \frac{1}{2}\begin{bmatrix} 1 & 0 & 0 & 1 \\ 1 & 0 & 0 & -1 \\ 0 & 1 & 1 & 0 \\ 0 & i & -i & 0 \end{bmatrix} \tag{3.33}$$

根据以上讨论，当涉及偏振光的测量方面问题时，应当用 Stokes 矢量表述偏振光。此外，Mueller 矩阵运算还可以处理偏振光传输时的消偏问题，而 Jones 矩阵的运算无法描述部分偏振光。不过，Jones 矩阵运算具有保留偏振光相位信息的优点，这点是利用 Mueller 矩阵运算时不能实现的。所以，一般情况下，处理两束光的相干合成，以及位相探测的问题时宜采用 Jones 矢量来表述，而研究包含光束消偏情况的问题时多采用 Stokes 矢量来表述。偏振光在大气中传输时需要经过多次散射，必然存在消偏的问题，而且在对线偏振光、圆偏振光的传输研究中不考虑相干因素，所以本章的数值运算均采用 Stokes-Mueller 矩阵。

3.1.3　偏振光的散射理论

粒子散射几何模型如图 3.4 所示，其中 o 为散射中心点。o 点处可以是单粒子或者多粒子的散射体。z 轴正方向是入射光束的传播方向，oM 方向为观测方向，位于散射平面 yoz，oM 与 z 轴正方向之间的夹角 θ 是散射角。当线偏振光入射时，ϕ 为线偏振光振动平面与散射平面的夹角。

对均匀球形粒子进行散射计算时，重要的参数是粒子尺度参数。粒子尺度参数是粒子周长与入射光波长的比值，即 $x = 2\pi r/\lambda$，其中 r 为粒子半径。粒子的尺度参数 x 决定粒子的散射模式。

① 当 $x<0.1$ 时，散射粒子的尺度参数远小于波长大小，此时的散射主要为 Rayleigh 散射。散射光强与光的波长四次方成反比。

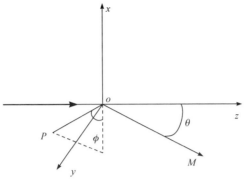

图 3.4　粒子散射几何模型

② 当 $x \geqslant 0.1$ 时，散射粒子的尺度参数与波长等数量级，此时散射为 Mie 散射。散射覆盖的粒子尺度范围比较广，散射光强与光的波长平方成反比。Mie 散射主要与散射粒子的尺寸、折射率大小，以及密度分布等有关，与波长关系不大。

③ 当 $x > 50$ 时，粒子的尺度参数远大于波长大小，此时称为无选择散射，可用几何光学处理。

1. Rayleigh 散射

Rayleigh 散射公式是 Rayleigh 在 1871 年利用弹性固体原理得出的。当粒子较小时，假设散射粒子的尺度参数比波长的十分之一要小，且粒子不吸收光能，当光子打到粒子上后，会使原子、分子或电子做受迫振动，从而产生电偶极子或者多极子的振荡现象。在固定方向，电偶极子产生振荡，而振荡的偶极子又会产生电磁波，即散射波。

若散射粒子是半径为 r，复折射率为 n 的球形各向同性粒子，观察点和散射点之间的距离为 R，当波长为 λ，光强为 I_0 的线偏振光入射时，Rayleigh 散射的光强可以表示为

$$I(\theta,\varphi) = \frac{I_0}{R^2} \frac{16\pi^4 r^6}{\lambda^4} \left(\frac{n^2-1}{n^2+2} \right)^2 (1-\sin^2\theta\cos^2\varphi) \tag{3.34}$$

其中，θ 为散射角；φ 为入射光的振动平面和散射平面间的夹角。

自然光入射时，单一分子对光的散射光强 I_0 可以表示为

$$I(\theta) = \frac{8\pi^4 r^6 I_0}{\lambda^2 R^4} \left(\frac{n^2-1}{n^2+2} \right)^2 (1+\cos^2\theta) \tag{3.35}$$

散射的相函数可以表示为

$$S(\theta) = \frac{3}{4}(1+\cos^2\theta) \tag{3.36}$$

光的 DOP 可以表示为

$$\mathrm{DOP} = \frac{1 - \cos^2 \theta}{1 + \cos^2 \theta} \tag{3.37}$$

Rayleigh 散射光 DOP 角度分布特征如图 3.5 所示。Rayleigh 散射光 DOP 随散射角 θ 的增大呈正弦分布，DOP 的大小只与散射角的分布有关。

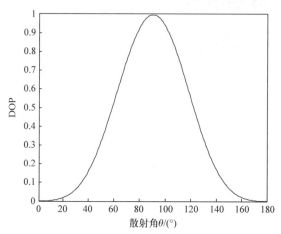

图 3.5　Rayleigh 散射光 DOP 角度分布特征

自然光的 Rayleigh 散射光强角度分布如图 3.6 所示。入射光方向为 z 轴，在三维空间中，它是一个绕 z 轴旋转的旋转面。

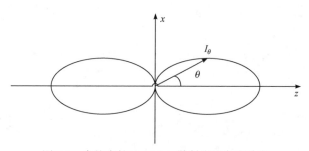

图 3.6　自然光的 Rayleigh 散射光强角度分布

可以看出，Rayleigh 散射光强的角度分布具有对称性，并且前向后向散射能量均等。在传播方向，z 轴的正反两方向上的散射光都是自然光，而在垂直方向的 xoy 平面上，是散射光强度为零的完全线偏振光，在其余方向上均为部分偏振光。

2. Mie 散射

Mie 散射理论是 Mie 于 1908 年研究金属粒子的散射时提出并建立的，后续得到许多学者的补充发展。对于比气体分子尺度参数还大的介质粒子光散射作用的研究在 Mie 之前就有许多。Mie 散射公式严格总结了不同折射率、不同尺度介质粒子的散射特性[2]。当粒子的尺度参数逐渐减小达到分子尺度参数级时，常用的理论是 Rayleigh 理论。此时，Mie 理论与 Rayleigh 理论等价。在推导过程方面，Rayleigh 理论比较简单，而 Mie 理论比较复杂，应用发展较慢。

(1) 散射光强度计算

一束光强为 I_0 的自然光在传输过程中遇到各向同性的球形粒子后被散射，在散射角 θ 方向上，距离 R 处的散射光强可以表示为

$$I = \frac{\lambda^2}{8\pi^2 R^2} I_0(i_1 + i_2) = \left(\frac{\lambda}{2\pi R}\right)^2 I_0 \frac{(i_1 + i_2)}{2} \tag{3.38}$$

若线偏振光入射，散射光强度可表示为

$$I = \frac{\lambda^2}{4\pi^2 R^2}(i_1 \sin^2 \varphi + i_2 \cos^2 \varphi)I_0 \tag{3.39}$$

其中，φ 为入射光的振动平面和散射平面之间的夹角；i_1 和 i_2 为强度分布函数。

可以将散射角 θ 方向上的散射光分解成两个强度分别为 $I_\perp$ 和 $I_{//}$ 的相互垂直的偏振分量，$I_\perp$ 是垂直于散射平面的光强，$I_{//}$ 是平行于散射平面的光强。两个偏振分量与强度分布函数 i_1 和 i_2 成正比，可以表示为

$$I_\perp = \frac{\lambda^2}{8\pi^2 R^2} I_0 i_1 \tag{3.40}$$

$$I_{//} = \frac{\lambda^2}{8\pi^2 R^2} I_0 i_2 \tag{3.41}$$

散射光 DOP 可以表示为

$$\text{DOP} = \frac{I_\perp - I_{//}}{I_\perp + I_{//}} = \frac{i_1 - i_2}{i_1 + i_2} \tag{3.42}$$

强度分布函数 i_1 和 i_2 可以表示为

$$i_1 = |S_1|^2 = \left|\sum_{m=1}^{\infty} \frac{2m+1}{m(m+1)}(a_m \psi_m \cos\theta + b_m \tau_m \cos\theta)\right|^2 \tag{3.43}$$

$$i_2 = |S_2|^2 = \left|\sum_{m=1}^{\infty} \frac{2m+1}{m(m+1)}(b_m \psi_m \cos\theta + a_m \tau_m \cos\theta)\right|^2 \tag{3.44}$$

其中，ψ_m 和 τ_m 为散射角 θ 的函数，可以表示为

$$\psi_m = \frac{2m-1}{m-1}\psi_{m-1}\cos\theta - \frac{m}{m-1}\psi_{m-2} \tag{3.45}$$

$$\tau_m = m\psi_m\cos\theta - (m+1)\psi_{m-1} \tag{3.46}$$

ψ_m 和 τ_m 的初始条件为 $\psi_0 = 0$、$\psi_1 = 1$、$\psi_2 = 3\cos\theta$、$\tau_0 = 0$、$\tau_1 = \cos\theta$、$\tau_2 = 3\cos(2\theta)$。

式(3.43)和式(3.44)中 a_m 和 b_m 为 Mie 散射系数，与波长 λ、粒子尺度参数 $x = 2\pi r / \lambda$、介质复折射率 n 有关，可以表示为

$$a_m = \frac{\phi_m'(nx)\phi_m(x) - n\phi_m(nx)\phi_m'(x)}{\phi_m'(nx)\xi_m(x) - n\phi_m(nx)\xi_m'(x)} \tag{3.47}$$

$$b_m = \frac{n\phi_m'(nx)\phi_m(x) - \phi_m(nx)\phi_m'(x)}{n\phi_m'(nx)\xi_m(x) - \phi_m(nx)\xi_m'(x)} \tag{3.48}$$

其中

$$\phi_m(z) = \left(\frac{\pi z}{2}\right)^2 J_{m+\frac{1}{2}}(z) \tag{3.49}$$

$$\xi_m(z) = \left(\frac{\pi z}{2}\right)^{1/2} H_{m+\frac{1}{2}}^{(2)}(z) \tag{3.50}$$

$$\phi_m'(z) = \frac{\mathrm{d}\phi_m(z)}{\mathrm{d}z} \tag{3.51}$$

$$\xi_m'(z) = \frac{\mathrm{d}\xi_m(z)}{\mathrm{d}z} \tag{3.52}$$

其中，z 为变量；$J_{m+\frac{1}{2}}(z)$ 为半整数阶的第一类贝塞尔函数；$H_{m+\frac{1}{2}}^{(2)}(z)$ 为半整数阶的第二类汉克尔函数。

　　计算上述公式可得不同粒子尺寸的散射光强度和散射角的关系。如图 3.7 所示，粒子尺寸越大，散射光强度随散射角的变化曲线振荡状态越明显，也就是散射光强度不稳定，基本趋势是在散射角为 1.5rad 左右时，散射光强度最小，并以 1.5rad 为中心，向两边振荡递增。对比三种粒子尺寸的曲线，半径为 0.5μm 的粒子的散射光强度居中，高于半径为 1μm 的粒子散射光强度，低于半径为 3μm 的粒子。这说明，随粒子尺寸的增加，粒子散射光强度随散射角的变化曲线呈现先减小后增大的趋势。

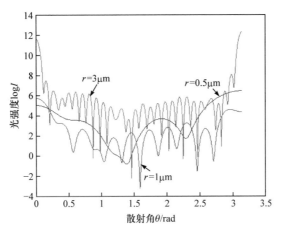

图 3.7　光强度随散射角的变化趋势图

(2) 散射截面和散射效率因子

在计算微粒衰减时，Mie 散射理论公式主要是对三个效率因子的计算，即吸收效率因子 $Q_a(k,n)$、散射效率因子 $Q_s(k,n)$ 和衰减效率因子 $Q_e(k,n)$。三者关系可以表示为

$$Q_e(x,n) = Q_a(x,n) + Q_s(x,n) \tag{3.53}$$

Mie 散射理论的普遍公式可以表示为

$$Q_s(x,n) = \frac{2}{x^2} \sum_{m=1}^{\infty} (2m+1)(|a_m|^2 + |b_m|^2) \tag{3.54}$$

$$Q_e(x,n) = \frac{2}{x^2} \sum_{m=1}^{\infty} (2m+1)(\mathrm{Re}(a_m + b_m)) \tag{3.55}$$

定义一种截面，入射到此面的光功率与这个粒子向各个方向散射功率的总和相等。这种截面叫作散射截面 $\sigma_s(x,n)$。同样，可以定义吸收截面 $\sigma_a(x,n)$ 和总衰减截面 $\sigma_e(x,n)$。相应的截面和效率因子关系可以表示为

$$\sigma_s(x,n) = \pi r^2 Q_s(x,n) \tag{3.56}$$

$$\sigma_a(x,n) = \pi r^2 Q_a(x,n) \tag{3.57}$$

$$\sigma_e(x,n) = \pi r^2 Q_e(x,n) \tag{3.58}$$

由式(3.47)～式(3.55)，可以得到吸收效率因子 $Q_a(x,n)$、散射效率因子 $Q_s(x,n)$ 和衰减效率因子 $Q_e(x,n)$ 随粒子尺度参数 x 的变化趋势，取粒子折射率 $n=1.50-0.1\mathrm{i}$，效率因子随尺度参数的变化趋势图如图 3.8 所示。

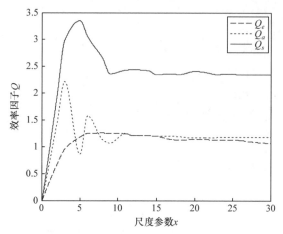

图 3.8   效率因子随尺度参数的变化趋势图

可以看出，对于折射率为 $n=1.50-0.1i$ 的粒子，当粒子尺度参数较小，即波长与粒子直径相近时，粒子对光子的作用主要是散射作用，随粒子尺度参数的增大，散射和吸收作用逐渐趋于相同。

散射效率因子的变化趋势如图 3.9 所示，是粒子折射率为 1.33 时散射效率因子 $Q_s(x,n)$ 随尺度参数 x 的变化。可以看出，随着尺度参数 x 的增大，散射效率因子正弦振荡减小，越来越趋近于 2，所以在大粒子散射计算时，尺度参数足够大的可以将散射效率因子近似为 2 计算，简化计算过程。

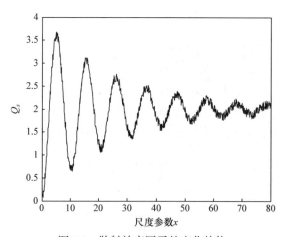

图 3.9   散射效率因子的变化趋势

(3) 散射相函数

Mie 散射相函数中的相不是指相位，而是相对的角度关系。用 $P(\theta)$ 表示相函数，能反映不同角度上散射强度间的差别，即

$$P(\theta) = \frac{\sigma_p(\theta)}{\sigma_p / 4\pi} = \frac{i_1 + i_2}{\sum_{m=1}^{\infty}(2m+1)(|a_m|^2 + |b_m|^2)} \tag{3.59}$$

其中，$\sigma_p(\theta)$ 为粒子角散射截面；σ_p 为总的散射截面；i_1 和 i_2 为强度分布函数；a_m 和 b_m 为 Mie 散射系数。

在 Matlab 软件中，编程和计算不同半径下粒子的散射相函数 $P(\theta)$。不同半径下粒子散射相函数曲线如图 3.10 所示。由此可知，气溶胶粒子半径越大，前向散射作用越强烈，粒子半径较小时，前后向散射作用相同，因为当粒子半径小到分子量级时，散射相函数与 Rayleigh 散射特征相似，即前向后向散射较强，其他角度散射较弱，整个散射相函数呈对称特性。

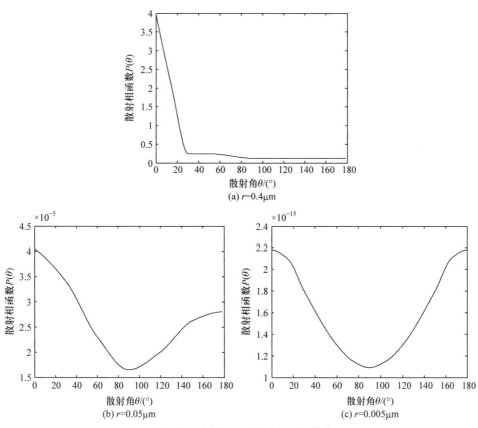

图 3.10　不同半径下粒子散射相函数曲线

3. 单次散射

偏振光在大气或不同介质中的传输过程十分繁杂，光子会与大气中各种不均匀的粒子、气溶胶等发生碰撞，产生多次散射。目前，对于非球形粒子与光子碰撞散射特性的研究仍是很难解决的问题，只能在一定理论的基础上做假设。对于随机选取的粒子，绝大部分不规则粒子散射特性近似于球形均匀粒子的特性，所以为了完成偏振光多次散射仿真模型，将发生碰撞的散射粒子全部看作均匀的球状粒子。同样有一部分入射光子在发生若干次散射过程之后会射出介质，或完全让散射介质吸收。光子在均匀球状介质中传输的多次散射模型的实质是参考光子单次散射为基本模型。

首先，考虑光子只在大气中发生单次散射，设定光子沿 z 轴入射，碰撞粒子为均匀球形粒子，并且光子在经历单次散射后即射出介质表面。选定三维坐标为参考坐标系，参考平面由 xoz 面构成。光子垂直入射 xoy 面，散射平面的方位取决于入射光子传输方向与散射后传输方向构成的平面。假设介质中的粒子为无吸收的球状粒子，光子单次散射传输模型如图 3.11 所示。

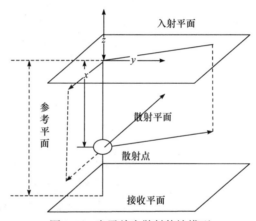

图 3.11　光子单次散射传输模型

散射传输模型计算公式可以表示为

$$S_0 = \mu_s L_2(\phi) M(\theta) L_1(\phi) S_i \tag{3.60}$$

其中，S_i 和 S_0 为光子入射时和经过散射后的 Stokes 矢量；μ_s 为 Mie 散射过程散射系数；$M(\theta)$ 为 Mie 散射过程单次散射 Mueller 矩阵，可以表示为

$$M(\theta) = \begin{bmatrix} \frac{1}{2}(\sigma_1(\theta)+\sigma_2(\theta)) & \frac{1}{2}(\sigma_1(\theta)-\sigma_2(\theta)) & 0 & 0 \\ \frac{1}{2}(\sigma_1(\theta)-\sigma_2(\theta)) & \frac{1}{2}(\sigma_1(\theta)+\sigma_2(\theta)) & 0 & 0 \\ 0 & 0 & \sigma_3(\theta) & \sigma_4(\theta) \\ 0 & 0 & -\sigma_4(\theta) & \sigma_3(\theta) \end{bmatrix} \tag{3.61}$$

ϕ 的含义是参考平面与散射平面旋转后的角度。$L_1(\phi)$ 代表转换矩阵，通过 L_1 在散射过程发生之前把入射光束的 Stokes 矢量从参考平面经过一定角度转换到散射平面。转换矩阵 $L_2(\phi)$ 是在光子发生散射后把 Stokes 矢量从散射平面转换到参考平面，它们的表达式完全一致，可以表示为

$$L(\phi) = \begin{bmatrix} 1 & 0 & 0 & 0 \\ 0 & \cos(2\phi) & -\sin(2\phi) & 0 \\ 0 & \sin(2\phi) & \cos(2\phi) & 0 \\ 0 & 0 & 0 & 1 \end{bmatrix} \tag{3.62}$$

如果需要探测的是前向散射光，那么 $L_2(\phi)$ 需要作逆时针旋转，转换为 $L_2(-\phi)$，则入射光单次散射 Stokes 矢量 S_0。

4. 多次散射

上述散射理论均是为解决单次散射问题提出的，研究光在大气中传输时的散射过程，要以单次散射为基础。当偏振光在大气中穿过一定距离时，由于大气中有大气分子，以及大量粒度跨度范围较大的呈胶溶悬浮状态的大气气溶胶存在，光子不断与粒子作用产生散射现象。这种多次散射现象不是用单次散射理论就能完全描述出来的，不能忽略多次散射对偏振光偏振特性的影响，需要分析在散射介质中偏振光经历多次散射时的传输特性。

光子在均匀球状介质中传输多次散射模型，实质是参考光子单次散射模型为基础建立的。光子多次散射传输仿真模型如图 3.12 所示。散射粒子在介质空间中随机出现，同时球状粒子随机分布在介质的某个地方。假设入射光子垂直于 xoy 平面正方向入射，把 xoz 平面定义为参考平面，在 z 轴建立一个接收平面，光子

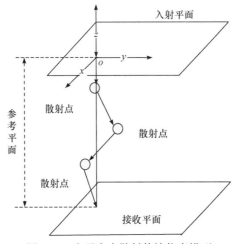

图 3.12　光子多次散射传输仿真模型

在介质中将与球状粒子经历若干次散射，每当光子发生碰撞时，就必须重新对光子 Stokes 矢量进行更新，使之成为新的参考平面。最终对全部到达接收平面光子进行偏振态信息的收集。

　　在自然界中，大气气溶胶粒子是群体存在的，并且种类形状尺度分布各不相同，但是对所有大气气溶胶粒子整体求平均值后可将其看作等效球形，因此 Mie 散射理论仍可以应用。大气气溶胶的光散射效果可以看作气溶胶粒子群体多次光散射效果的叠加。

　　如图 3.13 所示，入射偏振光遇到 a 粒子后被散射。散射后的散射光在继续传输的过程中会与 b 粒子遇到，再一次发生散射现象。此时，b 粒子的散射光为二次散射光。二次散射光继续向前传输时又会被 c 粒子散射，因此在整个传播过程中不断被散射，也就是发生多次散射。

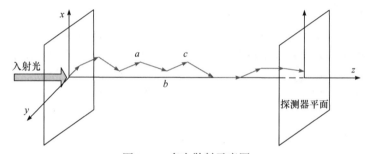

图 3.13　多次散射示意图

　　在大气中，当气溶胶含量正常，光学路径足够短的条件下，光散射可以看作单次散射。各类型气溶胶粒子对光的散射作用会相互影响，但一般情况下气溶胶粒子间的距离相对气溶胶的尺度参数会大很多，所以可以将各个气溶胶粒子对光的散射过程看作独立散射过程。光在气溶胶中的整个散射过程可以看作多个独立散射过程的累加，气溶胶光散射参量可由单气溶胶粒子的光散射参量和给出。

　　若气溶胶粒子尺度分布为 $n(r)$ ，则相应的散射截面 $\sigma_s(r,\lambda,n)$ 、吸收截面 $\sigma_a(r,\lambda,n)$ 和总衰减截面 $\sigma_e(r,\lambda,n)$ 计算公式可以表示为

$$\sigma_s(r,\lambda,n) = \pi \int_{r_1}^{r_2} Q_s(k,n)n(r)r^2 \mathrm{d}r \tag{3.63}$$

$$\sigma_a(r,\lambda,n) = \pi \int_{r_1}^{r_2} Q_a(k,n)n(r)r^2 \mathrm{d}r \tag{3.64}$$

$$\sigma_e(r,\lambda,n) = \pi \int_{r_1}^{r_2} Q_e(k,n)n(r)r^2 \mathrm{d}r \tag{3.65}$$

其中，r_1 和 r_2 为粒子半径的最大值和最小值。

3.2　Monte Carlo 仿真

本节主要内容是建立偏振光在大气中的传输模型，并用模型进行仿真计算。具体计算采用 Stokes/Mueller 矩阵法，用 Stokes 描述光的偏振态，Mueller 矩阵表示大气中散射介质对光偏振状态的变换作用，建立传输模型，编程计算并分析圆偏振光与线偏振光在大气中传输的差异特性。

3.2.1　常用的辐射传输解法

1. 离散坐标法

离散坐标法也称 S-N 近似法。Fu 等[3]使用此方法探讨了星际和大气辐射等领域。其基本思想是，假定在空间一定立体角内的辐射强度均匀，即不随方向变化，然后将立体角划分为若干离散的角度，在每一个离散的角度方向将辐射传递方程化为一个偏微分方程进行求解，不同离散方向的辐射强度通过源项耦合在一起。离散坐标法可以将辐射传递方程转化为微分表达式，便于同一般输运方程耦合求解。相对 Monte Carlo 方法，离散坐标法对计算机的性能要求较低，可以很方便地处理各向异性散射项。

2. 渐进拟合法

渐进法属于一种近似演算法，由于不能直接对传输散射方程进行求解，因此得到的解只是近似解。渐进法解题基本思想的前提是假设大气光学厚度 τ 无穷大，经过演算推导获得大气光学厚度的透射、反射，以及传输介质内部散射强度的近似分布。对于近似解中的函数和常数部分的求解仍然存在很大难度。20 世纪 60 年代末，van de Hulst[4]为解决该类问题提出一种全新的解决方案，就是将倍加-累加法与渐进法相融合的渐进拟合推导法，先将倍加-累加法中的一部分答案进行模拟，然后模拟式中的函数和系数。该方法容易使用，可以提高计算的效率和准确率，但是使整体工作时间延长，而且此方法只适用于求解光学厚度远超过 1 的大气圈。Stokes[5]和 Sun 等[6]对计算渐进表达式中的函数和常数问题给出了更好的方法，即采用离散坐标法与渐进法相结合的方式，并公布具体矩阵方程和最后的结果。总之，渐进法通俗易学，演算时间与精度都比其他方法好很多，但是其整体工作效率降低，并且只是用于光学厚度较大的大气层。求解光学薄层问题时，该方法就显得非常复杂。

3. 倍加累加法

19 世纪中期，Stokes 在使用硅化物反射板进行光线的反射与透射课题实验时，采用累加法求解大气传输散射方程。到了 20 世纪，Kattawar 等[7]在分析 γ 射线的传输特性时对累加法进行了更深入的探讨，同时将这种方法应用到更多问题的分析上。van de Hulst[8]在分析近似解中的函数和常数部分求解的问题时，对外公布了光子多次散射的累加不等式方程组，同时获得人们的一致认同。1974 年，Hansen 等[9]采用倍加-累加法解决云雾在发生反射现象时的光束偏振态信息变化等相关问题。应用倍加-累加法求解大气问题的一般思路是，首先把大气层看作若干个水平层依次叠加成的，在获得相近介质层之间透射和反射参数的前提下，则可以通过射线追踪很快地计算得出这两个相近的水平层融合成一层之后的透射和反射性质。

3.2.2　Monte Carlo 方法的建模思想和求解路线

1. Monte Carlo 方法的建模思想

Monte Carlo 方法也叫随机数模拟法、统计模拟法。因为它是概率学为模型作为求解问题的基础，所以该方法通过产生随机数或者伪随机数来求解众多学科的问题。简单地说，就是用一种简单易得的模型代替所要求的复杂问题，通过计算机软件完成对概率模型的抽象和统计，得到要解决模型的近似答案。Monte Carlo 作为数值求解方法，不仅应用在计算物理科学、材料科学、计算机科学、数学，还在金融工程、生物遗传、医学药物等领域发挥着重要的作用。

选择 Monte Carlo 方法求解偏振光束大气传输问题的建模思想是，依照辐射传输方程直接模拟光束大气散射传输的过程。该方法与随机模拟方法属于同类方法，把大气中光子的散射过程近似看作入射光子和介质中粒子发生散射的过程，在每次碰撞的间隙，入射光子行动路径取决于介质的消光系数。当入射光子与粒子碰撞后，入射光子自身携带的能量必然发生衰减，同时光子运动方向和偏振态信息都会产生变化。其中，相函数抽样决定散射角的大小。最后对大量光子通过介质后所具有的偏振态信息和能量进行统计就可以得到辐射传输问题的结果。

2. Monte Carlo 方法的求解路线

Monte Carlo 方法求解问题的基本路线是以概率模型为基础，描述概率过程，通过模型发现问题的答案。Monte Carlo 求解过程可以归纳为以下三步。

(1) 建立概率过程

如果通过题目名称就可以将其归类为随机过程类问题，如粒子运动模型，那么只要能准确地对这个概率过程建模就可以。如果题目本身不是随机过程类问题，如计算不定积分，首先要建立一个人为的概率，让它的某些参量正好是问题本身的解，也就是将非随机过程类问题转化为随机过程类问题[10]。

(2) 对已知条件的概率模型抽样

在对概率过程准确地建立模型后，因为各类概率模型都是随机分布的，所以对建立的概率模型求随机变量就是对 Monte Carlo 模型的求解。这是 Monte Carlo 方法求解问题的根本手段，也是称 Monte Carlo 方法为随机数抽样法的缘故。随机数序列是其中的一个字样，即具有均匀分布的相互独立的随机数序列。解决随机数序列问题就属于解决一个抽样问题。应用计算机方式，虽然可以用物理方式快速生成随机数，但是成本过高，而且不能二次使用，所以普遍采用的方法是数学推导方法。这样生成的序列与真正的随机序列不同，称为伪随机数。经过长时间的统计验证，它与真正的随机数有相同的特性，因此可以用伪随机数代替真正的随机数使用。实际上，获得随机数是成功应用 Monte Carlo 方法求解问题的根本要素。

(3) 获取近似值

通常情况下，建立概率模型并同时完成对其抽样后，就要从中选择一个随机变量作为模型的解，这个解就是无偏近似值。获取近似值就是从模型中选取合适的解，并得到最后的答案。

3. Monte Carlo 的建模方法

Kattawar 等[11,12]最先应用 Monte Carlo 方法对偏振光在云和雾中的散射过程建模。此后，应用 Monte Carlo 方法对偏振光传输进行建模逐渐成为人们常用的手段。目前，常用的方法是欧拉法、子午面法、四元素法。

(1) 欧拉法

2000 年，Bartel 等[13]采用 Monte Carlo 方法通过旋转散射平面跟踪光子的 Stokes 矢量和 3 个单位矢量，对偏振光在大气中的传输进行建模。这种建模方式称为 Euler Monte Carlo 方法。2005 年，Min 选择 Euler Monte Carlo 方法对笔头状的偏振光束在浑浊介质中的偏振传输特性进行建模，并获得 Mueller 矩阵元素散射图。

(2) 子午面法

1973 年，Chandrasekhar 将浑浊介质中的入射光子从一处运动到另一处的转换过程用光子所处的子午平面转换到散射平面描述。人们把这种描述入射光束在介质中传输的 Monte Carlo 方法称为子午面 Monte Carlo 方法[14]。此后，Kattawar 也采用该方法对非均匀海面大气各处的 Stokes 矢量进行仿真。

(3) 四元素法

四元素 Monte Carlo 方法基于数学方法，对偏振光在介质中的传输进行仿真。既可以采用由四个实数组成的向量 $q=(q_1,q_2,q_3,q_4)$ 来定义，也可以用矢量 ψ 和标量 q_0 定义。四元素 Monte Carlo 方法与 Euler Monte Carlo 方法在对偏振光在散射介质中传输仿真时，对光子偏振态的跟踪是相似的，但四元素法可以提高计算速速、简化计算过程。Jacques 等[15]就曾应用四元素 Monte Carlo 方法模拟偏振光在介质中的传输，得出采用四元素法跟踪光子的电矢量更便捷的结论。

总的来说，应用 Monte Carlo 方法进行偏振光仿真，将不再受平面多层大气特性不同的影响，因此应用 Monte Carlo 方法即可解决水平非均匀大气问题，还可以解决球面大气问题。在仿真过程中，无须对光束在传输过程中的辐射传输方程求解，而是直接仿真光子在介质中的传输，对光子逐个分析散射过程，最终从统计学的角度对光子的偏振态进行统计。

4. Monte Carlo 的特有优势

相比以上辐射传输解法，Monte Carlo 方法具有以下优势。

① Monte Carlo 方法不需要进行离散化处理，计算的准确率大幅提升，并且节省存储空间，为建立 Monte Carlo 模型带来很大方便。相比其他辐射计算方法(如倍加-累加法)，则要事先确定网格点，这样计算的重心就放在了确定网格点上，而不再考虑其他点。

② 快速确定误差。

③ 具备并行处理多个问题的能力。

④ 基本不受问题条件的约束。

⑤ 不必按照传统方法对问题性质进行转化，采用解决确定性问题的答案作为最终的解。

3.2.3　基于 Monte Carlo 方法的大气环境下偏振光传输特性仿真

由于太阳光射入大气层之前完全在真空中传输，因此不可能同别的介质产生任何作用，进入大气层之前的太阳光是无偏光，即自然光。当光束到达大气圈后，会与大气圈内的各类气溶胶颗粒或其他气体分子彼此之间发生碰撞，产生诸如散射、折射、反射等光学现象，从而使光束带有偏振特性，最终在大气层内生成相对稳定的分布。光子大气层内传输示意图如图 3.14 所示。最初太阳射出一缕阳光，射入大气层的顶部，大气层是一种各向异性介质，即物质的物理、化学性质随测量方向的改变而变化。之后光束在大气层内与粒子多次碰撞(点 a、b、c、d)。在光子经过多次传输方向的变化后，光子就会带有部分偏振态信息，按照最后的散射方向射到地球表面。

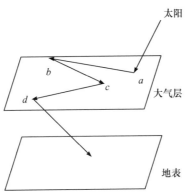

图 3.14　光子大气层内传输示意图

与太阳光在穿过大气层时与其中的粒子相互作用产生的散射类型不同，只要太阳光与大气层内直径较大的气溶胶粒子发生碰撞，光子必定发生 Mie 散射，遇到气体分子时则只会发生 Rayleigh 散射。虽然气体分子的分布几乎布满整个大气层，致使光子在大气层内传输时最多发生的是 Rayleigh 散射。这些在大气层内发生较少次数的 Mie 散射实际上对偏振光大气传输系统的作用比 Rayleigh 散射明显得多。

1. 仿真过程

Monte Carlo 方法偏振光传输特性的仿真过程可以分为三大阶段，如图 3.15 所示。

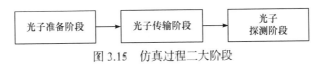

图 3.15　仿真过程三大阶段

传输特性仿真三阶段的具体内容如下。

(1) 光子准备阶段

假设光子入射位置 $u_0(0, 0, 0)$ 垂直于 xoy 平面 z 轴正向入射，参考平面即 xoz 平面，入射时光束的方向余弦 $D_0(0, 0, 1)$ 即光子传输方向同 xyz 三个坐标轴之间夹角的余弦，按照上述方法确定光子的 Stokes 矢量，入射过程赋予光子能量权重 W_0 等于 1。

(2) 光子传输阶段

入射光子在传输阶段大致分为光子行进过程、散射粒子尺度抽样过程、确定散射角及方位角过程、再次确定光子散射后的 Stokes 矢量、散射后光子行进过程，以及临界处的折射或反射过程。

① 光子行进过程。

当一束平行单色光通过均匀的散射介质时，介质的透过率 τ 与光在的行进距

离 l 呈指数衰减可表示为

$$\tau = \mathrm{e}^{-k_e l} \tag{3.66}$$

其中，k_e 为散射介质消光系数，取决于吸收系数 k_a 与散射系数 k_s 的和。

求式(3.66)的导数可以获得介质透过率 τ 与光子传输距离 l 变化快慢的情况。可以看出，光子行进的路程内，介质中有 $k_e \mathrm{e}^{-k_e l} \Delta l$ 的光子被消光，也就是说当光子在介质中行进 Δl 的距离后，它被介质完全吸收的概率是 $k_e \mathrm{e}^{-k_e l} \Delta l$，因此光子行进距离 l 的概率密度 $P(l)$ 可以表示为

$$P(l) = k_e \mathrm{e}^{-k_e l} \tag{3.67}$$

对介质内光子行进距离 l 的概率密度函数 $P(l)$ 抽样，即

$$\int_0^l p(l')\mathrm{d}l' = \int_0^l k_e \mathrm{e}^{-k_e l'} \mathrm{d}l' = \mathrm{e}^{-k_e l} + 1 = \xi_l \tag{3.68}$$

$$l = -\ln(1-\xi_l)/k \tag{3.69}$$

其中，ξ_l 为[0, 1]区间的随机数。

在光子的传输距离 l 确定之后，就可以参考光子现在的坐标(x, y, z)和传输方向余弦(μ_x, μ_y, μ_z)，求出光子发生下一次碰撞的坐标 (x',y',z')，即

$$\begin{cases} x' = x + \mu_x l \\ y' = y + \mu_y l \\ z' = z + \mu_z l \end{cases} \tag{3.70}$$

② 散射粒子尺度抽样过程。

入射光子同介质内的粒子经过碰撞产生散射现象的概率仅与介质内球状粒子的浓度相关，若入射光子同介质内半径为 r_1, r_2, $\cdots$, r_n 的粒子发生散射的概率为 p_1, p_2, $\cdots$, p_n，那么在 $\sum_{i=1}^{i^*-1} p_i < \xi \leqslant \sum_{i=1}^{i^*} p_i$ 情况下，ξ 是均匀分布在(0, 1)上的随机数。介质中粒子半径为 r_s 时的抽样可以表示为

$$r_s = r_{i^*} \tag{3.71}$$

③ 确定散射角及方位角过程。

当入射光子发生散射时，就要对光子的散射角 α 和 β 进行一次抽样。抽样的过程由联合概率密度函数(probability density function，PDF)实现。联合概率密度函数同入射光子的 Stokes 矢量可以表示为

$$\rho(\alpha,\beta)=m_{11}(\alpha)+m_{12}(\alpha)\frac{Q_0\cos(2\beta)+U_0\sin(2\beta)}{I_0} \tag{3.72}$$

其中，$m_{11}(\alpha)$ 和 $m_{12}(\alpha)$ 为均匀球状粒子的四阶 Mueller 矩阵中对应的元素，它们的取值与 S_1 和 S_2 有关，即

$$M(\alpha)=\begin{bmatrix} \frac{1}{2}\left(|S_1|^2+|S_2|^2\right) & \frac{1}{2}\left(|S_1|^2-|S_2|^2\right) & 0 & 0 \\ \frac{1}{2}\left(|S_1|^2-|S_2|^2\right) & \frac{1}{2}\left(|S_1|^2+|S_2|^2\right) & 0 & 0 \\ 0 & 0 & \frac{1}{2}\left(S_1S_2^*+S_1^*S_2\right) & \frac{\mathrm{i}}{2}\left(S_1S_2^*-S_1^*S_2\right) \\ 0 & 0 & -\frac{\mathrm{i}}{2}\left(S_1S_2^*-S_1^*S_2\right) & \frac{1}{2}\left(S_1S_2^*+S_1^*S_2\right) \end{bmatrix} \tag{3.73}$$

$m_{11}(\alpha)$ 满足归一化条件，即

$$2\pi\int_0^\pi m_{11}(\alpha)\sin\alpha\,\mathrm{d}\alpha=1,\quad \alpha\in[0,\pi] \tag{3.74}$$

则散射角的累积概率分布函数可以表示为

$$P\{0\leqslant\phi\leqslant\alpha\}=2\pi\int_0^\alpha m_{11}(\phi)\sin\phi\,\mathrm{d}\phi=\xi \tag{3.75}$$

其中，ξ 为均匀分布在 (0, 1) 的随机数。

得到散射角之后，就可以参考条件概率分布函数，通过对其抽样获得方位角 β，可以表示为

$$\rho(\beta)=1+\frac{m_{12}(\alpha)}{m_{11}(\alpha)}\frac{Q_0\cos(2\beta)+U_0\sin(2\beta)}{I_0} \tag{3.76}$$

设 ξ 仍是均匀分布在 (0, 1) 上的随机数，方位角 β 的累积概率分布可以表示为

$$\begin{aligned} P\{0\leqslant\theta\leqslant\beta\}&=\frac{\displaystyle\int_0^\beta\left[1+\frac{m_{12}(\alpha)}{m_{11}(\alpha)}\frac{Q_0\cos(2\theta)+U_0\sin(2\theta)}{I_0}\right]\mathrm{d}\theta}{\displaystyle\int_0^{2\pi}\left[1+\frac{m_{12}(\alpha)}{m_{11}(\alpha)}\frac{Q_0\cos(2\theta)+U_0\sin(2\theta)}{I_0}\right]\mathrm{d}\theta} \\ &=\frac{1}{2\pi}\left[\beta+\frac{m_{12}(\alpha)}{m_{11}(\alpha)}\frac{Q_0\sin(2\beta)+U_0(1-\cos(2\beta))}{2I_0}\right] \\ &=\xi \end{aligned} \tag{3.77}$$

④ 再次确定光子散射后的 Stokes 矢量。

之前已经在光子单次散射传输模型中介绍过光子经过散射过程后的 Stokes 矢量情况，即光子在介质中发生散射时，参考平面和散射平面之间必须在碰撞之前先旋转一定的角度。在散射过程发生之后，将光子的 Stokes 矢量由散射平面转换到参考平面。其中转换角度 θ 可以表示为

$$\cos\gamma = \frac{-\mu_z + \mu_z'\cos\alpha}{\pm\sqrt{(1-\cos^2\alpha)(1-\mu_z'^2)}} \qquad (3.78)$$

⑤ 散射后光子行进过程。

入射光子经过散射后的方向余弦 $D'(\mu_x',\mu_y',\mu_z')$ 可以表示为

$$\begin{cases} \mu_x' = \dfrac{\sin\alpha(\mu_x\mu_z\cos\beta - \mu_y\sin\beta)}{\sqrt{1-\mu_z^2}} + \mu_x\cos\alpha \\[3mm] \mu_y' = \dfrac{\sin\alpha(\mu_y\mu_z\cos\beta + \mu_x\sin\beta)}{\sqrt{1-\mu_z^2}} + \mu_y\cos\alpha, \quad |\mu_z| < 0.99999 \\[3mm] \mu_z' = -\sin\alpha\cos\beta\sqrt{1-\mu_z^2} + \mu_z\cos\alpha \end{cases} \qquad (3.79)$$

假如散射后的光子行进方向靠近 z 轴，即 $|\mu_z| > 0.99999$，那么入射光子发生散射后的方向余弦 $D'(\mu_x',\mu_y',\mu_z')$ 变化为

$$\begin{cases} \mu_x' = \sin\alpha\cos\beta \\ \mu_y' = \sin\alpha\sin\beta \\ \mu_z' = \mathrm{sign}(\mu_z)\cos\alpha \end{cases} \qquad (3.80)$$

其中，$\mathrm{sign}(\mu_z)$ 代表符号函数。

⑥ 临界处的折射或反射过程。

散射光子无论发生折射还是反射，都会对其自身的 Stokes 矢量和传输方向产生影响。在仿真模型中，入射光子在介质临界处接收端发生反射或折射现象都会导致 Stokes 矢量变化。这可以用菲涅耳(Fresnel)矩阵描述。临界处反射的 Mueller 矩阵为

$$M_r = \begin{bmatrix} \cos^2 a + \cos^2 b & \cos^2 a - \cos^2 b & 0 & 0 \\ \cos^2 a - \cos^2 b & \cos^2 a + \cos^2 b & 0 & 0 \\ 0 & 0 & -2\cos a\cos b & 0 \\ 0 & 0 & 0 & -2\cos a\cos b \end{bmatrix} \qquad (3.81)$$

临界处折射的 Mueller 矩阵为

$$M_r = \begin{bmatrix} \cos^2 a + 1 & \cos^2 a - 1 & 0 & 0 \\ \cos^2 a - 1 & \cos^2 a + 1 & 0 & 0 \\ 0 & 0 & -2\cos a & 0 \\ 0 & 0 & 0 & -2\cos a \end{bmatrix} \qquad (3.82)$$

其中，a 和 b 为光子在临界处的入射角和折射角。

(3) 光子探测阶段

光子在介质内经历若干次散射后，其能量权重的变化形式为

$$W_n = \frac{W_{n-1}k_s}{k_s + k_a} \tag{3.83}$$

其中

$$
\begin{aligned}
k_s &= \pi \int_{r_1}^{r_2} r^2 Q_{\text{sc}} n(r) \mathrm{d}r \\
k_a &= \pi \int_{r_1}^{r_2} r^2 Q_{\text{ab}} n(r) \mathrm{d}r
\end{aligned}
\tag{3.84}
$$

其中，r_1 和 r_2 为介质内粒子半径的最大值和最小值；散射因子 Q_{sc} 和吸收因子 Q_{ab} 可以通过 Mie 散射函数演算得出。

当入射光子的能量权重由 1 逐渐降低到 10^{-4} 或射出介质边界时，该光子的传输过程终止。在传输过程中，注定会有部分光子不会到达接收平面，对于这类光子并不会纳入最后的统计结果。当光子最后射入接收面时，光子 Stokes 矢量必定进行一定角度的变换，再一次从散射面转到参考面，让检测面与参考面相同，确保探测器可以检测到所有散射光子的偏振态信息。变换角度可以通过式(3.85)求得，即

$$\omega = \pm \arctan \frac{\mu_y}{\mu_x} \tag{3.85}$$

当光子在临界处发生反射时，角度取正号，若发生折射过程，角度取负号。因为光子在介质内的行进路线不一样，被探测器在不同的时间探测到，对于接收到的偏振分量，如 $[I(t) \quad Q(t) \quad U(t) \quad V(t)]^{\text{T}}$ 的光束，探测器接收到光束的 DOP 计算公式可以表示为

$$\text{DOP}(t) = \frac{\sqrt{Q^2(t) + U^2(t) + V^2(t)}}{I(t)} \tag{3.86}$$

其中，$I(t)$、$Q(t)$、$U(t)$、$V(t)$ 分别表示不同时间被探测到的光子偏振分量累加值。

2. 仿真流程

根据 Monte Carlo 方法偏振光特性仿真三大阶段，用 C 语言编写偏振光束在介质内传输的仿真模型程序。仿真过程把光束当作无数光子组合而成的，分别追踪每个光子在介质内的散射过程、Stokes 矢量、偏振态信息、权重变化，对探测到的散射光子进行仿真，只考虑光子在介质中的 Mie 散射过程，最终的偏振态以

矩阵元素图像表示。Monte Carlo 方法的偏振光特性仿真流程图如图 3.16 所示。

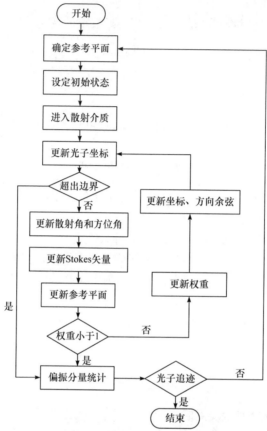

图 3.16　Monte Carlo 方法的偏振光特性仿真流程图

3.3　仿真结果与验证

3.3.1　仿真结果分析

1. 光强度随散射角的变化

光在传播时，能量不断衰减。光强度是反映光能量的直接参数。仿真研究线偏振光和圆偏振光的传输特性，首先了解两种偏振光在大气中传输时的光强度衰减与散射角的变化。

取入射波波长为 532nm，散射粒子尺度参数为 $x=4.221$，对城市气溶胶粒子平均尺寸，气溶胶折射率为 $n=1.33$，入射光 Stokes 矢量为线偏振光 $S_0 =[1\ 1\ 0\ 0]^T$、

右旋圆偏振光 $S_0 = [1\ 0\ 0\ 1]^T$、左旋圆偏振光 $S_0 = [1\ 0\ 0\ -1]^T$，利用传输模型计算仿真三种入射光波的归一化光强度随散射角的变化趋势。光强度随散射角的变化如图 3.17 所示。

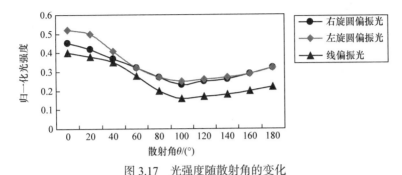

图 3.17　光强度随散射角的变化

可以看出，随散射角的增大，光强度先减小后增大，散射角为 90°时，光强值最小；整体上前向散射略大于后向散射，散射集中在前后向较窄的散射角上；无论在何种散射角度下，圆偏振光的光强度始终大于线偏振光的光强度，说明在各个散射方向上，圆偏振光对能量的保持要比线偏振光的好；右旋圆偏振光和左旋圆偏振光的变化趋势相同，光强度也几乎一致，说明圆偏振的保偏特性与旋向无关。

2. DOP 随散射角的变化

除了光强，另一个描述偏振光传输特性的是 DOP。DOP 是指完全偏振光在整个光强度中所占比例，DOP 的变化是偏振光传输中的重点研究方面。

入射光为右旋圆偏振光 $S_0 = [1\ 0\ 0\ 1]^T$，计算在 $x=0.0857$、$x=0.8571$、$x=4.2113$、$x=8.8088$ 四种不同尺度参数的粒子作用下，DOCP 随散射角的变化趋势。DOCP 随散射角的变化如图 3.18 所示。可以看出，DOCP 随散射角的变化趋势在粒子尺度参数较小时都比较接近；DOP 在前向散射时大于 0，后向散射时则小于 0。曲

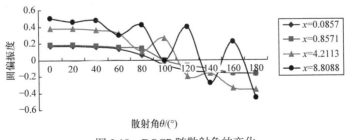

图 3.18　DOCP 随散射角的变化

线振荡中大于 0 和小于 0 的情况都存在，说明后向散射会改变圆偏振光的旋向，使圆偏振旋向逆转的散射角随尺度参数的增大而增大，即散射角较大时，粒子尺度参数越大对圆偏振的旋向造成改变的可能性越小，能较好地维持圆偏振态，说明此时圆偏振光的保偏性能较好。

3.3.2 仿真实验验证

1. Mueller 矩阵仿真图样

利用 Monte Carlo 仿真程序得到 Mueller 矩阵图样，再与实验测试得到的 Mueller 矩阵图样进行对比来验证仿真的正确性。

选择激光器波长 632.8nm、粒子直径 2.030 μm、粒子复折射率 1.59、光子数 10^6 个、散射系数 11.743，不考虑吸收系数，设粒子为各向均匀球形粒子，Mueller 矩阵模型如图 3.19 所示。

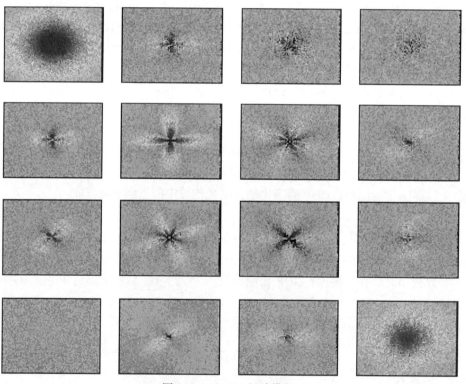

图 3.19　Mueller 矩阵模型

可以发现，各向同性介质 Mueller 矩阵元素的散射强度分布图像都在某一程度上具有对称性、反对称性、轴对称性。图 3.19 中对角线附近的元素散射强度分布特别接近。将左上角与右上角连接后，不但可以看出该矩阵有轴对称性，而且还有轴反对称性，元素 m_{11} 和 m_{44} 的图形形状相同均为饼状型，但散射强度恰恰颠倒过来。同时，元素 m_{44} 的散射强度分布范围明显小于元素 m_{11} 的散射强度分布范围，元素 m_{24} 和 m_{42}、m_{34} 和 m_{43} 的散射强度分布恰好颠倒，元素 m_{22} 的散射强度分布呈正"十字架"结构，都有中心对称性，元素 m_{33} 则基于对角线呈现轴对称形状。可以看出，元素之间呈角对称，并且满足 Mueller 矩阵中各元素间的对应关系，说明该计算模型正确可行。

2. 搭建光学实验平台

光子由波长为 632nm 的激光器发出，经过扩束镜、衰减片、偏振片后射入浑浊介质，以一定角度反射到偏振态测量仪上，并由计算机分析探测到的散射光束 Stokes 矢量，实验用到的元器件及材料的主要参数如表 3.2 所示。在入射光束为圆偏振时，分别在发射端和接收端加 1/4 波片。这样就能够获得四种不同的入射光，即自然光、水平偏振光、+45°偏振光、右旋圆偏振光。Mueller 矩阵散射强度实验示意图如图 3.20 所示。

表 3.2　元器件及材料的主要参数

序号	元器件	主要参数及数量
1	激光器	波长 632nm，功率 50mW，1 个
2	滤光片	直径 50mm，波长 532nm，1 片
3	偏振片	直径 50mm，波长范围 400～700nm，2 片
4	1/4 玻片	直径 50mm，波长范围 400～700nm，2 片
5	扩束镜	波长 632nm，10 倍扩束，1 个
6	偏振态测量仪	DOP 精度 ≤5%
7	浑浊液体	粒子半径 150nm 的聚苯乙烯溶液
8	容器	玻璃容器，长 26.0cm，宽 13.5cm，高 18.9cm，厚 0.5cm，1 个
9	计算机	Intel(R) Core(TM) i3-2350M CPU 2.3GHz 内存：2GByte

大部分氦氖激光器射出的激光具备一定的偏振态，这时再利用偏振片获得偏振光时必然存在一定的误差，可以先通过调整偏振片直至散射光最亮时，记录这时偏振片的角度，将该角度的偏振光设定为水平偏振光。这时就可以开始进行实验了。介质溶液选择粒子半径为 150nm 的聚苯乙烯溶液。该溶液可以简单快速地得到碰撞粒子的尺度和溶液的浓度。通过对 Mie 散射公式进行推导，还能得到散射介质的散射系数和消光系数。

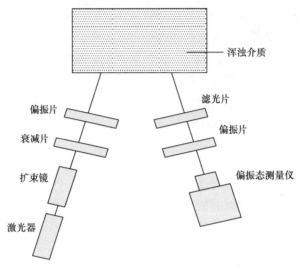

图 3.20　Mueller 矩阵散射强度实验示意图

散射矩阵实验元件图如图 3.21 所示。由于实验中用的玻璃容器和光学实验平台等物体存在一定的反射光和散色光的干扰，因此可以在盛放散射介质的容器后面放置黑色挡板，并在黑暗条件下完成整个实验过程，调整好入射光束的角度，使偏振态测量仪能够获得准确的检测数据。

图 3.21　散射矩阵实验元件图

3. 实验与仿真图样对比

通过以上实验，可以获取四种入射光的 Mueller 矩阵散射图样。实验与仿真生成的散射强度图样对比如图 3.22 所示。

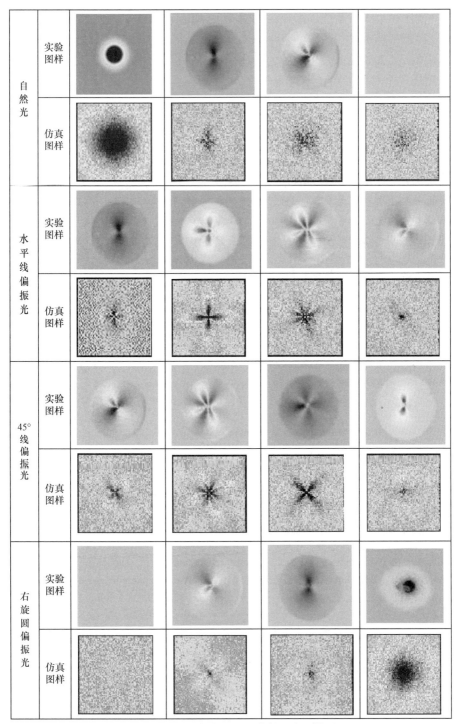

图 3.22　实验与仿真生成的散射强度图样对比

　　在偏振光束入射角度逐渐变大的情况下，Mueller 矩阵散射强度图像的不对称性会变得越来越明显，图像的下半部逐渐收缩，即在入射光增大角度的时候，获得的图像会失去 Mueller 矩阵中的一些元素，使整个图像逐渐变小。通过对四组 16 个图样逐个对比可知，实验测得的 DOP 图样与仿真结果匹配较好，也能验证仿真结果的正确性。

参 考 文 献

[1] Parke N G. Optical Algebra. Journal of Mathematics & Physics, 1949, 28(2): 131-139.

[2] Gouesbet G. Debye series formulation for generalized Lorenz-Mie theory with the Bromwich method. Particle & Particle Systems Characterization, 2003, (20): 382-386.

[3] Fu Q, Liou K N, Cribb M C, et al. Multiple scattering parameterization in thermal infrared radiative transfer. Journal of the Atmospheric Sciences, 1997, 54(24): 2799-2812.

[4] van de Hulst H C. Asymptotic fitting, a method for solving anisotropic transfer problems in thick layers. Journal of Computational Physics, 1968, 3: 291-306.

[5] Stokes G G. On the composition and resolution of streams of polarized light from different sources. Transactions of the Cambridge Philosophical Society, 1852, 9: 399-423.

[6] Sun X, Han Y, Shi X. Application of asymptotic theory for computing the reflection of optically thick clouds. Journal of Optics A Pure & Applied Optics, 2006, 8(12): 1074-1079.

[7] Kattawar G W, Plass G N. Radiance and polarization of multiple scattered light from haze and clouds. Applied Optics, 1968, 7(8): 1519-1527.

[8] van de Hulst H C. Multiple Lights Scattering Tables Formulas and Application. New York: Aeademic, 1980.

[9] Hansen J E, Hovenier J W. Interpretation of the polarization of venus. Journal of the Atmospheric Sciences, 1974, 31: 1137-1160.

[10] Wauben W M F, de Haan J E, Hovenier J W. Application of asymptotic expressions for computing the polarized radiation in optically thick planetary atmospheres. Astronomy & Astrophysics, 1994, 281: 258-268.

[11] Kattawar G W, Plass G N, Guinn J A. Monte Carlo calculations of the polarization of radiation in the Earth's atmosphere-ocean system. Journal of Physical Oceanography, 1973, 3(4): 353.

[12] Kattawar G W, Adams C N. Stokes vector calculations of the submarine light field in an atmosphere-ocean with scattering according to a Rayleigh phase matrix: effect of interface refractive index on radiance and polarization. Limnology and Oceanography, 1989, 34(8): 1453-1472.

[13] Bartel S, Hielscher A H. Monte Carlo simulations of the diffuse back scattering Mueller matrix for highly scattering media. Applied Optics, 2000, 39(10): 1580-1588.

[14] Cameron B D, Raković M J, Mehrubeoğlu M, et al. Measurement and calculation of the two-dimensional backscattering Mueller matrix of a turbid medium. Optics Letters, 1998, 23: 485-487.

[15] Ramella-Roman J C, Prahl S A, Jacques S L. Three Monte-Carlo programs of polarized light transport into scattering media: part I. Optics Express, 2005, 13(12): 4420-4438.

第4章 大气环境模拟技术

4.1 大气湍流环境模拟技术

4.1.1 对流式大气湍流环境模拟原理

光波受大气湍流运动的干扰，大气折射率随机变化，波阵面发生畸变会破坏光的相干性，引起光的强度、相位在时间和空间的随机起伏，由此造成光在传输时产生光线随机漂移、光强闪烁，光束畸变、展宽、破碎等。在传播距离长和湍流强度大的累积效应影响下，干扰更加严重，会制约光学成像、激光通信等技术的发展。由于大气环境传输的野外实验不但费时费力，而且重复性差，因此迫切需要一种能在室内模拟大气湍流的实验装置[1]。

至今，国内外对大气湍流模拟的方案多采用对流湍流装置，具备惯性区宽、均匀区大、易操控等优点。对于光学传输实验，通常使用液体介质(如水)，具有折射率大，惯性区宽等诸多优点，但是湍流混合速度小，因此频率范围较低。为了更真实地模拟实际大气湍流情况，需要使用空气作为介质。由于空气的黏性小，因此能获得更高的频率范围[2]。

在湍流大气中，光学传输特性大多数是建立在均匀各向同性湍流理论基础上的。因此，湍流模拟实验装置产生的湍流强度不但应该基本涵盖大气湍流的范围，而且湍流的温度起伏频谱应与大气湍流相似，要有足够宽的惯性区，才可表明湍流是各向同性的。同时，湍流装置产生的湍流应具有较好的重复性、平稳性和可控性才可用于室内光学传输实验[3-9]。

1. 大气湍流模拟理论基础

Rayleigh-Benard 在 1800 年提出平板间热对流湍流理论，旨在研究叠加在平行板之间给定无黏性湍流的小扰动流体动力学。平行板间热对流湍流理论是模拟湍流装置的理论基础。其物理模型是流体力学中著名的 R-B 系统模型。如果将热对流湍流的控制方程无量纲化，基于热对流湍流理论的模拟装置有三个主要控制参数，即 Rayleigh 数、普朗特数和描述模拟湍流装置的几何形状宽高比。这三个控制参数相互协调控制，在密闭仓内生成模拟大气湍流[10-13]。

(1) R-B 系统

在流体力学研究中，对一个封闭的复杂非线性湍流热对流运动模式抽象出一个对流理论模型，构成 Rayleigh-Benard 系统，简称 R-B 系统。R-B 系统示意图如图 4.1 所示。在一个密闭的可产生热对流的容器内，对该装置的下底板进行均匀加热，上底板恒定冷却，并保持上下底板的温度差 ΔT 不变。此时，位于 R-B 系统对流模拟仓的底板(顶板)附近的流体元被加热(冷却)后体积增大(减小)，同时气体密度减小(增大)。气体受浮力影响导致热流体元向上运动，冷流体向下流动。同湍流的形成机制相符，当模拟仓内上下板间温差很小时，流体运动处于静止状态，热量通过热传导的方式进入模拟仓。随着板间温差逐渐增大，模拟仓的流体呈规则的对流状态。继续加大板间温差，仓内流体的运动开始向湍流转变。若板间温差 ΔT 足够大，模拟仓内流体呈随机性强、无规则方向的运动模式，此时仓内形成热对流湍流。R-B 系统中位于加热板和冷却板的附近有一层很薄的温度边界层，很多小尺度湍流涡旋在此聚集，并获得充分发展。受热浮力作用上下交互，逐步在模拟仓内形成大尺度的湍流[14]。

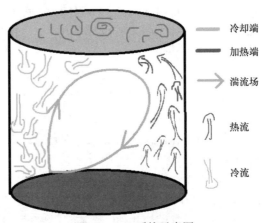

冷却端
加热端
湍流场
热流
冷流

图 4.1　R-B 系统示意图

R-B 系统由以下三个偏微分方程描述其动力学过程。

① 连续性方程，即

$$\nabla v = 0 \tag{4.1}$$

② 波斯尼克方程，即

$$\frac{\partial v}{\partial t} + v\nabla v = -\frac{1}{\rho}\nabla p + v\nabla^2 v + g\alpha\delta T\hat{z} \tag{4.2}$$

③ 热输运方程，即

$$\frac{\partial T}{\partial t} + v\nabla T = \kappa\nabla^2 T \tag{4.3}$$

其中，v 和 T 为湍流的速度场和温度场；p 为湍流场中任一点压强；$\hat{z}$ 为该点的竖直方向单位矢量；g 为重力加速度；ρ、v、α 和 κ 为槽内流体的密度、黏滞系数、热膨胀系数和热扩散系数。

此外

$$\delta T = T - T_0$$

其中，T_0 为模拟仓内的平均温度。

这些偏微分方程将模拟仓内湍流的速度场、温度场和压强场，分别在时间域和空间域的变化趋势联系起来，整体描述 R-B 封闭系统的质量守恒、动量守恒和能量守恒。

(2) 三个控制变量

在设计湍流发生模拟池过程中，根据相似定律可知，如果 R-B 系统内有相似的几何边界条件和相同的 Re，那么即使湍流尺度的大小、流体的速度和流体的介质都不相同，这些流体的动力系数也是相似的。根据理论分析平板间对流湍流模拟装置的设计主要决定于三个物力参数[15]。

① 几何参数。湍流池几何宽高比 $\varGamma$ 为

$$\varGamma \equiv \frac{l}{d} \tag{4.4}$$

其中，l 为湍流发生池的长；d 为湍流发生池的高。

② 物性参数。普朗特(Prandtl)数 Pr 为

$$Pr \equiv \frac{\gamma}{\kappa} \tag{4.5}$$

其中，γ 为动力黏性系数；κ 为温度传导系数。

③ 温差参数。Rayleigh 数 Ra 为

$$Ra \equiv \frac{g\alpha d^3(T_2 - T_1)}{\kappa\gamma} \tag{4.6}$$

其中，g 为重力加速度；T_1 为顶部制冷温度；T_2 为底部加热温度；α 为热膨胀系数。

(3) 大气湍流生成机制

基于以上三个控制参数的相互作用，在封闭的湍流发生仓形成稳定的、可控制的、可用于光学传输实验的气体湍流。湍流发生仓内流体的介质特性是与普朗特数 Pr 相关的。通常情况下，湍流模拟装置的流体介质为水和气体。水介质的普朗特数 $Pr = 7$，气体介质的普朗特数 $Pr = 0.7$。很多流体力学模拟湍流研究选用水介质，其原因是水的折射率 n 随温度 T 的变化 $\mathrm{d}n/\mathrm{d}T$ 比空气介质大两个数量级。当 $Ra \geqslant 10^4$ 时，可以得到稳定的湍流，而选用气体介质需要更大的 Ra 才能得

到可用于光学传输实验的湍流。

平行板间热对流湍流模拟装置生成湍流的过程是对底部加热板进行均匀缓慢地加热，此时的加热功率为

$$W = S\Delta Q = SNu\kappa' \frac{(T_2 - T_1)}{d} \tag{4.7}$$

其中，S = 湍流发生仓长×宽；ΔQ 为热通量；$Nu = 0.13(Ra)^{1/3}(Pr)^{0.074}$；$\kappa' = \kappa\rho C_p$，$\rho$ 为密度，C_p 为比热。

加热底部温度至 T_2，制冷顶板维持恒定 T_1，那么湍流发生仓内形成温度梯度值 $\Delta T = \dfrac{T_2 - T_1}{d}$。当温差达到一定程度，即 $Ra \geq 10^6$ 时，仓内的流体流动为对流湍流。因此，只要控制好湍流仓内的温差，当 $d = 35\text{cm}$ 时，Ra 就可以快速达到 10^9 以上，这种情况下湍流仓内可产生强湍流，温差大约在 $\Delta T \approx 220$℃。这种平行板间温差热对流湍流与白天室外大气对流湍流十分相似[16]，可用于光学大气传输特性实验的数据参考。

在具有典型 R-B 系统的湍流发生仓内，湍流的形态不同，形成尺度不一的对流湍流。由于边界条件限制和温度分布不均匀性，因此在湍流发生仓形成涡旋，得不到稳定的湍流。根据局部各向均匀同性的湍流理论可知，空间中两点温差的平方平均值与两点间的距离关系为

$$D(r) = \left\langle [T(r_0 + r) - T(r_0)]^2 \right\rangle = C_T^2 r^{2/3}, \quad L_0 \geq r_0 \geq l_0 \tag{4.8}$$

其中，$\langle \ \rangle$ 为系统平均；T 为空间某一点的温度；C_T^2 为温度结构常数；l_0 为湍流内尺度；L_0 为湍流外尺度。

从 C_T^2 可以算出表征光学湍流强度的折射率结构常数 C_n^2，即

$$C_n^2 = AC_T^2 = A \frac{\left\langle [T(r_0 + r) - T(r_0)]^2 \right\rangle}{r^{2/3}}, \quad A = (\text{d}T/\text{d}n)^2 \tag{4.9}$$

由上述理论公式可知，模拟湍流发生仓内的温度起伏强度决定 Rayleigh 数，同时决定仓内热对流湍流的相干长度、内尺度和外尺度，因此可以通过控制 R-B 系统内加热底板与冷却顶板的温度梯度差控制模拟热对流湍流的强度。这一理论结果也可以通过其他的验证方法得到，如比较温度脉动谱和湍流强度特征起伏谱的趋势。

2. 大气湍流模拟装置设计考虑

目前，模拟湍流的装置主要采用两种基本方法，即热射流法和平行平板间对

流法。热射流多采用气体介质，如空气，被加热的空气以一定的速度喷入相对静止的温度较低的空气中，混合产生折射率的起伏。平行平板间对流式模拟方法通过下面平板制加，上面平板制冷，两板之间就会产生对流，当温差超过某一值，即 Rayleigh 数超过某一定数值后就形成大气湍流。

装置使用的介质有三种。第一种是气体，如空气，通过改变温度造成折射率的起伏。第二种是两种折射率不同气体混合产生湍流，因为可以使其中的气体对光产生较强的吸收，同时进行热晕和湍流的实验，所以这种方法成本较高，不常使用。第三种是用液体，如水或酒精。下面重点讨论液体(水)和气体(空气)介质的湍流发生装置。

(1) 湍流结构

在用于光学传输实验的模拟装置中，平行平板对流结构是最早、最普遍使用的方案，具有结构简单、满足 2/3 定律的惯性区大、均匀性较好等优点。大气湍流的外尺度在数米到数十米，但必须让外尺度大于激光束的直径。在这个尺度内，湍流是各向同性的，结构函数满足 2/3 定律。这是实验定量的基本要求，因为光学传输理论基础就是各向同性的湍流理论。

(2) 湍流强度

湍流强度可以用相干长度 r_0 表征[17-19]，对于平面波，即

$$r_0 = 0.185\lambda^{1.2}(C_{n0}^2 L)^{-3/5} \tag{4.10}$$

其中，λ 为光波波长，取 0.53μm；C_{n0}^2 为光路上的平均折射率结构常数。

假设相干长度 $r_0<5$mm，光路长度 $L=1.5$m，要求平均折射率结构常数 C_n^2 达到 7.7×10^{-11}。下面讨论对温度湍流的要求。

折射率结构常数和温度结构常数 C_T^2 的关系为

$$C_n^2 = M^2 C_T^2, \quad M = \mathrm{d}n/\mathrm{d}t \tag{4.11}$$

其中，n 为折射率；t 为温度，单位为℃；对于空气，系数 $M\approx1\times10^{-6}$。

因此，如果 $r_0<5$mm，必须 $C_T^2 >77℃^{-2}\cdot\mathrm{m}^{-2/3}$，湍流介质中的温度起伏方差为

$$\sigma_T^2 = C_T^2 L_0^{2/3} /2 \tag{4.12}$$

假定外尺度 $L_0=10$cm，则可算出温度起伏的标准差 $\sigma_T=2.8℃$。对于水，$M=-(2.5+t)\times10^{-5}$，设水温 $t=15℃$，由式(4.12)可以算出 $\sigma_T=0.16℃$。因此，对于同样的温度起伏，水的折射率起伏比空气要大两个量级。虽然水的比热比空气大得多，但是空气湍流混合的速度较快。

根据湍流池的几何参数，流体的参数能够计算出决定工作状态的相似参数，即

$$Ra = g\Delta\theta h^3 (\chi vT)^{-1} \tag{4.13}$$

其中，g 为重力加速度；T 为温度(K)；$\Delta\theta$ 为两平板间的温度差；v 为流体的黏性系数；χ 为流体的导温系数；h 为平板间的距离。

普朗特数为

$$Pr = v/\chi \tag{4.14}$$

对于空气，Pr=0.7，对于水，Pr=7。

努塞尔数为

$$Nu = K/\chi \tag{4.15}$$

对流湍流为

$$Nu = 0.13Ra^{1/3}Pr^{0.074} \tag{4.16}$$

通过上述参数，可以由经验公式计算出所需的加热功率，设池宽为 d，功率表示为

$$W = LdNu\rho\Delta\theta/h \tag{4.17}$$

其中，ρ 为热传导系数，在 T=300K 时，对于空气，ρ=2.6×10^{-4}W·cm^{-1}·℃$^{-1}$，对于水，ρ=6.0×10^{-3}W·cm^{-1}·℃$^{-1}$。

温度起伏标准差[20,21]为

$$\sigma_T = 0.38Ra^{-0.11}\Delta\theta \tag{4.18}$$

速度起伏标准差为

$$\sigma_v = 0.4\chi Pr^{1/3}Ra^{4/9}/h \tag{4.19}$$

利用式(4.13)计算出必需的温差 $\Delta\theta$，再由式(4.17)算出加热功率。当 L=1.5m、d=h=0.4m 时，要使 r_0=5mm，计算的湍流参数如表 4.1 所示。

表 4.1　计算的湍流参数

介质	σ_T/℃	$\Delta\theta$/℃	W/kW	σ_v/(cm/s)	Ra
水	0.4	19	16.8	3.3	2.8×10^{11}
空气	7.0	179	0.87	23	9.5×10^{8}

表 4.1 的数据说明用水做介质，能够做出满足均匀性，足够宽的湍流惯性区和湍流强度等要求的模拟装置。用空气做介质，消耗功率少，但是对平板间温差的要求过高，会造成设计上的困难。这个问题也可以解决，那就是减小外尺度，降低性能指标。此外，速度起伏较大也是一个问题。湍流池的内尺度达毫米，在测量到达角起伏时，对于水介质，CCD 的帧频在 25Hz 以上就可以了，因为流动

速度在厘米/秒的量级。对于空气，CCD 的帧频就需要 100Hz 以上了。这和大气中相干长度测量不同，大气中外尺度大主要能量在低频，高频相对不重要，模拟湍流外尺度不可能做大，高频不能忽略。

(3) 湍流强度分布的均匀性

为了定量分析实验结果，要求光束通过的湍流区域内其强度比较均匀，因为越均匀测量结果的精度越高，湍流强度的测量越简单。首先，在光束的横截面上要均匀，否则一般的理论结果都无法使用[22]。在传播方向上最好也较均匀，并且强度稳定。一般地，整个光路上的结构常数不变是不可能的，但是变化应比较缓慢，而且随路径变化的趋势不随湍流强度的改变而变化。这样才有可能用一点的强度监测整个光路，或者用输入功率等平均量监测。

4.1.2　大气湍流模拟装置

本章讨论的大气湍流模拟装置是基于平行平板间热对流湍流理论设计的。先前已有中国科学院安徽光学精密机械研究所研制的基于水介质的平板间热对流湍流模拟装置，但还没有针对光学传输特性研究的气体湍流模拟装置。在此基础上，面向应用于光学传输的实验，中国科学院安徽光学精密机械研究所和长春理工大学共同研制开发了基于气体介质的湍流装置。其结构示意图如图 4.2 所示。该装置设计了独特的双密闭温室、通透式光学传输窗口结构，采用多温区均匀加热系统、水冷式双循环恒定制冷系统、快速精确温度控制系统，以及散热调节系统。实验结果表明，该湍流模拟装置可有效抑制湍流扩散、涡旋、耗散等不利于光学传输实验影响因素的产生，生成稳定的不同强度模拟湍流，可用于室内模拟大气环境下的光学传输特性实验。

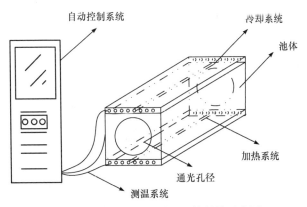

图 4.2　大气湍流模拟装置整体结构示意图

系统的主要部分包括池体、加热系统、冷却系统、自动控制系统。池底平板为加热面板，池顶平板为水冷箱，池体两端是直径为 20cm 的通光孔。通电使加热面温度均匀分布，并有足够高的温度，以产生足够强的湍流。通过自来水双向流动，冷却面温度分布均匀，稳定温度保持在稳定水平。耐高温隔热板作为保温材料，可以减少系统侧面与外界的热交换。窗口为平面透镜，光学玻璃材质，厚度 10mm，直径 210mm。自动控制系统通过控制加热电功率，控制加热面和冷却面的温度差，从而达到所需的 r_0。对流式大气湍流模拟装置图如图 4.3 所示。

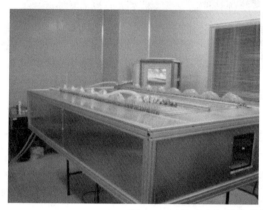

图 4.3　对流式大气湍流模拟装置图

湍流池系统工作时，首先通过输入参数 r_0，总控软件计算所需温差及所需加热功率，然后加热面开始工作，总控软件适时采集系统实际温差，并适时调整，使整套系统形成闭环系统。

1. 大气湍流模拟装置的结构设计

大气湍流模拟装置由加热底板、冷却顶板、湍流发生仓和温度补偿室四部分组成。装置剖面示意图如图 4.4 所示。

湍流发生仓是整个装置的主体部分，长度 $L=2\text{m}$、宽度 $d=1\text{m}$、高度 $h=0.35\text{m}$。底部为 3 块加热板组成的均匀加热系统，顶部是双循环结构的水冷板，在湍流仓的两端各有一个 240 mm×240mm 的通光孔。散热风扇均匀分布在加热板下面和温度补偿室的侧壁上，用于辅助温度调节。另外，在装置中的几个位置上都安置温度传感器，实时监控各个系统的工作情况和发生仓内的温度梯度。

大气湍流模拟装置主体构架由铝型材搭建，外部表皮为铝合金钢板。由于主体部分湍流发生仓需要密闭的环境，为了减少湍流发生仓和外围温度补偿室产生热交换，在分界处用双层隔热板隔热，里层采用厚度为 3.5cm 石棉板，外层采用耐热性很好的天花板。同时，为了提升外围加热区温度均匀性和上升速度，外围加热区四周都用天花板隔热[9]。

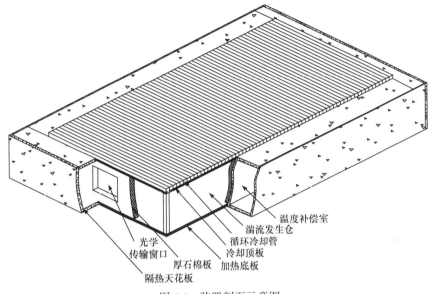

图 4.4　装置剖面示意图

2. 多温区均匀加热系统

多温区均匀加热系统主要分为湍流发生仓底板加热装置和温度补偿室外围加热装置。由于在密闭湍流发生仓内生成热对流湍流的过程中，湍流会受到边界条件的影响，因此采用多温区的底板加热系统。具体做法是将底部加热板分为三块，中间加热板面积要比两侧加热板大，在加热过程中，受温度控制系统影响，两侧的加热板略低于中间主体加热板。这样在湍流发生仓内可有效抑制湍流边界条件影响的产生。底板加热系统采用三相供电。加热板结构图如图 4.5 所示。云母片通过高温胶紧贴在导热铝板上，均匀分布在云母片中的电阻丝对铝板加热。由于铝板导热快且足够厚，温度传递到导热铝板表面时已经均匀了。此外，在云母片下面还加了一层石棉板隔热，并用紧固板将云母片和石棉板固定在导热铝板上。由于加热板加热采用三相电加热方式，每相电的电压存在差异，因此将加热板分成三部分，每一部分都有相应的精密铂电阻测温度和温控器控制加热功率。这样做还有一个好处，就是避免平板加热后产生变形导致的云母片脱离导热铝板[9]。

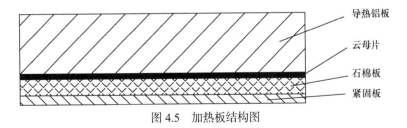

图 4.5　加热板结构图

温度补偿室的作用是平衡湍流发生仓内部与外部热交换，如果以实验室温度作为室温，就要求水冷板比室温低 $\frac{\Delta T}{2}$，加热板比室温高 $\frac{\Delta T}{2}$。由于制冷采用水，一般实验室内温度为 20℃，ΔT 最多 40℃，显然达不到实验要求。因此，我们在湍流发生区外围增加温度补偿室，冷却板和加热板温度只需要相对于外围加热区温度对称，同时还省去冷却水水冷装置，节省成本。温度补偿室的加热装置是功率为 2000W 的加热电阻炉，表面的耐火材料可保证加热过程中的安全性。

3. 双循环制冷系统

湍流发生仓的顶部是双循环式制冷系统，制冷方式为循环水冷。由于生成湍流的控制方式是获得准确的平行板间温差 ΔT，因此顶部冷板不要求温度恒定。应用制冷压缩系统也可以作为冷却顶板的方案，但考虑成本，使用水循环更为节约、实用，因此考虑设立循环水储水池，利用动力水泵供水，使系统更为经济环保。

双循环式水冷系统结构图如图 4.6 所示。水冷板上共安置 90 根水管，分 2 端供水，每端 5 根水管为一组，每组水管的一端同时进水，另一端出水。水管贴在冷却板上，中间填充导热硅脂，并用螺栓将水管紧夹在冷却板上。一组水管以相同流量从同一方向流入，带走冷却板上的热量，另一组以相反流动方向循环吸热，制冷效果更加均匀有效。水冷板结构图如图 4.7 所示。同样，由于边界条件的影响，制冷顶板的水管排布与加热板中间密集两侧略稀疏。冷却板具有一定厚度，这样可以使冷却板上温度不存在小尺度不均匀性。

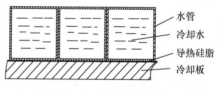

图 4.6　双循环式水冷系统结构图　　　　图 4.7　水冷板结构图

4. 温度反馈补偿系统

温度反馈补偿是温度控制系统的一部分，其主要作用是为湍流控制系统提供各个系统实时工作温度信息，经控制系统处理后反馈处理信号，调节温度控制强度，快速准确地控制发生仓内湍流的模拟湍流。使用温度传感器测量发生仓内温度脉动情况，采用的铂热电阻温度传感器如图 4.8 所示。其主要特点是稳定性好、温度测量范围广、示值复现性高和耐氧化等，常用做-100～600℃的国际标准测量温度传感器。铂电阻温度传感器分布在模拟装置的各个系统中。温度传感器在湍流池中的分布如图 4.9 所示。其中，①测量加热板 U 的工作温度，插入加热板中；②测量加热板 V 的工作温度，插入加热板中；③测量加热板 W 的工作温度，插入加热板中；④测量用于缓冲温度补偿室内的温度，悬挂于温室内；⑤测量冷端顶板的实时温度，紧贴在冷板上；⑥测量湍流发生仓内的温度，悬挂于密闭仓内。

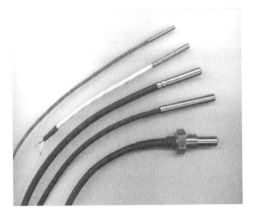

图 4.8　铂热电阻温度传感器

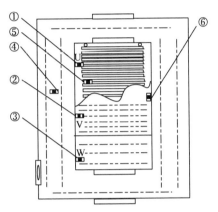

图 4.9　温度传感器在湍流池中的分布

5. 散热调节系统

散热调节系统的作用是快速调节湍流发生装置的温度，辅助制冷系统和温度控制系统，使仓内温度快速稳定地达到预定值。在由生产强湍流转至获得较弱湍流过程中，散热系统发挥着重要的作用。散热风扇位于湍流发生仓的底部加热板下和温度补偿室的侧壁上。控制电路为自制，受控于温度控制系统。

4.1.3　湍流模拟装置控制

1. 湍流模拟装置控制系统

(1) 湍流模拟装置控制方案

除装置结构外，自动控制系统为模拟装置实现的关键部分。自动控制系统根据池中反馈信号(实测温差)控制加热系统的电压和电流。湍流池闭环控制系统方案如图 4.10 所示。

温度控制系统为实现控制系统的关键部分，实现方案如下。温度控制主要通过上下温差来实现，通过控制底部的加热功率，确定在一定周期时间内，所需的加热功率控制电阻丝导通时间 t。

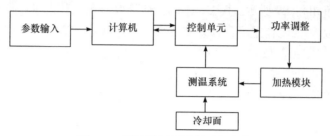

图 4.10　湍流池闭环控制系统方案

假设电阻丝的电阻为 R，电网电压为 U，电阻丝加热功率为

$$P = U^2/R \qquad (4.20)$$

若需要导通时间 t 满足下面条件，即加热功率为

$$P' = (t/T)P \qquad (4.21)$$

则导通时间为

$$t = \frac{P'P}{U^2}T \qquad (4.22)$$

加热模块根据不同的加热功率，计算导通时间占周期时间的比例，进而得出导通的时间。

加热的部件由计算机控制实现，将一套集成零压型交流固态继电器(solid state relay，SSR)、导通波形为标准的正弦波，通过调整给定的时间周期内加在负载电阻丝上的正弦波个数调节加热功率。加热控制子系统框图如图 4.11 所示。

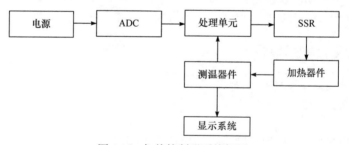

图 4.11　加热控制子系统框图

(2) 湍流模拟装置控制系统组成

控制系统主要由温度传感器、中心控制模块和自动化装置组成。湍流池控制系统闭环控制方案如图 4.12 所示。湍流池的控制系统采用闭环控制方案，主

要包括调节对象(加热系统、散热系统)、检测单元(温度传感器)、调节机构和执行单元四个控制环节。每个环节环环相扣、相互作用，构成一个执行高效的闭环系统。

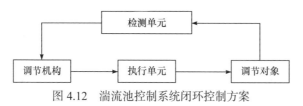

图 4.12　湍流池控制系统闭环控制方案

(3) 湍流模拟装置控制过程

湍流模拟装置控制系统如图 4.13 所示。在控制界面中，输入期望表征湍流强度的参数相干长度 r_0，模拟湍流控制软件会自动将 r_0 转换成相应的温差 ΔT，同时来自湍流池底部的三块加热板、顶板水冷板、外围温度补偿室温度传感器的测量结果反馈至计算机和温控仪表。温度控制箱温控区如图 4.14 所示。软件控制平台再次计算解调的控制参数，并由计算机串口将数据传入温控模块。温控模块通过对 SSR 控制，调整加热板的加热功率，使两板间的温度快速升至预定值。这样实时反馈、循环处理的控制过程可以保证生成的模拟湍流的高精度。在这个过程中，顶板循环制冷系统始终处于工作状态，在软件控制平台中可监视其温度数值。当系统需要从强湍流向弱湍流进行实验时，由于降温过程缓慢，散热系统需要辅助进行降温。温度反馈系统同样发挥作用，控制散热的时间。

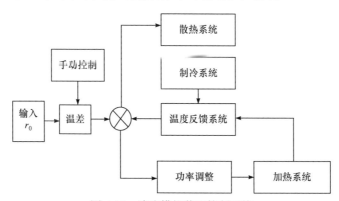

图 4.13　湍流模拟装置控制系统

2. 大气湍流模拟装置控制软件设计

(1) 软件系统结构

大气模拟装置中的控制软件平台的主要功能是控制模拟仓中湍流的强度，实

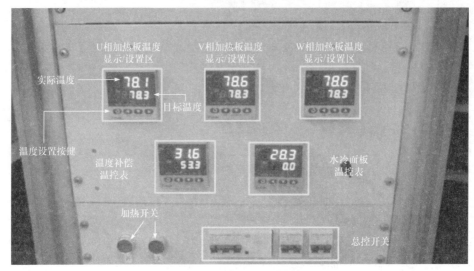

图 4.14　温度控制箱温控区

时监视各个系统的工作状况。软件系统结构图如图 4.15 所示。它由人机交互界面、温度采集模块、数据处理模块、加热和散热系统控制信号模块组成。各个模块之间相互作用、实时反馈，其中湍流强度计算和弱湍流大惯性抑制算法都在数据处理模块中执行。数据处理模块就像整个程序的大脑一样调节生成湍流的精度，计算并输出各个系统的调节参数。人机交互界面的操作人员实时监视系统运行状况，实施人工干预。温度采集模块主要由温度传感器和串口通信两部分组成，从模拟装置各个系统反馈回来的温度信息在这里缓冲等待处理。加热和散热系统控制信号模块用于存储数据处理模块的数据，并通过串口技术与下位机中的温度控制仪表通信，输出调制信号。

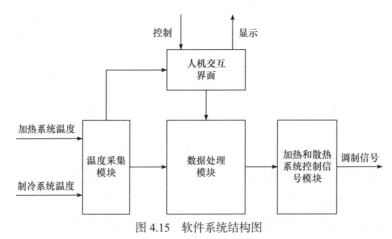

图 4.15　软件系统结构图

(2) 程序设计流程

湍流模拟装置的软件设计流程图如图 4.16 所示。

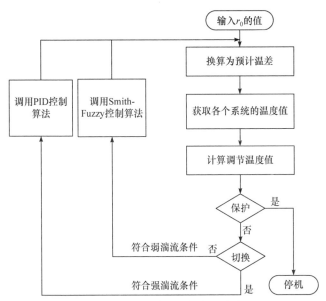

图 4.16　湍流模拟装置的软件设计流程图

(3) 软件界面及功能

人机交互界面可以为操作者提供便捷的控制平台和详细准确的监控窗口。软件设计需要充分考虑使用者的实际需要。用户只需将湍流相干长度值输入对话框，其温度调节值和各调节系数会自动地在后台计算并得到快速有效的执行。输入控制参数包括相干长度、缓冲温室补偿系数、边界加热面修正系数和控制模式选择。同时，基于串口通信技术，从温度传感器反馈回来的数据实时在界面显示。监控的参数包括温差、相干长度、加热板 W、加热板 V、加热板 U，以及温室补偿温度和冷却板的温度值及温度变化曲线。另外，程序还会对各个系统进行自动保护，如发现某一参数过大或过小，系统会发出报警并停机，从而保护整个装置。

程序使用三个标签页为基础的对话框结构，使页面布局简洁、元素简单。主控参数如图 4.17 所示。温度监测曲线如图 4.18 所示。湍流状态界面如图 4.19 所示。

大气湍流模拟装置系统总控软件界面如图 4.20 和图 4.21 所示。

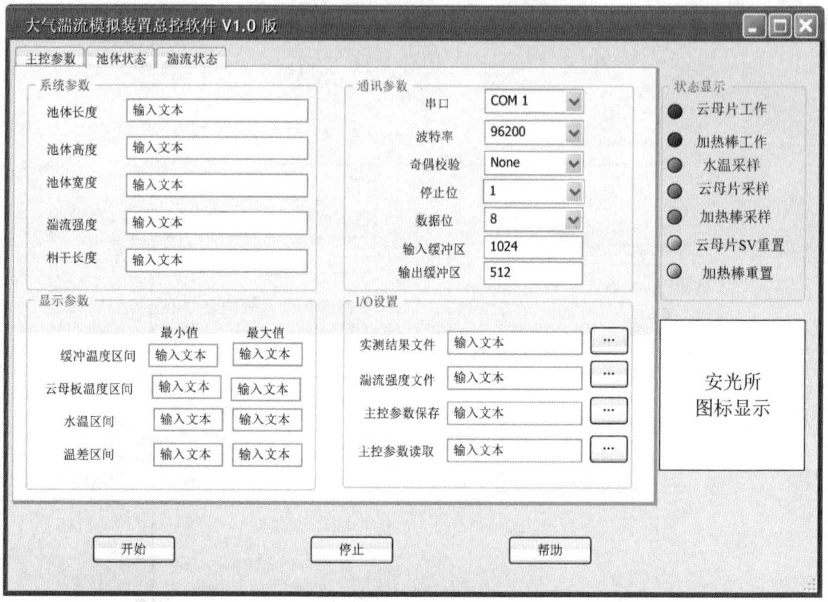

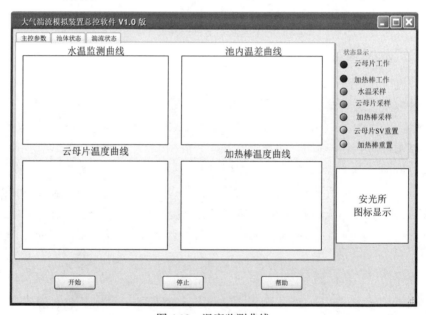

图 4.17　主控参数

图 4.18　温度监测曲线

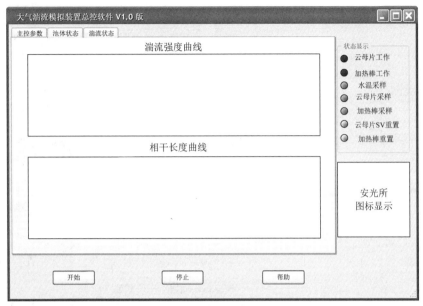

图 4.19　湍流状态界面

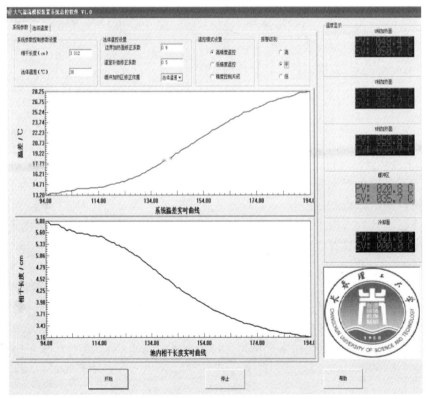

图 4.20　大气湍流模拟装置系统总控软件界面一

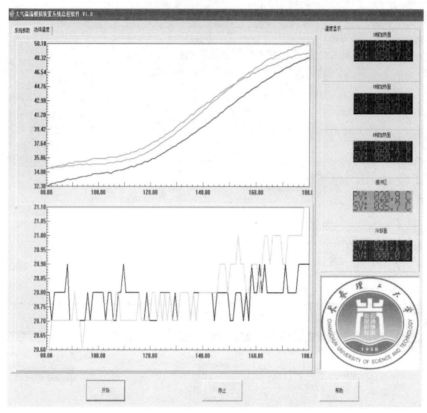

图 4.21　大气湍流模拟装置系统总控软件界面二

4.2　水雾、烟雾环境模拟技术

为了开展大气水雾、烟雾环境偏振特性研究，常用的手段是开展外场大气传输特性测试。在真实外场大气环境，测试极易受到天气等因素影响，实验环境、测试参数均难以把握，环境条件、测试结果均不可重复。更重要的是，外场环境中水雾、烟雾发生与测量都很难控制，极易造成大气偏振传输特性测试的不稳定、不准确。

本节研究大气水雾、烟雾环境模拟技术，开展注入式大气水雾、烟雾环境模拟技术研究，建立室内水雾、烟雾环境模拟装置，实现球形粒子与非球形粒子，非均匀粒子水雾、烟雾环境模拟。开展在水雾、烟雾介质中的偏振光传输实验和偏振成像实验。在可控、可测的模拟环境中提高偏振测量的准确性，同时实现可重复性。

4.2.1　注入式水雾、烟雾环境模拟装置

注入式水雾、烟雾环境模拟系统包括全偏振光发射装置、光接收装置和水雾、烟雾环境模拟装置，可实现对不同浓度、湿度的水雾和烟雾环境的仿真，适用于多种波长、角度、偏振态的信息特性实验研究。

1. 水雾、烟雾环境模拟方案

(1) 结构设计

箱体结构和布局要有水雾、烟雾生成、排空、监测、控制等部件和功能。外形布局主要有矩形、八角形和圆柱形等。本书方案选用圆柱体箱体结构，其优点主要如下。

① 圆柱体水雾、烟雾箱可实现 0°～180° 方向上的透射和反射测试。若目标置于中心位置，则各窗口光程相等，可实现相同条件下不同角度的测量，更好地完成多种实验任务。

② 圆柱体水雾、烟雾箱四周无明显死角，有利于水雾、烟雾的均匀扩散和排空，并便利于实验后的清洁。

③ 圆柱体水雾、烟雾箱结构新颖紧凑，可节省材料和空间。

其缺点是，圆柱体加工难度稍大，但也属于成熟技术和工艺。由于采用分体组合式设计，可在短时间内完成加工和组装，并无实际困难。

箱体材料可采用金属、玻璃、塑料等。本书方案采用金属，表面喷塑处理。金属材料强度高、表面质量好、抗腐蚀性强，但是重量大。具体结构设计采用分体式加筋钢板，侧面分为两个半圆，分别一次碾压成形，可保证强度和形状精度。底面和顶面为一体式圆形(配加强筋)，可保证强度和尺寸配合，在底面和顶面上开设安装接口，可安装多个仪器窗口和装置。

箱体外形尺寸为直径 Φ =2000mm，高 H =1200mm，底部支架高 500mm。箱体底座支架如图 4.22 所示，共分三部分，即上底面、左、右两个半圆柱侧面 A 和 B；箱体的下底面由底座面代替，可方便在底座面上安装固定设备，箱体与支撑底座间为可分拆结构，便于设备运输及实验前设备的安装调试。半圆柱 A 侧箱体开设光学窗口用于偏振光的测量；半圆柱 B 侧箱体开设检修门，可方便研究人员进入箱体内部进行设备安装、检修和维护。

(2) 水雾、烟雾模拟装置布局

水雾、烟雾环境模拟装置布局示意图如图 4.23 所示。水雾、烟雾环境模拟装置详细布局示意图如图 4.24 所示。

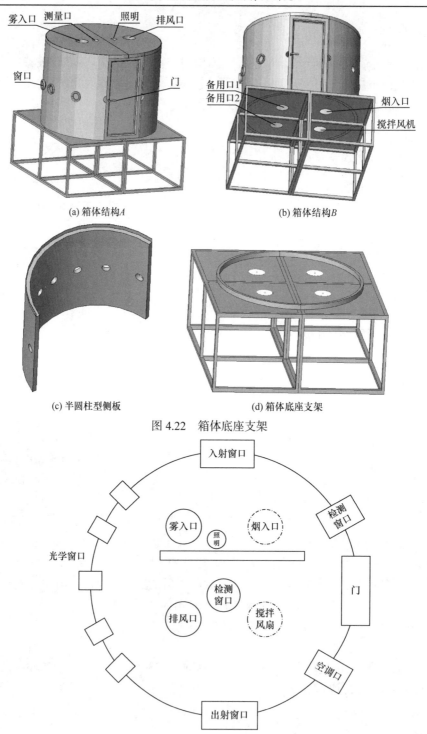

(a) 箱体结构A

(b) 箱体结构B

(c) 半圆柱型侧板

(d) 箱体底座支架

图 4.22　箱体底座支架

图 4.23　水雾、烟雾环境模拟装置布局示意图

　　箱体开设光学窗口 8 个,分别在 0°、30°、45°、60°、90°、120°、135°、180°位置。图中编号 1~7 为光学测试窗口,编号 1 为激光入射窗口,编号 7 为激光接收窗口。光学窗口拟选择圆形,直径为 100mm。箱体接口处采用胶条密封,不用的窗口有防尘遮光盖,并易于打开清洁。光学窗口采用 K9 平板光学玻璃。窗口玻璃的透过波段为可见光波段至近红外波段。为提高窗口玻璃的透过波段、保偏特性,窗口片需要进行增镀膜处理,以增大激光透射率。编号 8 为浓度监测装置、烟雾粒径检测装置、能见度检测装置、温湿度检测装置等设备检测窗口,可组合或分别开设在箱体侧面或顶部。编号 9 为雾的发生装置管道入口(开设在顶部)。编号 10 为发生装置管道入口(开设在底部)。编号 11 和 12 分别为搅拌风扇和排气风扇(开设在底部)。编号 13 为照明排线入口。编号 14 为照明装置。编号 15 为空调口。编号 16 为检修门。

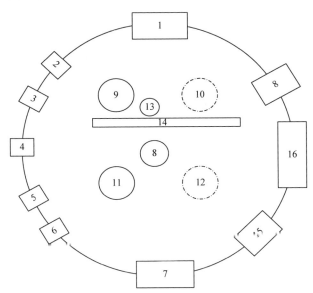

图 4.24　水雾、烟雾环境模拟装置详细布局示意图

(3) 水雾、烟雾模拟控制

　　水雾、烟雾模拟装置的烟箱实物图如图 4.25 所示。本书方案的实验系统主要由水雾、烟雾发生装置、搅拌装置、进烟排风装置、采样检测设备等组成。实验装置的模拟烟箱测控过程框图如图 4.26 所示。下面对测控过程中的装置进行综合介绍。

　　① 水雾、烟雾发生装置。这部分主要由水雾、烟雾发生装置和超声波雾化产生装置等构成。根据实验测试参数的要求,以计算机为控制核心产生相应控制指令,控制烟雾、水雾和粉尘发生装置工作,结合粉尘浓度检测装置,控制发生装

置产生的水雾、烟雾、粉尘的发生时间及流量，以达到不同的浓度值。

图 4.25　烟箱实物图

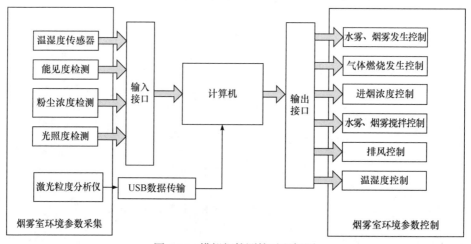

图 4.26　模拟烟箱测控过程框图

　　② 水雾、烟雾进烟排风装置。主要包括两部分，即进烟段和排风段。进烟段负责将燃烧室产生的烟尘通过管道内的轴流风机引入水雾、烟雾室。排风段负责将烟室内的污染空气排出室外。各风段要求安装插板阀对风量进行调节或控制本段管路的通断。根据实验本身的需要，进烟段和排烟段的插板阀处于常闭状态。进烟口采用散流器形式，排烟口采用百叶形式。

　　③ 水雾、烟雾搅拌装置。由于水雾、烟雾粒子具有长时间置放后沉降的特点，

为使水雾、烟雾室内所测参数的结果更准确地反映模拟室内浓度水平和粒径的分布,使检测和监测的结果更具有可信性。采用风扇作为搅拌器件,通过计算机控制搅拌风扇的转速和时间,对进入模拟池的水雾、烟雾、粉尘粒子进行充分搅拌,从而达到人为干扰水雾、烟雾沉降,使整个烟箱内粒子分布均匀的目的。

④ 水雾、烟雾采样检测装置。主要完成水雾、烟雾室箱体内模拟环境参数的实时监测。测量参数包括水雾和烟雾的粒度检测、浓度检测、光照度检测,以及能见度检测和温湿度的检测等。其中,粒度测量的数据结果传输给负责数据处理、显示与记录的计算机,通过计算机内置的专用数据处理软件处理后,得到水雾、烟雾的粒度分布曲线。其他的测量装置都通过对相应环境参数测量后,将测量结果传送到输入接口进行数据转换,再由主计算机进行处理、存储、显示、打印。

水雾、烟雾室箱体设计有烟室参数检测装置和产生水雾、烟雾、粉尘等发生装置的设备安装孔,采样孔通过导样管连接实验仓和检测仪器,组成一个采样检测系统。由于检测仪器经常拆卸,因此仪器与导样管的连接要注意密封。尤其是,当仪器卸下后,导样管的密封是需要注意的问题。

(4) 测试与标定

① 充烟秒数和光功率值,以及光学厚度之间转换关系。

假设一束光在均匀介质传输,入射光的光强为 I_0,出射光的光强为 I,根据朗伯-比尔定理,传输后的光强可表示为

$$I = I_0 \exp(-\mu_e L) = I_0 \exp(-\tau) \tag{4.23}$$

其中,L 为介质厚度;$\tau = \mu_e L$ 为光学厚度;μ_e 为消光系数,是吸收截面和介质浓度的函数,即

$$\mu_e = \rho C_e = \rho \pi r_0^2 Q_e \tag{4.24}$$

其中,ρ 为介质浓度;C_e 为质量消光系数。

假设散射介质粒子为均匀球形粒子,粒子半径为 r_0,那么 πr_0^2 为散射介质粒子的吸收截面;Q_e 为消光系数,即

$$Q_e = Q_{abs} + Q_{sca} \tag{4.25}$$

其中,Q_{abs} 为吸收因子;Q_{sca} 为散射因子。

在实际的实验环境中,浓度不易控制,光强透过率 T 与浓度之间的关系为

$$T = I/I_0 = \exp(-\tau) = \exp(-\rho \pi r_0^2 Q_e L) \tag{4.26}$$

在相同介质中,可以保证粒子半径大小是一致的。假设介质厚度 L 保持不变,

$\pi r_0^2 Q_e L$ 的值就是一个常数，可以推出介质浓度 ρ 和光学厚度 τ 呈现正比关系。在仿真计算过程中，通过改变光学厚度 τ 的值实现介质浓度 ρ 这一因变量的改变。在偏振传输实验中，可以通过测量光强透过率推导光学厚度，二者呈指数关系。光强透过率与光学厚度之间的关系曲线图如图 4.27 所示。不论理论仿真还是实物实验，都是通过光学厚度 τ 表征介质浓度，建立理论与实验之间的密切联系，从而验证散射介质浓度对偏振传输特性的影响。

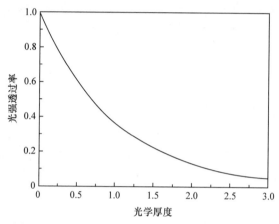

图 4.27　光强透过率与光学厚度之间的关系曲线图

在实验过程中，要求偏振光在不同浓度下进行传输。我们拟定 7 种烟雾浓度进行,可以利用烟雾发生装置控制每次燃烧烟煤粒子的量来控制烟雾介质的浓度。由于每次燃烧是否充分不得而知，不能准确标定烟雾介质的浓度，为了更准确地标定浓度大小，需要利用光学厚度值对介质浓度进行表征。

烟雾发生装置产生的烟雾充入箱体之后，到达稳定状态会持续一段时间。为了研究充入烟雾箱体中烟雾稳定性随时间的变化，在发射端发射光功率不变的激光通过烟雾箱体，在接收端使用能量计记录烟雾箱体中充入烟雾后的光强大小。烟雾稳定性随时间变化曲线图如图 4.28 所示。可以看出，5～15min 内烟雾是稳定的，可以得到更为可靠的实验数据。

烟雾发生装置产生不等量的烟雾粒子，并把烟雾粒子充入烟雾箱箱体，在 5～15min 的稳定时间段内，测量激光经过烟雾介质后的光强值，可以计算得到光强透过率，通过式(4.26)计算得到光学厚度。为了减小测量误差，多次测量出射光强值，并取其平均值，然后计算该烟雾浓度对应的光学厚度，应用光学厚度表征烟雾浓度。光强透过率与光学厚度之间的数值关系如表 4.2 所示。

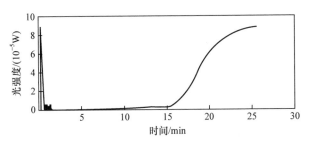

图 4.28　烟雾稳定性随时间变化曲线图

表 4.2　光强透过率与光学厚度之间的数值关系

入射光光强 I_0/μW	出射光光强 I/μW	光强透过率 I/I_0/%	光学厚度 τ
93	67.4	72	0.32
93	48.6	52	0.65
93	38.1	41	0.89
93	20.5	22	1.51
93	12.7	14	1.97
93	8.2	9	2.43
93	4.7	5	2.98

体积分数和光学厚度之间的转换可以按照下式进行计算，即

$$CV = \frac{V_1}{V_1 + V_2} \tag{4.27}$$

$$V_3 = V_1 K \tag{4.28}$$

$$\alpha = \frac{3QV_3}{4r} \tag{4.29}$$

$$\tau = \alpha b \tag{4.30}$$

其中，CV 为体积分数，由马尔文粒度仪直接测量得到；V_1 为总的颗粒体积；V_2 为分散介质的体积；光束半径 r 为 5mm；V_3 为颗粒的体积；Q 为散射系数，与材料本身的材质有关(折射率等)，查询得甘油的散射系数为 1.47；α 为散射因子，常用单位 cm^{-1}；τ 为光学厚度，无量纲常数；K 为颗粒体积占总颗粒体积的比重。

令 D 为光束直径，利用圆柱体的体积计算公式可得

$$V_2 = \pi \left(\frac{D}{2}\right)^2 b \tag{4.31}$$

由于体积分数可以通过马尔文粒度仪直接得出，V_2 体积可以计算出来，因此根据式(4.31)可以求出颗粒的总体积 V_1。体积占比 K 已知，通过式(4.28)可以求出

某半径粒子的体积 V_3。Q 已知，式(4.7)的其他参数也可求得，从而计算出散射因子。光程也可以测得，根据式(8.8)可以求出光学厚度，充烟时间与光学厚度体积分数之间的转换值如表 4.3 所示。

表 4.3　充烟时间与光学厚度体积分数之间的转换值

参数	充烟时间/min							
	2	3	4	5	6	7	8	9
CV	0.304	0.651	0.987	1.246	1.462	1.534	1.949	2.267
光学厚度 (光功率计)	2.27	3.488	4	5.42	6.44	7	7.02	7.04
光学厚度 (马尔文粒度仪)	1.348	2.883	4.373	5.521	6.478	6.797	8.635	10.044

②　开展水雾与烟雾环境的消光特性测试、烟雾浓度衰减倍率标定等。

针对水雾环境，以 671nm 激光入射，在接收端采用光功率计测量激光能量。水雾环境消光特性测试光路图如图 4.29 所示。

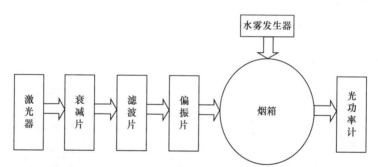

图 4.29　水雾环境消光特性测试光路图

充水雾 2min 后激光功率随时间变化示意图如图 4.30 所示。

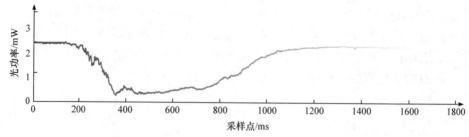

图 4.30　充水雾 2min 后激光功率随时间变化示意图

充水雾 5min 后激光功率随时间变化示意图如图 4.31 所示。

充水雾 8min 后激光功率随时间变化示意图如图 4.32 所示。

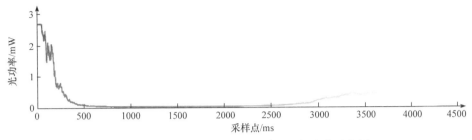

图 4.31 充水雾 5min 后激光功率随时间变化示意图

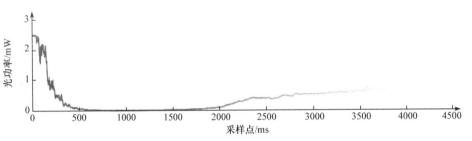

图 4.32 充水雾 8min 后激光功率随时间变化示意图

针对油烟环境，使用油烟发生器(输出功率为 50%)向烟雾箱充一定时间的油烟，使用光功率计记录激光穿过烟箱后功率的变化情况。油烟环境消光特性测试光路图如图 4.33 所示。

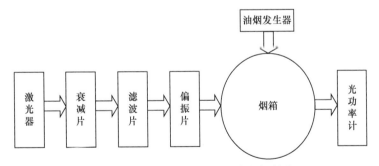

图 4.33 油烟环境消光特性测试光路图

对于低浓度油烟，充油烟 1s 后激光功率随时间变化示意图如图 4.34 所示。
对于中浓度油烟，充油烟 2s 后激光功率随时间变化示意图如图 4.35 所示。

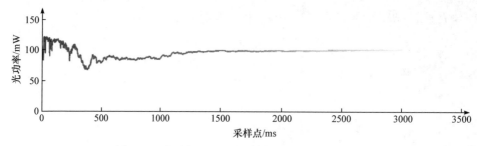

图 4.34　充油烟 1s 后激光功率随时间变化示意图

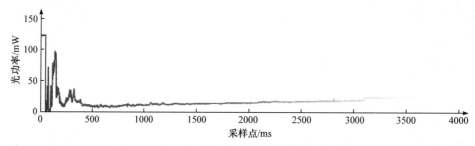

图 4.35　充油烟 2s 后激光功率随时间变化示意图

对于高浓度油烟，充油烟 3s 后激光功率随时间变化示意图如图 4.36 所示。

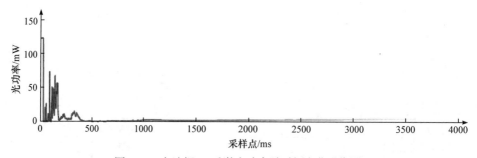

图 4.36　充油烟 3s 后激光功率随时间变化示意图

③ 粒度测试。

实验将马尔文粒度仪放入烟雾环境模拟系统中，要求粒度仪放置位置沿偏振光输入和输出窗口。室内模拟烟雾环境粒径分布测试结构图如图 4.37 所示。实验采用的马尔文粒度仪是一款利用激光衍射法测量雾滴粒径分布的高速测量仪器，粒径测量范围在 0.1~2000μm，采集速率最大可达 10kHz。激光衍射法粒径测试的基本原理如图 4.38 所示。

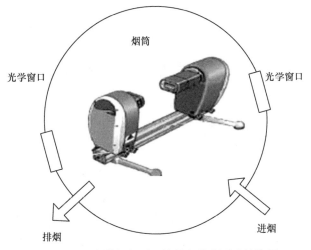

图 4.37　室内模拟烟雾环境粒径分布测试结构图

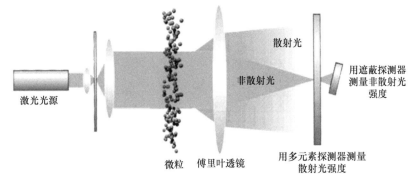

图 4.38　激光衍射法粒径测试的基本原理

第一，油雾粒子半径分布情况。在烟雾环境模拟系统中分别充入低、中、高三种不同浓度的油雾后，由马尔文粒度仪测得粒子半径分布情况。实物场景图如图 4.39 所示。由实验结果可知，三种不同浓度下粒子半径分布情况大致相同。三种浓度下的粒径分布如图 4.40 所示。其中，粒子半径为 1.58μm 的粒子占整个粒子分布的一半以上。在偏振传输仿真模拟过程中，以 1.58μm 粒子作为模拟对象进行仿真。

第二，水雾粒子半径分布情况。在烟雾环境模拟系统中分别充入低、中、高三种不同浓度的水雾后，马尔文粒度仪测得的粒子半径分布情况如图 4.41 所示，其中低、中、高三种不同浓度充入水雾的时间分别为 2min、5min 和 8min。

图 4.39　实验场景图

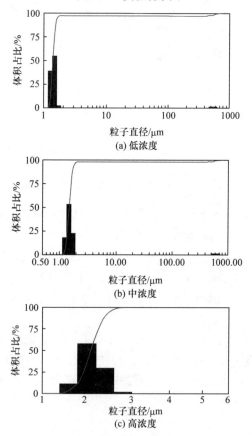

图 4.40　三种浓度下的粒径分布

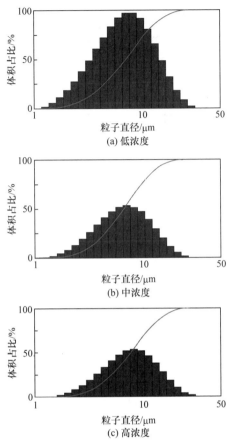

图 4.41　水雾粒子三种浓度下马尔文粒度仪测得粒径分布情况

　　由实验结果可知，水雾粒子半径分布相比油雾粒子较为分散，三种不同浓度下粒子半径分布大致集中在 5.41～11.66 μm。相比油雾粒子，粒子半径较大且不集中，因此油雾粒子更适用于对球形各向均匀同性介质的研究。

　　2. 水雾、烟雾环境室内实验

　　(1) 偏振传输实验原理

　　在模拟的烟雾环境下，使用旋转偏振片法进行偏振传输实验，也可以称为偏振光调制法，主要在连续、稳定的环境下获取测量信息。注入式水雾、烟雾环境实验原理图如图 4.42 所示。激光器经过衰减片和偏振片得到线偏振光，旋转偏振片的角度可以得到水平、垂直、±45° 等状态的线偏振光。当线偏振光经过 1/4 波片时可以得到圆偏振光，旋转 1/4 波片的角度可以得到右旋和左旋圆偏振光。利用烟雾机向烟雾箱充入一定浓度的粒子，经过一段时间后可以达到均匀状态；在入射端旋转偏振片和波片可以得到不同状态的偏振光，进而将得到的偏振光通过烟雾模拟环境；在出射端利用偏振态测量仪探测出射偏振光的偏振态。

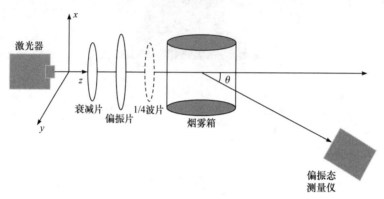

图 4.42　注入式水雾、烟雾环境实验原理图

由于浓度在实验环境中并不易于控制，利用朗伯-比尔定律可以确定光强透过率与浓度之间的关系，即

$$T = I/I_0 = \exp(-\tau) = \exp(-\rho \pi r_0^2 Q_e L) \tag{4.32}$$

其中，τ 为光学厚度；ρ 为介质浓度；L 为介质厚度，在同一介质中，L 保持不变；$\pi r_0^2 Q_e L$ 为常数。

在仿真过程中，通过改变光学厚度 τ 的值，便可实现介质浓度的变化。不同浓度烟雾下光学厚度如表 4.4 所示。

表 4.4　不同浓度烟雾下光学厚度

入射前光强值/ μW	烟雾传输后光强值/ μW	透过率	光学厚度 τ
90	41.9	0.466	0.765
90	9.29	0.103	2.27
97	2.75	0.031	3.488
90	1.64	0.018	4
90	0.398	0.004	5.42
90	0.143	0.002	6.44
90	0.082	0.001	7
90	0.080	0.001	7.02
90	0.079	0.001	7.04

(2) 偏振传输实验方案

在烟雾环境下进行偏振光传输特性测试，图 4.43 所示为烟雾环境偏振光传输特性测试光路图。实验依次进行烟雾浓度衰减倍率的标定，并在 450nm、532nm、671nm 的可见光波长下研究偏振光传输特性与烟雾衰减倍率关系测试。

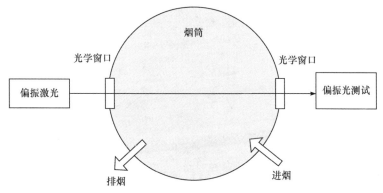

图 4.43　烟雾环境偏振光传输特性测试光路图

选择不同波长、类型的激光建立传输特性测试实验装置。如图 4.44 和图 4.45 所示，激光经过发射光学系统进行准直、扩束后，通过旋转偏振片可以获得不同方向的线偏振光(水平线偏或垂直线偏)，利用加装1/4波片获得圆偏振光(左旋或右旋)。经过散射介质传输后，在接收端用激光偏振态测量仪和偏振成像相机进行检测，观察激光经过大气传输后其偏振特性的变化情况。

(a) 实验发射装置　　　　　　　　　　　　　　(b) 实验接收装置

图 4.44　实验装置图

偏振传输实验的测量步骤如下。

① 校准偏振器件的度数。根据实验需要，旋转偏振片和波片的角度可以在入射端得到不同状态的线偏振光和圆偏振光。我们测量的线偏振光主要有垂直方向([1 −1 0 0])、水平方向([1 1 0 0])、−45°方向([1 0 −1 0])和 +45°方向([1 0 1 0])，圆偏振光主要有左旋圆偏振光([1 0 0 −1])和右旋圆偏振光([1 0 0 1])。

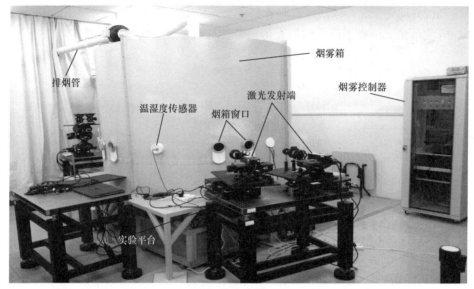

图 4.45　实验装置图

② 将调制好的偏振光射入烟雾模拟环境中,通过介质的散射作用,从烟雾箱的窗口将会出射带有偏振信息的偏振光。

③ 烟雾均匀后进行测量,使用偏振态测量仪记录并计算不同角度的 Stokes 矢量,从而得到对应的偏振参数,进行多次实验取平均值,对得到的 DOP 进行整理绘图,可以得到不同入射角度的 DOP 曲线。

(3) 偏振成像实验方案设计

实验装置还可开展偏振成像实验,研究在低浓度和高浓度的水雾、油雾环境中偏振成像图像的偏振、对比度等信息。图 4.46 所示为偏振成像实验原理。

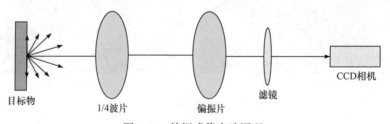

图 4.46　偏振成像实验原理

当光线到达目标物时,光线会在目标物上发生散射或者反射,可以通过旋转偏振片来探测反射的线偏振光。当反射光经过波片和偏振片时,可以探测反射的圆偏振光。通过相机光学成像系统可以得到不同偏振角度的光强图像,通过图像处理得到偏振图像。

搭建的实验平台如图 4.47 所示。半导体激光器(光源)经过滤光片变为单色光,再经过偏振片和1/4波片分别调制为线偏振光(水平线偏或垂直线偏)和圆偏振光(左旋或右旋)，利用扩束镜对偏振光准直、扩束之后进入烟雾箱。接收端由滤光片、1/4波片偏振等等组成，最后由 CCD 相机接收。

(a) 发射端　　　　　　　　　　　　　　(b) 接收端

图 4.47　实验平台

4.2.2　非球形粒子烟雾环境模拟装置

1. 非球形粒子制备的传统方法

(1) 种子乳液聚合法

种子乳液聚合主要是制备种子微球和微球的溶胀聚合。一般利用具有交联度的可聚合单体为基础，对其进行溶胀。根据热力学和动力学原理，升温后交联网络的弹力将单体挤出，被挤出的单体进行再次聚合，形成非球形粒子。Chen 等[23]对溶胀聚合过程进行了详尽的论证，单体在粒子中的化学势能 $\Delta G_{m,p}$ 是溶胀聚合程度的决定性因素。$\Delta G_{m,p}$ 由单体/聚合物混合能 ΔG_m、交联网络弹性力 ΔG_{c1} 和粒子/水表面张力能 ΔG_t 作用，所以当溶胀达到平衡时，$\Delta G_{m,p} = \Delta G_m + \Delta G_{c1} + \Delta G_t$。因此，当温度升高时，粒子的内部关联程度降低，$\Delta G_m$ 和 ΔG_{c1} 为负值。ΔG_t 为正值抵消产生的负值，表现为粒子表面积增加，即粒子被挤出形成新的单体，单体不断变大直到溶胀平衡，达到最大凸起。利用这个原理，Kim 等[24]先合成二聚体的聚苯乙烯(PS)粒子，再将 PS 粒子与交联剂苯乙烯单体、乙烯基苯进行溶胀反应，生成三聚体(图 4.48)。之后，更是利用交联分离技术，生成棒、锥、钻石形状的非球形粒子。Fujibayashi 等[25]通过饱和烃滴下双种子分散聚合制备非球形颗粒。利用双种子分散聚合(记为 DSDP)技术，将甲基丙烯酸 2-乙基己酯(记为 EHMA)与存在于正癸烷滴中的 PS/PMMA(聚甲基丙烯酸甲酯)种子进行分散聚合，通过改变溶剂吸收和分配条件，将蘑菇状的 EHMA 改为杏仁状的非球形粒子。降低单体烃量，非球形粒子的体积变小但是形状变得对称，而且只有在第二种粒子存在的情况下才能吸收烃。Ge 等[26]使用施托贝尔(Stober)法合成 SiO_2 颗粒，以 SiO_2 为微球，在微球的表面可控制地制备 SiO_2/PS 复合微球，推动以无机微球为单体的聚合法的发展。

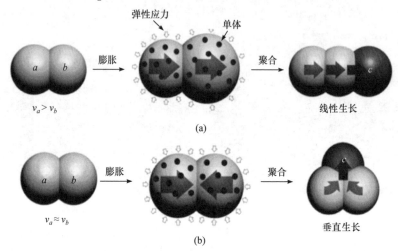

图 4.48　种子溶胀聚合法制备非球形粒子示意图

(2) 机械拉伸法

机械拉伸法主要通过物理方法借助外力将球状粒子拉伸到特定的形状。Champion 等[27]提出两种机械拉伸的方法制备非球形粒子。两种机械拉伸法制备非球形粒子示意图如图 4.49 所示。第一种，PS 粒子通过溶剂溶解，或者在 PS 的玻璃化转变温度上加热，然后在一个或两个维度上拉伸。第二种，聚乙烯醇(记为 PVA)薄膜首先拉伸，在颗粒周围产生空隙，这些空隙由液化颗粒填充。然后，用

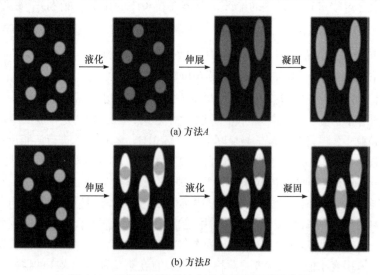

图 4.49　两种机械拉伸法制备非球形粒子示意图

溶剂萃取法或者冷却,形成凝固的颗粒并对其进行操作,设置新的形状。利用这种方法可以得到各种形状的非球形粒子。机械拉伸法得到的各种形状非球形粒子如图 4.50 所示。

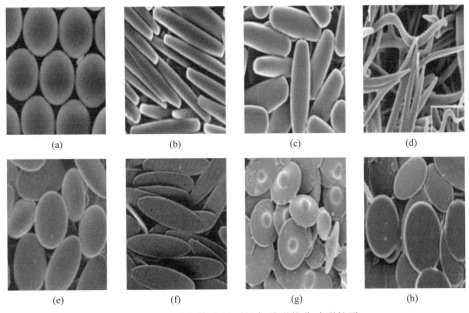

图 4.50　机械拉伸法得到的各种形状非球形粒子

(3) 模板法

模板法是将粒子填充在模板内,通过控制模板形状得到所需的非球形粒子。Wang 等[28]用模板法合成表面凸起的非球形粒子。具体是将 PS 微球限制在面心立方体(face center cubic,FCC)中,浸入官能化溶液,在它周围接触 12 个 PS 微球。因此,图案化的聚合球体具有 12 倍的对称性,改变模板的结构,可以调整连接球体的数目。同时,又将 PS 球体进行表面磺化处理,加入碘化钾和硫酸盐,经过 24h 后进行离心和洗涤处理。最终得到突出边缘化加工的非球形粒子。Jang 等[29]利用全系干涉光刻控制亚微米三维晶格的对称和体积分数等几何元素进行控制。利用全系干涉光刻技术控制网络拓扑结构,根据需要控制所需粒子的形状、对称性,在交联的聚合物晶格的表面沉积粒子,然后断开,可以在粒子的顶点引入不同的化学功能,从而为制备有各向异性的几何和化学性质的非球形粒子提供可能性。

(4) 溶液混合法

溶液混合法主要是利用两种或者多种溶液的不同相容性差,控制挥发的先后顺序实现分离,得到非球形粒子。Saito 等[30]将 PS/PMMA 的聚合物颗粒与甲苯、水的混合溶液进行溶液蒸发法制备非球形粒子。PS/PMMA/甲苯溶液用蒸发法制备非球形粒子，如图 4.51 所示。甲苯蒸发前，所有液滴均匀混合呈现球形，没有发生相分离。随着十二烷基硫酸钠(记为 SDS)浓度的增加，液滴的形态由中心过渡到半球形。随着甲苯的进一步蒸发，半球形的形状将取决于 SDS 的浓度。因此，可以通过控制 SDS 浓度的变化得到想要的非球形粒子。

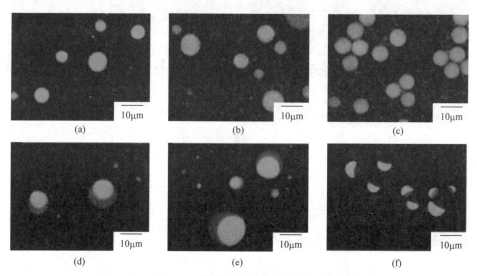

图 4.51　PS/PMMA/甲苯溶液用蒸发法制备非球形粒子

　　由于表面张力的存在，粒子在整体尺度上趋于球形粒子，因此想要获得形状可控的非球形粒子变得相当困难。然而，非球形粒子由于其各向异性表现出优异的物理、化学性能，在光学、医学、军事上有广泛的应用前景，成为当前材料领域研究的热门。因此，非球形粒子的制备方法得到迅速的发展。目前，主要有种子乳液聚合法、机械拉伸法、模板法、溶液混合法[31]。

　　2. 非球形粒子制备的新方法——燃烧灵芝孢子法

　　(1) 实验仪器
　　关于灵芝孢子粒子制备的实验仪器主要有 RT-400W 超声振荡机、Denver TP-214 分析天平、QuantaFEG250 电子显微镜、Z-3000II 烟雾机、Spraytec 马尔文粒度仪。
　　RT-400W 超声振荡机用来制备实验需要的两种椭球形介质，将酵母菌粒子、灵芝孢子粒子充分与甘油溶液充分混合，并均匀分布在容器内。Denver TP-214 分析天平用来精确地量取制备溶液所需的椭球形粒子。Z-3000II 烟雾机是用来向烟箱内充椭球形粒子烟雾，构造人工模拟烟雾环境，同时对椭球形粒子进行采样。QuantaFEG250 电子显微镜用来观察采样后的椭球形粒子，观察所制备的粒子是否符合实验要求。Spraytec 马尔文粒度仪是英国马尔文粒度仪有限公司制作的一款高速测量雾滴粒子半径的仪器。以 Mie 散射理论为基础，夫朗霍夫理论为光学模型，用激光衍射法测量光路中的雾滴粒子半径。半径相同的粒子散射后的光子会落在相同的位置，半径不同的粒子散射后的光子落的位置也不同。因此，可以通过测量不同位置的光强值确定该半径大小的粒子所占的百分比，利用马尔文粒度仪来测量椭球形粒子的粒径范围，将实际测量结果与电镜观察结果相比较。图 4.52 所示为马尔文粒度仪的实物图。

图 4.52　马尔文粒度仪的实物图

(2) 实验方法

首先，将酵母菌放在细菌培养皿中，对其进行培养，长到所需的椭球比的长度。量取 20ml 酵母菌溶液，与 80ml 甘油溶液混合，将酵母菌粒子与甘油的混合液放入 RT-400W 超声振荡机进行超声振荡 2h。然后，用油雾机抽取溶液，排放 10s 烟雾，用载玻片采集酵母菌粒子样本，用两个载玻片进行采集，将采集的样本放入电镜进行观察。图 4.53 所示为电镜观察到的酵母菌粒子。其长轴范围在 4.2～4.9μm，短轴范围在 2.9～3.3μm，长短轴比约为 1.5。

将燃烧后的灵芝孢子碳化粉末按每 200mg 分为一份，每 200mg 灵芝孢子与 20ml 无水乙醇混合，用超声波清洗机进行超声振荡 0.5h，再将混合的溶液与 80ml 甘油混合，将混合后的溶液用超声振荡 2h，使三者充分混合成灵芝孢子溶液。用载玻片对灵芝孢子溶液进行采样，放在电镜下观察。电镜下的灵芝孢子椭球形粒子如图 4.54 所示。从电镜的检测结果可以得出，灵芝孢子碳化粉末与甘油混合溶液粒子的半径在 4～9μm，粒子呈现椭圆形，长轴与短轴的比约为 1.5。由此可知，本次实验制备的灵芝孢子碳化粉末和甘油的混合溶液雾化后的粒子为非球形粒子，椭球比与酵母菌粒子的相同。

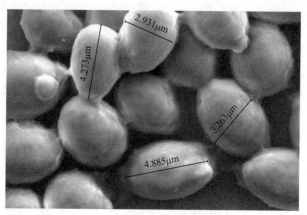

图 4.53　电镜观察到的酵母菌粒子

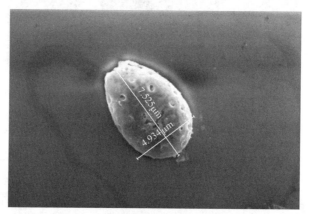

图 4.54　电镜下的灵芝孢子椭球形粒子

4.2.3　非均匀双层水雾环境模拟装置

　　为了进一步探究非均匀水雾环境下偏振光的传输特性，开展了对可见光波段下非均匀介质偏振光传输特性的实验研究。通过构建可测、可控的非均匀模拟测试环境，以可见光波段不同波长的偏振激光为光源，设计不同光学厚度、波长和偏振态对偏振光在非均匀环境下传输特性影响的实验方案，得出非均匀环境下偏振光传输特性及规律。

　　1. 单层水雾模拟装置

　　室内半实物仿真单层水雾模拟装置测试原理如图 4.55 所示。由激光器发出的光束经过衰减片后由偏振片起偏，通过旋转偏振片角度调节控制线偏振光的不同起偏角度，1/4 波片用来产生左旋、右旋圆偏振光。起偏后的偏振光进入水雾模拟环境，接收端由分光棱镜分成两路光，一路光由光功率计接收测量记录能量值，另一路光由偏振态测量仪接收并解析其偏振态。

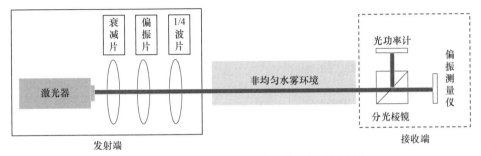

图 4.55　室内半实物仿真单层水雾模拟装置测试原理

单层水雾环境模拟装置实物图如图 4.56 所示。装置通过编程全自动操作，控制环境参数。激光作为光源，研究不同波长、不同偏振态、不同模拟环境下的光学传输特性。

图 4.56　单层水雾环境模拟装置实物图

2. 双层非均匀水雾模拟装置

双层非均匀水雾模拟装置主要由实验承载平台、偏振激光发射系统、传输模拟装置、偏振激光接收系统和实验控制系统五部分组成。双层非均匀水雾系统测试方案如图 4.57 所示。

双层非均匀水雾模拟装置实物图如图 4.58 所示。第一层箱体冲入普通水雾，第二层箱体冲入盐雾，形成双层非均匀水雾模拟装置。选择可见光波段 450nm、532nm、671nm 等三种波长的激光器，利用偏振片和 1/4 波片将激光调制为线偏振光或圆偏振光, 接收端为偏振态测量仪、光功率计等测试设备, 测量偏振激光经过双层非均匀水雾模拟装置后的偏振信息。

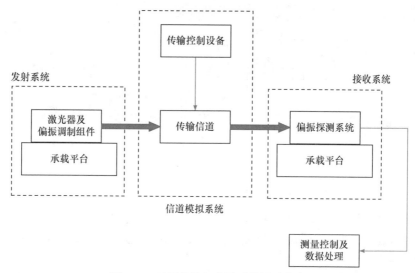

图 4.57　双层非均匀水雾系统测试方案

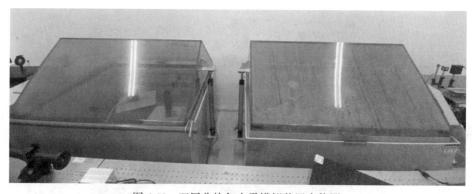

图 4.58　双层非均匀水雾模拟装置实物图

(1) 承载平台

光学平台用于室内偏振激光发射装置和激光接收装置的安装和测试, 包括各种光学固定支架、安装座、平移及转动调整台等。二维可调承载平台由加固三脚架和机械平板构成, 用于室外偏振光传输实验测试装置的支撑和安置。

(2) 偏振光发射装置

可见光波段 450nm、532nm、671nm 波长的为连续激光器, 输出功率 100mW。激光发射光学系统及偏振调制组件, 主要包括准直光学系统、偏振片、波片、扩束器、滤光片、衰减片等。

(3) 偏振光接收装置

偏振态测量仪选用 Thorlabs 公司的 PAX5710-T 系列偏振态测量仪,由 USB 接口、TXP5004 机箱、PAX5710 系列模块和外置偏振探头组成,输入功率范围为 $-60 \sim 10\mathrm{dBm}$。激光接收光学系统包括偏振片、波片、滤光片、缩束镜和衰减片等。光功率计用于测量激光器发射激光功率和接收激光功率。基于嵌入式开发平台自行研制的偏振态测量仪可准确测量 Stokes 参量,显示椭圆度角、方位角、DOP、邦加球。

(4) 控制与计算装置

便携式工控机主要用于对实验和测量的过程控制、偏振测量仪等测试仪器的控制,以及测试数据的处理和显示。

(5) 双层非均匀水雾环境模拟装置

模拟装置用于模拟不同种类、不同浓度、不同湿度的水雾。由于具有双层水雾环境的结构特点,装置可用于模拟分层海雾环境。喷雾方式包括连续式喷雾与间断式喷雾,可调节喷雾时间、喷雾量大小及喷出角度。通过对喷雾时间和喷雾量及盐水含盐量的控制,模拟不同光学厚度、粒子浓度和温湿度等参数条件下的海雾。

参 考 文 献

[1] 荣健, 陈彦, 胡渝. 激光在湍流大气中的传输特性和仿真研究. 光通信技术, 2003, (11): 44-46.

[2] Toyoshima M, Yamakawa S, Yamawaki T, et al. Ground-to-satellite optical link tests between Japanese laser communications terminal and European geostationary satellite ARTEMIS. The International Society for Optical Engineering, 2004, 5338: 1-15.

[3] 肖黎明, 马成胜, 翁宁泉, 等. 对流湍流发生池的设计与性能. 量子电子学报, 1999, 1: 45-51.

[4] 甲水, 刘建国, 曾宗泳, 等. 大气湍流模拟装置性能测试. 大气与环境光学学报, 2011, 6(3): 4.

[5] 袁仁民, 曾宗泳, 肖黎明, 等. 湍流池湍流特征研究. 力学学报, 2010, (3): 257-263.

[6] 付强, 姜会林. 基于智能控制系统的对流大气湍流模拟装置. CN201410339593.4, 2014.

[7] 周全, 孙超. 湍流热对流中的若干问题. 物理, 2007, 10(9): 56-64.

[8] 吴晓庆. 大气光学湍流、模式与测量技术. 安徽师范大学学报: 自然科学版, 2006, 12(2): 45-51.

[9] Toyoshima M. Trends in laser communications in Space. Space Japan Review, 2010, 70: 1-6.

[10] Al-Habash M A. Mathematical model for the irradiance probability density function of a laser beam propagating through turbulent media. Optical Engineering, 2001, 40(8): 1554-1562.

[11] Kumar A, Jain V K. Antenna aperture averaging and power budgeting for uplink and downlink optical satellite communication//International Conference on Signal Processing, 2008: 792-823.

[12] Kumar A, JainV K. Antenna aperture averaging with different modulation schemes for optical satellite communication links. Journal of Optical Communications & Networking, 2007, 6(12): 1323-1328.

[13] Phillips R L, Andrews L C, Stryjewski J, et al. Beam wander experiments: terrestrial path//The

International Society for Optical Engineering, 2006: 6303.

[14] 张诚, 胡薇薇, 徐安士. 星地光通信发展状况与趋势. 中兴通信技术, 2006, 12(2): 5.

[15] 吴健, 杨春平, 刘建斌. 大气中的光传输理论. 北京: 北京邮电大学出版社, 2005.

[16] 付强, 姜会林, 王晓曼, 等. 空间激光通信研究现状及发展趋势. 中国光学, 2012, 5(2): 116-125.

[17] Kiasaleh K. Scintillation index of a multiwavelength beam in turbulent atmosphere. Journal of the Optical Society of America A: Optics & Image Science, 2004, 21(8): 1452-1454.

[18] Kiasaleh K. Impact of turbulence on multi-wavelength coherent optical communications// Proceedings of SPIE the International Society for Optical Engineering, 2005: 5892.

[19] Kiasaleh K. On the scintillation index of a multiwavelength Gaussian beam in a turbulent free-space optical communications channel. Journal of the Optical Society of America A: Optics Image Science & Vision, 2006, 23(3): 557-566.

[20] Durian D J, Rudnick J. Photon migration at short times and distances and in cases of strong absorption. Journal of the Optical Society of America A: Optics & Image Science, 1997, 14(14): 235-245.

[21] Durian D J. Photon migration at short times and distances and in cases of strong absorption: erratum. Journal of the Optical Society of America A, 1997, 14(4): 940.

[22] Eyyuboglu H T. Propagation of higher order Bessel-Gaussian beams in turbulence. Applied Physics B, 2007, 88(2): 259-265.

[23] Chen Y C, Dimonie V, EL-Aasser M S. Interfacial phenomena controlling particle morphology of composite latexes. Journal of Applied Polymer Science, 2010, 42(4): 1049-1063.

[24] Kim J W, Lee D, Shum H C, et al. Uniform nonspherical colloidal particles with tunable shapes. Advanced Materials, 2010, 19(5): 2005-2009.

[25] Fujibayashi T, Tanaka T, Minami H, et al.Thermodynamic and kinetic considerations on the morphological stability of "hamburger-like" composite polymer particles prepared by seeded dispersion polymerization. Colloid & Polymer Science, 2010, 288(8): 879-886.

[26] Ge X, Wang M, Wang H, et al. Novel walnut-like multihollow polymer particles: synthesis and morphology control. Langmuir the ACS Journal of Surfaces & Colloids, 2010, 26(3): 1635-1641.

[27] Champion J A, Katare Y K, Mitragotri S. Making polymeric micro and nanoparticles of complex shapes. Proceedings of the National Academy of Sciences of the United States of America, 2007, 104(29): 11901-11904.

[28] Wang L K, Xia L H, Li G, et al. Patterning the surface of colloidal microspheres and fabrication of nonspherical particles. Angewandte Chemie, 2008, 47(25): 4725-4728.

[29] Jang J H, Ullal C K, Kooi S E, et al. Shape control of multivalent 3D colloidal particles via interference lithography. Nano Letters, 2007, 7(3): 647-651.

[30] Saito N, Kagari Y, Okubo M. Revisiting the morphology development of solvent-swollen composite polymer particles at thermodynamic equilibrium. Langmuir the ACS Journal of Surfaces & Colloids, 2007, 23(11): 5914-5919.

[31] 张建安, 刘楠楠, 姜引水, 等. 非球形聚合物粒子的合成研究. 高分子通报, 2010, (4): 8-16.

第 5 章　大气环境偏振光传输强度特性测试

5.1　大气湍流模拟装置光学参数性能测试

室内激光大气湍流模拟装置的实验系统如图 5.1 所示。整个系统包括激光发射系统、湍流模拟系统和接收系统三部分。发射系统由激光器、激光器电源与调制单元、整形与扩束单元、两轴精密伺服转台组成。湍流模拟系统由大气湍流模拟装置、光学通光口组成。接收系统由大口径卡式望远光学单元、可变机械光阑、光电倍增管(photomultiplier tube，PMT)、四象限(quadrant-detector，QD)接收仪信号处理单元、空域特性处理单元、时域特性处理单元、计算机测试系统组成。相关仪器及其性能参数如表 5.1 所示。

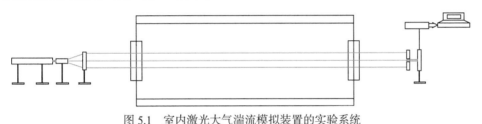

图 5.1　室内激光大气湍流模拟装置的实验系统

表 5.1　相关仪器及其性能参数

序号	名称	功能及性能	备注
1	大口径卡式望远镜系统	接收传输激光；口径 170mm、150mm、130mm、110mm、90mm 可调；焦距 2500mm	
2	DASAL CA-D1 相机及采集卡	像素 128×128；帧速率 736 Hz；填充因子 100%；像素尺寸 16 μm；1/3 英寸(1 英寸＝2.54 厘米)；视场 2°；焦距 200mm	

续表

序号	名称	功能及性能	备注
3	激光器	波长 808nm；发射功率 7.5～8.0W	
4	光学元件	棱镜分光；透镜成像	
5	整形扩束单元	5～10 倍可调	
6	珠江 900 支架	稳定支撑，便于携带	
7	Newport 光功率计	功率 10μW～10W；波长 190nm～12μm	
8	TXP550 偏振态测量仪	高灵敏度、高度动态的偏振测量分析能力；测量范围 30nW～3mW	
9	激光位置及角度偏差测量仪	接收的激光中心位置偏差及角度偏差，位置偏差精度为 9μm	

续表

序号	名称	功能及性能	备注
10	计算机	显示图像，分析与处理数据等功能	
11	图像监视处理软件	实现图像采集、实时处理、批量处理、图像放大等功能	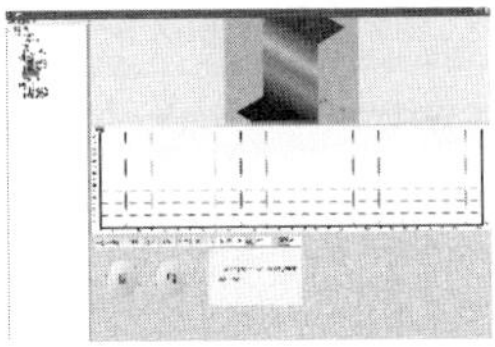

5.1.1　基于光电倍增管的光强闪烁频谱测量

1. 性能指标

① 强度频率取 100Hz。
② 特征速度大于 0.1m/s。
③ 横向均匀区域 $D \geqslant 15$cm。

2. 测试理论

(1) 闪烁频谱测量理论

湍流对光传输最重要的影响之一就是造成光强起伏，即光闪烁，可以用光强起伏方差表示为[1-3]

$$\sigma_I^2 = \left(\frac{I - \overline{I}}{\overline{I}} \right)^2 \tag{5.1}$$

其中，I 为瞬时光强；$\overline{I}$ 为平均光强。

对于平面波，光强起伏的时间相关函数为

$$R(V_\perp \Delta t) = 8\pi^2 k^2 \int_0^L \mathrm{d}z \int_0^\infty \mathrm{d}\kappa \kappa \Phi(\kappa) J_0(\kappa V_\perp \Delta t) \sin^2 \left[\frac{\kappa^2 (L-z)}{k} \right] \tag{5.2}$$

其中，$V_\perp$ 为横向风速；Δt 为时间延迟；L 为光程长；κ 为湍流波数；J_0 为零阶贝塞尔函数。

光束沿 z 方向传播，三维湍流谱为

$$\Phi(\kappa) = 0.033C_n^2 \left[\kappa^2 + \left(\frac{2\pi}{L_0} \right)^2 \right]^{-11/6} \exp\left(-\frac{\kappa^2}{\kappa_m^2} \right) \tag{5.3}$$

其中，C_n^2 为折射率结构常数；L_0 为湍流外尺度。

$$\kappa_m = \frac{5.92}{l_0} \tag{5.4}$$

其中，l_0 为湍流内尺度。

取 $\Delta t = 0$，可以得到光强起伏方差的表达式，将光强起伏的时间相关函数做傅里叶变换即可得光闪烁功率谱，这里不再赘述。

$$\Phi(f) = 4\pi^2 k^2 \int_\varsigma \mathrm{d}\kappa \int_0^L \mathrm{d}z \Phi(\kappa) \sin^2\left[\frac{\kappa^2 z(L-z)}{2kL} \right] [(\kappa v_\perp)^2 - (2\pi f)^2]^{-1/2} \left[\frac{2J_1\left(\dfrac{D_t \kappa(L-z)}{2L} \right)}{D_t \kappa(L-z)/2L} \right]^2 \tag{5.5}$$

其中，$\varsigma = 2\pi f / v_\perp$；$v_\perp$ 为横向风速，在湍流池把它处理成所谓特征速度；J_1 为一阶贝塞尔函数。

考虑接收透镜的孔径平滑，光路的相干长度为

$$F = \sqrt{\lambda L} \tag{5.6}$$

取 $\lambda = 633\text{nm}$、$L = 4\text{m}$，则 $F = 1.6\text{mm}$，接收光栏的直径必须远小于 F，才能避免孔径平滑作用。

(2) 特征速度的定义

采用测量闪烁的方法确定特征速度。因光强起伏的空间相关和时间相关同样存在如下关系[4-9]，即

$$B_I(r) = B_I(V_{2Tz}\Delta t) \tag{5.7}$$

其中，V_{2Tz} 为横向平均特征速度。

相似地有

$$\begin{aligned} V_{2Tz} &\propto \delta V_\perp, \\ \delta V_\perp &= (\delta V_x^2 + \delta V_y^2)^{1/2} \end{aligned} \tag{5.8}$$

可得

$$V_{3Tz} = \sqrt{3/2}\, V_{2Tz} \tag{5.9}$$

从实测特征速度可以得到指标定义的特征速度。

3. 测试方法及装置

(1) 闪烁频谱测量

采用单模氦氖激光，经扩束和准直，由 PMT 接收。PMT 前的光阑直径为 0.3mm。

在光程较短的情况下，能够得到的最大湍流强度光强起伏方差不超过 0.2，为了得到较完整的频谱，激光器的噪声应尽可能小。由于闪烁频谱的下限频率不是很低，因此不需要太长采样时间，可在 1min 内。为了得到稳定的频谱，可将同一条件下的若干频谱(如 10 个)做平均。

(2) 均匀区域检测

湍流池在垂直方向上的尺度较小(35cm)，对流边界层的厚度、外界干扰决定均匀区域的大小，消除外界干扰才能得到最大的均匀区域。采取两条措施：一是湍流池内外基本没有气体交换；二是把外围温度提高到湍流池内的平均温度，减少热交换。第一条最为重要。对流边界层的厚度基本上不能改变。湍流池水平方向接近 100cm，因此均匀区域能做到足够宽。

所谓均匀，指在湍流池中心区域表征湍流特征的参数大致不变，有利于现有光传输理论的直接应用。因此，最方便的方法就是测量光束穿过通光孔不同位置的闪烁强度。

当使用小孔接收闪烁信号时，可能因为光斑光强分布不均匀，接收位置改变引起闪烁强度的变化很大，只有加大接收孔径到 1mm 以上，记录的闪烁强度才不和接收位置有关。大接收孔径的平滑作用使闪烁强度进一步减小。为了得到较高的信噪比，激光器除了要选用适当的孔径，还要具备低噪声的特点，因此尽管半导体激光器不是单模的，测试中仍需要采用。

激光束经准直后发射，接收器中心小孔放置在光斑的中心。均匀区域测量时激光束的位置如图 5.2 所示。

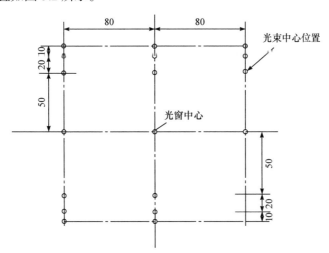

图 5.2　均匀区域测量时激光束的位置(单位：mm)

(3) 测试装置

光强闪烁测量示意图如图 5.3 所示。测试装置的每个测量位置测量 20 组数，每次取样时间 10s。

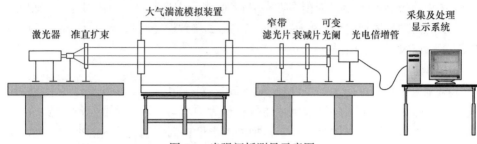

图 5.3　光强闪烁测量示意图

4. 测试结果

(1) 均匀区域测量

激光器使用半导体激光器。半导体激光器噪声相对较小，按光强闪烁测量示意图搭建测试光路，设定加热温差为 150°，启动系统进行加热，直到上下平板实际温差稳定在 150℃左右，启动 PMT 对应的 AD 采样程序进行测量，采样频率为 1kHz，实验共需测量 3 × 7=21 个点，单次测量时间为 10s，连续测量 20 次，将每次测量数据的方差保存，并记录不同位置点对应的闪烁强度方差(表 5.2)。数据分析结果表明，各个点方差平均值的波动不超过 15%。均匀性测试结果如图 5.4 所示。在 16cm 边长的方形区域内，闪烁频谱方差小于 15%(−11.64%～10.13%)，因此方形区域 16cm×16cm 中的湍流是均匀的。

表 5.2　不同位置点对应的闪烁强度方差

位置	80mm	70mm	50mm	0mm	−50mm	−70mm	−80mm
北	0.032	0.030	0.030	0.029	0.031	0.031	0.032
中	0.029	0.033	0.028	0.029	0.032	0.031	0.034
南	0.027	0.031	0.030	0.033	0.031	0.034	0.033

(2) 闪烁频谱测量

使用 He-Ne 激光器，产生的激光相干性较好，搭建测试光路，设定加热温差为 250℃，启动系统进行加热，直到上下平板实际温差稳定在 250℃左右，启动 PMT 对应的 AD 采样程序进行测量，采样频率为 1kHz，单次测量时间为 10s，测量时间过长可能会引入更多的低频噪声，测量次数为 3～5 次，根据测量数据做出相应的闪烁频谱图。230℃温差时闪烁频谱及 11 点平滑结果如图 5.5 所示。

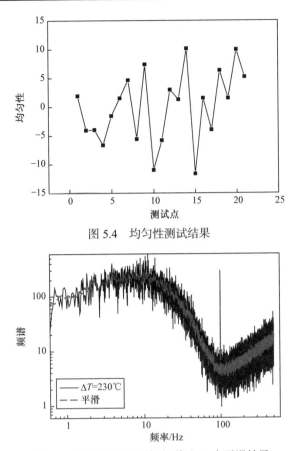

图 5.4　均匀性测试结果

图 5.5　230℃温差时闪烁频谱及 11 点平滑结果

5.1.2　基于四象限探测器的到达角起伏频谱测量

1. 性能指标

① 相位频率范围为 30～50Hz。

② 湍流外尺度为 20cm。

③ 湍流内尺度为 8mm。

④ 相干长度为 1～40cm。

⑤ 湍流强度稳定性为 15%。

2. 测试理论

(1) 到达角起伏频谱

为了测量相干尺度 r_0，通过测量资料的分析估计湍流池内外尺度[10-14]。Hogge

推导了望远镜测量到达角起伏方差的理论，采用 Cheon 根据 Cliford 计算的到达角起伏谱，即

$$S_\alpha(f) = \frac{64\pi^2}{b^2} \int_0^1 dz \int_\varsigma^\infty dk \sin^2(\pi f b / V_{2Tz}) \frac{\kappa\Phi(\kappa)}{[(\kappa V_{2Tz})^2 - (2\pi f)^2]^{1/2}} \left[\frac{2J_1\left(\frac{D_r \kappa z}{2L}\right)}{D_r \kappa z / 2L} \right]^2 \tag{5.10}$$

$$\varsigma = \frac{2\pi f}{V_{2Tz}} \tag{5.11}$$

其中，b 为接收平面上两点的距离，近似地用 D_r 接收透镜直径代替。

图 5.6 给出了到达角频谱的计算结果（$D_r = 110\text{mm}$、$V_{2Tz} = 0.1\text{m/s}$、$L_0 = 20\text{cm}$）。

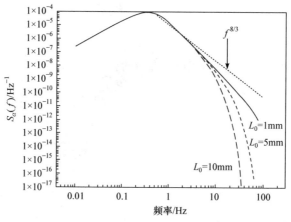

图 5.6　到达角频谱的计算结果

首先，所谓膝盖(knee)频率大致为 V_{2Tz}/L_0，惯性区的斜率为 -11/3，不是 -8/3；其次，内尺度对频谱有较大的影响。因此，有可能根据到达角频谱估计湍流的内外尺度。

(2) 相干长度 r_0

通过测量光波穿过湍流区引起的相位和强度变化，间接反演计算可以得到 C_n^2 的到达角起伏。通过 Fried 相干长度 r_0 表征湍流强度，即

$$r_0 = 0.185\lambda^{1.2}(C_{n0}^2 L)^{-3/5} \tag{5.12}$$

(3) 稳定性检测

在新一轮(从小温度差开始)测量不同温差条件下的 r_0，并在拟合曲线上找出对应的标定值，相减并计算方差。

3. 测试方法及装置

(1) 测量和分析方法

到达角起伏测量被广泛应用于湍流大气的光传输研究。湍流池湍流强度的指标 r_0 可以通过达到角起伏方差 $\overline{\alpha^2}$ 得到，即

$$r_0 = 3.18D^{-1/5}k^{-6/5}(\overline{\alpha^2})^{-3/5} \tag{5.13}$$

其中，$k = \dfrac{2\pi}{\lambda}$；$D$ 为透镜直径。

到达角起伏方差通过成像系统在焦平面像素质心运动计算，同时也可以计算相应的频谱。

此外，湍流池湍流的惯性区范围和内外尺度可以通过到达角起伏频谱估计出来。在准直激光束测量的频谱中，–8/3 幂率区和用温度脉动仪测量的–2/3 惯性区相对应，到达角频谱中的拐角频率和外尺度对应。

相干长度测量系统为整套设备的测试系统和光学湍流直接测量系统，可反映湍流池内的光学湍流参数，如相干长度等。相干长度测量子系统如图 5.7 所示。

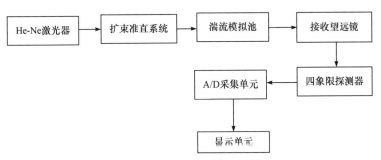

图 5.7　相干长度测量子系统

(2) 测试装置

相干长度和到达角测量系统如图 5.8 所示。相干长度和到达角测量系统由 He-

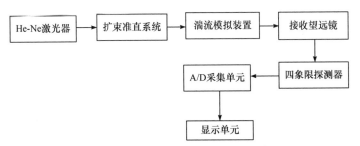

图 5.8　相干长度和到达角测量系统

Ne 激光器经过扩束准直系统后入射到湍流模拟装置,光束穿过装置内部湍流介质后,到达装置外部的接收望远镜,光束聚焦于 QD 探测器探测面上。由 A/D 采样光斑抖动方位值,经过计算得到光斑漂移方差,进而计算相干长度和到达角起伏。到达角起伏测量如图 5.9 所示。

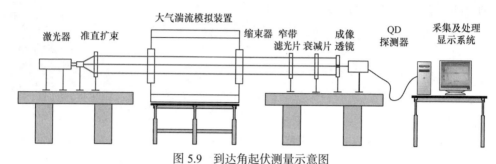

图 5.9　到达角起伏测量示意图

4. 测试结果

(1) 不同温差下的相干长度测量

逐步改变温差,重复实验,计算得出相干长度。每个温度差统计 3 个点,每个点取 100s 平均。不同温差下的相干长度测量 3 点平均结果如表 5.3 所示。

表 5.3　不同温差下的相干长度测量 3 点平均结果

温差 ΔT/℃	相干长度 r_0 /mm
5.0	241.75
9.6	119.08
20.00	53.26
38.1	29.45
80.1	15.25
99.6	12.06
149.8	9.50

(2) 外、内尺度估算

根据实验测量得到的闪烁频谱,将分析得到的速度进行二次曲线拟合,得到的特征速度拟合结果如图 5.10 所示。

拟合得到的二阶多项式为

$$V = 0.00756 + 3.17185T + 1.03491T^2 \tag{5.14}$$

估算内外尺度为

$$L_0 = v_{2Tz}/f_{L0} \tag{5.15}$$

$$l_0 = v_{2Tz}/f_{l0} \qquad\qquad (5.16)$$

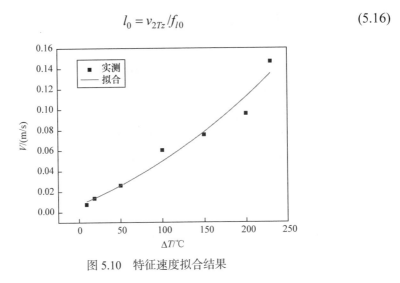

图 5.10　特征速度拟合结果

选取较高温差 199.8℃下的相位角频谱，结合特征速度，估算外尺度和内尺度，温差 199.8℃相位角起伏频谱测量结果如图 5.11 所示。

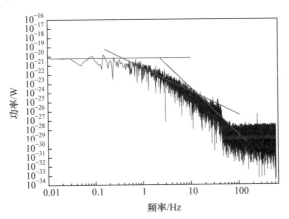

图 5.11　温差 199.8℃相位角起伏频谱测量结果

199.8℃温差下的相位起伏频率、外尺度和内尺度测量结果如表 5.4 所示。

表 5.4　199.8℃温差下的相位起伏频率、外尺度和内尺度测量结果

温差ΔT/℃	相位起伏频率	L_0/cm	l_0/mm
199.8	>50Hz	29.58	7.9

(3) 稳定性检测

从小温度差开始测量不同温差条件下的 r_0，并在拟合曲线上找出对应的标定

值，相减并计算方差。对第一次测量的数据进行拟合，其曲线表达式为

$$r_0 = a\Delta T^b \tag{5.17}$$

得到的拟合系数为 $a= 642.92052$、$b= -0.84913$。

相干长度稳定性测量结果如表 5.5 所示。

表 5.5　相干长度稳定性测量结果

温差ΔT/℃	相干长度 r_0 /mm
80	16.1
119.7	10.8
149.9	9.1
199.7	7.7

稳定性实验结果如图 5.12 所示。结果显示，稳定性误差在($-7.5\%\sim2.3\%$)，其中 1 为第一次测量，2 为第二次测量结果，Calibrated 为拟合标定曲线。

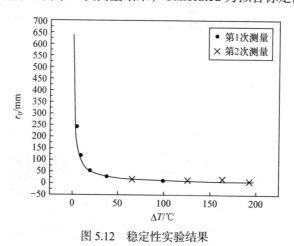

图 5.12　稳定性实验结果

5.2　大气湍流模拟装置与真实大气环境对比测试

5.2.1　实验装置组成

1. 发射系统

整个系统包括发射系统和接收系统两部分。发射系统由激光器、电源与调制单元、校准与扩束单元、双轴精密伺服转台、GPS 测量单元组成。测试装置发射系统如图 5.13 所示。

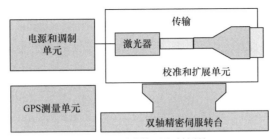

图 5.13　测试装置发射系统

光源选择波长为 808nm、最大功率为 3W、带宽为 3nm 的半导体激光器。光学系统孔径为 50mm，以 0.3mrad 的束散角发射激光，使用手动二维伺服转台实现发射系统在方位和俯仰方向上的调整。其方位方向的调整范围为水平全周，俯仰方向的调整范围为±30°。测试装置发射子系统实物图如图 5.14 所示。

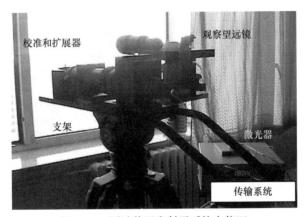

图 5.14　测试装置发射子系统实物图

2. 接收系统

接收系统由大口径望远光学单元、可变机械光阑、分光成像单元、CCD 相机、雪崩光电二极管(avalanche photo diode，APD)探测器、数据处理和分析单元、计算机测试系统组成。测试装置接收系统如图 5.15 所示。接收孔径 D=200mm，CCD 相机、APD 探测器的采样频率为 1000Hz。为了减小振动对测量实验的影响，将该接收组件固定在光学平台(300mm×600mm)上。为了实现光束对准需要手动调整方位和俯仰机构，测试装置接收子系统如图 5.16 所示。

数据处理和分析单元实现探测信号的采样、存储和分析，其包括高速 AD 采集卡、图像采集卡、PC 机、图像监视/处理软件、信号统计分析软件等。对探测数据进行统计分析，可获得光强起伏方差、光强起伏概率密度，对探测出的光强起伏数据进行傅里叶变换，可获得光强起伏的时间频谱。

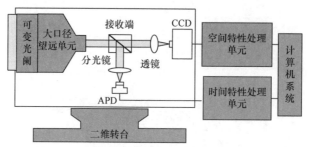

图 5.15　测试装置接收系统

图 5.16　测试装置接收子系统

5.2.2　实验结果分析

　　为了研究不同天气、时间、条件下的激光大气传输特性，基于上述实验装置，开展多次有针对性的激光传输特性测试实验。在长春理工大学科技大楼与第二教学楼之间开展激光野外传输实验，通过高帧频 CCD 和光电探测接收光信号，并使用计算机对探测数据进行 24h 不间断记录。此次测量实验的传输距离约 1km。野外激光传输路径示意图如图 5.17 所示。

　　1. 光强起伏分析

　　实验监测长春理工大学科技大厦 A 座到教学楼 1km 野外激光在大气中传输的光强闪烁特性。在实验过程中，大气能见度约为 20km、温度为 18°、湿度为 27%、风速为 2m/s，每次测试实验持续进行 0.5min，相邻两次采集相隔 10min，每次采集 30000 个样本。

　　实际测得的光强起伏概率密度如图 5.18 所示。此时，光强闪烁方差为 0.19。全天监测光强起伏，计算得到的实测光强闪烁日变化如图 5.19 所示。方差范围为

0.08～1.17，中午光强闪烁强烈。

图 5.17 野外激光传输路径示意图

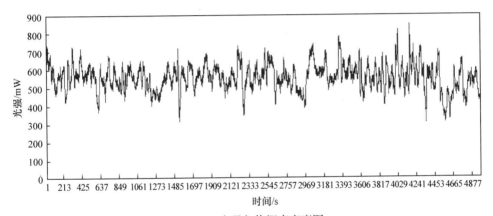

图 5.18 光强起伏概率密度图

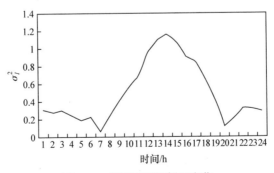

图 5.19 实测光强闪烁日变化

实测光强闪烁概率分布如图 5.20 所示。光强起伏分布呈现明显的对数振幅正态分布特征。另外，我们观测到中午湍流较强时，正态分布发生前移。

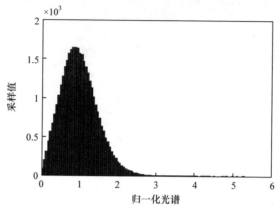

图 5.20　实测光强闪烁概率分布 $(\sigma_I^2 - 0.19)$

实测光强闪烁频谱如图 5.21 所示。研究表明，808nm 激光在大气中传输 1km 后对数振幅起伏频谱可以分为低频段(0.1～10Hz)和高频段(10～100Hz)两个区间。在低频段的主要部分，功率谱呈常数。在高频段的大部分范围，功率谱与频率呈 −8/3 指数变化关系，当时间频率达到 100Hz 后频谱迅速下降，更高频率处的无规律起伏可能是由噪声引起的[15-20]。

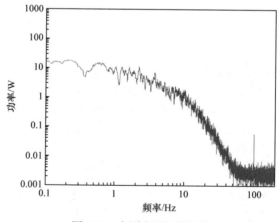

图 5.21　实测光强闪烁频谱

2. 大气折射率结构常数反演计算

光强闪烁法反演大气折射率结构常数，得到传播路径上的等效平均湍流强度是一种直接、有效的方法。根据光传播理论，当 Roytov 近似和 Kolmogorov 湍流谱的条件成立，就可由大气中传播时的对数光强起伏方差求出 C_n^2。采用基于 APD 的光强闪烁测量装置进行 24h 监测。后期反演得到的闪烁法测量结果如图 5.22 所示。

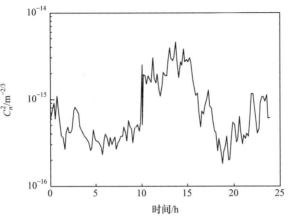

图 5.22　闪烁法测量结果

到达角起伏法是由以下两个公式联立求解的，即

$$\begin{cases} r_0 = 3.18k^{-6/5}D^{-1/5}\left\langle \alpha^2 \right\rangle^{-3/5} \\ r_0 = 0.185\lambda^{1.2}(C_n^2 L)^{-3/5} \end{cases} \tag{5.18}$$

其中，$k = \dfrac{2\pi}{\lambda}$ 为波数；D 为光入射孔径直径；$\left\langle \alpha^2 \right\rangle$ 为到达角起伏方差。

采用基于 QD 的到达角测量装置进行 24h 监测，后期反演得到的到达角法测量结果如图 5.23 所示。两种方法测量结果趋势相符，误差较小。由于光强闪烁测量装置简单、数据处理方便，因此选取光强闪烁法反演大气折射率结构常数。

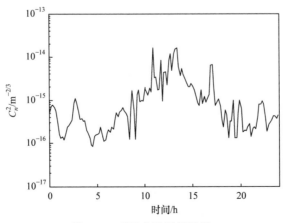

图 5.23　到达角法测量结果

3. 大气相干长度反演计算

到达角起伏法是测量大气相干长度最基本的方法。在水平方式传输的过程中，大气相干长度 r_0 为

$$r_0 = 3.18 k^{-6/5} D^{-1/5} \left\langle \alpha^2 \right\rangle^{-3/5} \tag{5.19}$$

其中，$k = \dfrac{2\pi}{\lambda}$ 为波数；D 为光入射孔径直径；$\left\langle \alpha^2 \right\rangle$ 为到达角起伏方差。

在此基础上，逐步发展为差分像运动法(differential image motion method, DIMM)。DIMM 通过测量同一波前上不同点的到达角相对起伏得到相干长度。1981 年，Roddier 得到的结果被广泛采用，并用来计算 r_0。DIMM 具有到达角起伏法无法比拟的优势，它对测量仪器本身的抖动、接收系统的光学质量、望远镜焦距的温度效应，以及信标光源亮度起伏等因素都是不敏感的，可以获得良好的测量精度[21]。

光强闪烁有孔径平滑效应，所测量的激光强度是通过一定尺度探测口径，经过一定探测响应时间后得到的，因此测量的大气相干长度曲线较为平缓，取值范围为 6.23～8.01cm。为减小差异，只有使用探测口径足够小、探测响应速率足够高的测试系统，但是这样会降低信噪比，影响实验数据的可靠性。差分像运动到达角法可以减小接收口径对测量结果的误差，使测量的结果更加真实，取值范围为 3.51～7.96cm。因此，应该选择差分像运动到达角法测量反演大气相干长度。

利用实验测量系统在近地面传播路径上进行实验观测，相干长度 r_0 随 C_n^2 变化的趋势如图 5.24 所示。由此可知，全天的大气相干长度最大值为 0.055m，小于接收孔径直径 0.2m，随着 C_n^2 的增大，r_0 逐渐减小为 0。

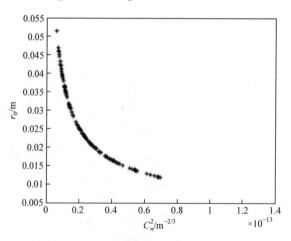

图 5.24　相干长度 r_0 随 C_n^2 变化的趋势

5.2.3　真实大气环境与模拟大气环境对比实验

1. 实验对比方案

热风对流式湍流模拟装置模拟的湍流大气相干长度 r_0、等效大气折射率常数 C_n^2、光强闪烁因子、到达角起伏方差，以及光束漂移方差等参数已经有了较为成熟的研究。本节利用湍流模拟装置模拟湍流，在频谱特性和概率密度分布特性方面与真实大气的对比进行分析研究。在长春市市区进行链路距离为 1km 和 6.2km 的激光大气传输实验。湍流模拟池长度为 1.5m，等效大气相干长度 r_0 的模拟范围为 1~40cm，并对所得结果与湍流池模拟的湍流进行比对分析。实验链路和实验装置图如图 5.25 所示。

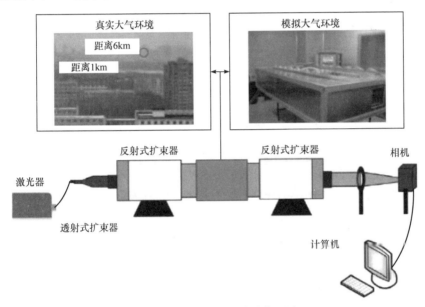

图 5.25　实验链路和实验装置图

测量真实大气链路时，对大气链路进行 24h 连续的测量，测量间隔为 10min。每次测量时，测量相机采集 15000 幅灰度值图像。室内模拟信道测量时，湍流池在大气相干长度 1~20cm 生成定量大气湍流，在 1~5cm，每隔 0.5cm 测量 5 次；在 5~10cm 每隔 1cm 测量 5 次；在 10~20cm 每隔 2cm 测量 5 次。测量的主要内容为大气湍流的光强闪烁和到达角起伏效应，测量相机一次同时完成这两个效应的测量。

2. 光强起伏频谱分析

光强闪烁功率谱如图 5.26 所示。真实湍流光强闪烁功率谱如图 5.26(a)所示，为 808nm 激光在大气中传输 1km 后的光强闪烁功率谱。模拟湍流光强闪烁功率谱如图 5.26(b)所示，为相同波长激光光束，采用同样测量手段，在室内湍流模拟装置中传输后的对数光强起伏功率谱。为了使对比更具有效性，特选取闪烁因子相近的两例测量样本，分别为 0.045 和 0.041。

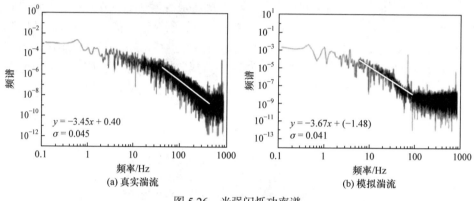

图 5.26　光强闪烁功率谱

由此可知，真实大气的对数光强起伏频谱，在 40～400Hz，频谱呈现−8/3 幂率，当时间频率达到 400Hz 后，频谱迅速下降，更高频率出现的无规律起伏由噪声引起；湍流模拟装置模拟湍流的对数光强起伏，其高频段仍然呈现−8/3 幂率，但是其特征频率区间为 10～100Hz，较真实大气信道频率区间略低。实际上，大量的实验数据表明，相比模拟环境与野外环境，湍流模拟装置模拟的湍流相对稳定，因此所得的频谱曲线要好于实际测量条件得到的。在湍流模拟装置的全部测量样本中，大多数测量样本功率谱高频段幂率均服从−8/3 分布，仅有少部分幂率高于−8/3。

3. 到达角起伏频谱分析

x 轴和 y 轴到达角起伏功率谱如图 5.27 和图 5.28 所示。由此可知，真实大气的到达角起伏对数频谱无论在 x 轴和 y 轴均能很好地满足低频部分按−2/3 幂指数规律变化，高频部分按−11/3 幂指数规律变化的规律。通过对大量真实大气测量数据的分析处理，到达角起伏对数频谱无论在 x 轴和 y 轴均与理论相符。室内湍流模拟装置模拟的湍流角起伏功率谱在 y 轴上能很好地满足理论幂率，并且测量结果呈现比较稳定的状态。

4. 概率密度分析

如图 5.29 和图 5.30 所示，在 x 轴上到达角起伏的概率分布可以很好地服从正态分布，在 y 轴到达角起伏概率密度分布无明显的分布规律。事实上，在大量的样本条件下，室内模拟装置的 x 轴到达角起伏概率密度函数均无很好的概率密度分布规律。这主要是因为实验采用的热风对流湍流模拟装置无横向侧风产生装置。

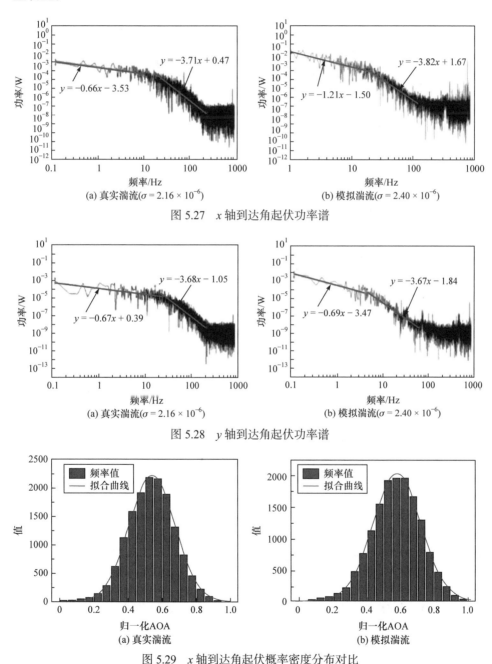

(a) 真实湍流($\sigma = 2.16 \times 10^{-6}$)　　　　　　　(b) 模拟湍流($\sigma = 2.40 \times 10^{-6}$)

图 5.27　x 轴到达角起伏功率谱

(a) 真实湍流($\sigma = 2.16 \times 10^{-6}$)　　　　　　　(b) 模拟湍流($\sigma = 2.40 \times 10^{-6}$)

图 5.28　y 轴到达角起伏功率谱

(a) 真实湍流　　　　　　　　　　　　　(b) 模拟湍流

图 5.29　x 轴到达角起伏概率密度分布对比

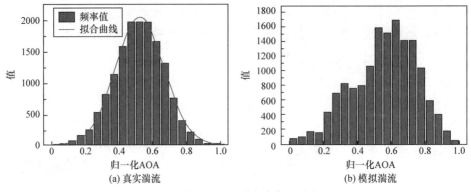

图 5.30　y 轴到达角起伏概率密度分布对比

光强闪烁概率密度直方图如图 5.31 所示。可以看出，无论是真实大气还是模拟大气，其正态分布拟合的相关因子 R^2 均在 0.996 以上。这说明，模拟装置产生的大气湍流造成的光强闪烁效应在概率密度分布上与真实大气是一致的。进一步增加湍流池长度，可以得到更强的闪烁效应。由于湍流池所选样本的闪烁因子略小于真实大气，因此湍流模拟装置样本光强闪烁概率密度直方图光强分布的幅度略大于真实样本。

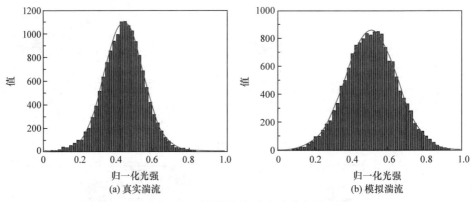

图 5.31　光强闪烁概率密度直方图

可以看到，对流式大气湍流模拟装置产生湍流的机理与真实大气相同，其模拟的大气湍流不仅在大气相干长度 r_0、大气折射率常数 C_n^2 等参数上符合真实大气湍流的规律，在频谱特性和概率密度分布特性上也比较接近真实的大气，可以真实地模拟大气湍流，为对流式湍流模拟装置模拟湍流提供可靠的依据。

5.3　大气湍流模拟装置偏振光传输特性测试

5.3.1　激光传输特性测试方案及装置

为了进一步研究激光传输特性测试原理、方法、装置的优缺点，开展哈特曼 (Hartmann)波前探测器的到达角起伏法、差分像运动法和 QD 探测器的到达角起伏法测量 r_0 实验，同时开展 Hartmann 的闪烁法和 PMT 的闪烁法测量光强闪烁频谱、反演 C_n^2 值实验。

1. Hartmann 波前传感器工作原理

Hartmann 波前传感器是自适应光学系统的关键部件，获取波前斜率和光束近场分布两部分。近场的波前相位可由测得的斜率通过 Zernike 多项式分解重构出来，而远场的强度分布评估可由斜率和近场强度分布获得，所以远场的特点也可由此获得[22]。

Hartmann 波前传感器依靠微透镜阵列获取波前信息，入射瞳内的波面被 Hartmann 分割为若干子波，每个子波被与各自对应的微透镜会聚在焦点上，然后分别成像到相机上，通过对视频信号处理可计算得到光斑重心位置，获得入射波前的斜率信息，再通过一定的波前复原算法重构畸变波前相位。微透镜的作用是使光瞳面上不同子孔径的光成像在 CCD 靶面的不同位置，每个孔径在像面上都对应一块专用成像面积。微透镜阵列产生的相应子光斑阵列的分布范围必须与 CCD 探测器靶面的大小相匹配。根据光斑质心定义，在离散采样情况下光斑质心的坐标位置为

$$x_c = \frac{\sum x_i E_i}{\sum E_i} , \quad y_c = \frac{\sum y_i E_i}{\sum E_i} \tag{5.20}$$

其中，E_i 为第 i 个 CCD 像素接收的光能信号；(x_i, y_i) 为第 i 个像素的坐标；(x_c, y_c) 为子光斑的质心坐标。

在测量变形波面之前，首先用无像差平行光校测波面传感器，记录每个微透镜形成的子光斑质心坐标为 (x_{c0}, y_{c0})；然后测量记录有相位畸变的光束形成的子光斑阵列。这些光斑阵列的质心位置记为 (x_c, y_c)。Hartmann 波前传感器原理图如图 5.32 所示。其相对偏移量为

$$\Delta x = x_c - x_{c0} , \quad \Delta y = y_c - y_{c0} \tag{5.21}$$

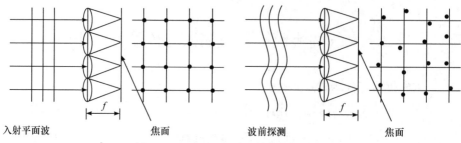

入射平面波　　　　　　焦面　　　　　波前探测　　　　　　焦面

图 5.32　Hartmann 波前传感器原理图

子孔径内入射光束的波面相位在 x 和 y 方向的平均斜率 S^x 和 S^y 为

$$S^x = \frac{1}{A_s} \iint_{A_s} \frac{\partial \phi(x,y)}{\partial x} \mathrm{d}x\mathrm{d}y = \frac{\Delta x}{f} \tag{5.22}$$

$$S^y = \frac{1}{A_s} \iint_{A_s} \frac{\partial \phi(x,y)}{\partial y} \mathrm{d}x\mathrm{d}y = \frac{\Delta y}{f} \tag{5.23}$$

其中，A_s 为子孔径面积；$\phi(x,y)$ 为入射光波前相位分布函数；f 为微透镜距。

得到斜率矩阵后，通过波前重构算法计算，得到重建的波面。波前相位分布函数 $\phi(x,y)$ 可以用正交的 Zernike 多项式展开，即

$$\phi_0(x,y) = \sum_{k=1}^{p} a_{0k} z_k(x,y) \tag{5.24}$$

其中，p 为模式数；a_{0k} 为第 k 项的 Zernike 多项式系数，代表测量波面的光学像差；z_k 为第 k 项多项式。

Zernike 多项式进行波前重建的实质，是建立 Zernike 多项式的项和波面传感器所测量的波前相位斜率之间的关系，求解出系数 a_{0k}，重建波面[22]。

2. 激光传输特性测试方案

探测大气折射率结构常数通过测量孔径内光能量的强度起伏，根据大气折射率结构常数与光强起伏的关系反演，可以得到大气折射率结构常数。

光波在经过湍流大气后，入射光的波前发生畸变起伏，使每个子孔径内接收的光强发生随机变化，根据在动态测量范围内 CCD 的输出信号与曝光量呈线性的特点，各个区域内像素的灰度值之和正比于入射到该子孔径内的子波的光强值。统计每个子孔径内对应像素的灰度值之和的起伏，并进行长时间的实验测量便可得到湍流大气扰动的光束的时间、空间光强起伏，进行归一化方差统计便得到光束在湍流大气中传输的光强起伏信息。在此基础上，统计若干个子孔径内的灰度值之和便可以得到任意形状和尺寸口径内的光强起伏方差。

对数光强起伏方差测量模型为

$$\sigma_{\text{lnI-SH}}^2 = \frac{1}{N_{\text{eff}} N_{\text{frame}}} \sum_{i=1}^{N_{\text{eff}}} \sum_{j=1}^{N_{\text{frame}}} (\ln I_{ij} - \langle \ln I_i \rangle)^2 \tag{5.25}$$

其中，I_{ij} 为第 j 帧图像第 i 个子孔径的光强总和；$\langle \ln I_i \rangle$ 为第 i 个子孔径光强总和的平均。

利用时间-空间平均法，先对单个孔径内的光强进行 N_{frame} 帧平均，得到 N_{eff} 个孔径上的对数光强起伏方差，再对 N_{eff} 个光强起伏方差求平均值得到 σ_{lnI}^2。

大气折射率结构常数的反演公式近似为

$$C_n^2 \approx 0.21\sigma_{\text{lnI}}^2 k^{7/6} L^{11/6} \tag{5.26}$$

其中，$k = \dfrac{2\pi}{\lambda}$ 为传播的波数；L 为传播的距离。

光强起伏方差可以由式(5.26)实际测量得到。综上所述，应用光强闪烁法反演 C_n^2 公式就可以测出 C_n^2 的值。

探测大气相干长度 r_0 是通过测量与前倾斜有关的两个子孔径的相移差得到的。探测到的波前斜率的均方差，当湍流遵循科尔莫戈罗夫统计时，子孔径间斜率结构函数值与大气相干长度 r_0 有关。微透镜探测原理示意图如图 5.33 所示。

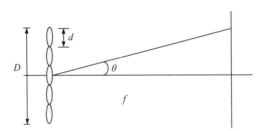

图 5.33　微透镜探测原理示意图

相干长度主要描述一个尺度范围在这个范围内空间相位起伏所导致的空间相干性退化，使平面波波阵面在接收孔径上呈现相位相干特性。由几何关系可知，入射到微透镜的波前到达角和光斑质心位置可用下式表示为

$$x = \alpha f \tag{5.27}$$

其中，f 为微透镜的焦距。

如果考虑整个光学系统的放大率，可知子孔径波前到达角 α 与 α' 满足

$$\alpha = \alpha' \frac{d}{D} \tag{5.28}$$

其中，D 为子孔径直径；d 为微透镜直径；d/D 为微透镜入瞳的角放大率。

由于大气湍流的影响，x 实际是一个随机变量。通过调校光学系统可以使光斑的晃动中心与窗口坐标系的原点重合，因此 x 正比于进入子孔径的波前到达角，方差为

$$\left\langle \alpha^2 \right\rangle = \frac{6.88}{(2\pi)^2} \lambda^2 r_0^{-5/3} D^{-1/3} \tag{5.29}$$

其中，λ 为波长；r_0 为大气相干长度。

3. 激光传输特性测试装置

实验系统实物图如图 5.34 所示。整个测量实验系统主要包括激光发射系统和激光接收系统。激光发射系统包括激光光源、衰减器、扩束准直器。激光接收系统包括光学望远镜、分光镜、缩束镜、Hartmann 波前传感器、小孔、PMT、QD 探测器和计算机。

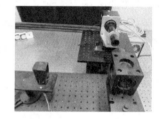

图 5.34　实验系统实物图

选择波长 λ=632.8nm 的 He-Ne 激光器作为发射源，参数指标如表 5.6 所示。

表 5.6　He-Ne 激光器参数指标

参数	指标
波长	632nm
功率	5mW
稳定性	±5%
发散角	3mrad
光学孔径	50mm
工作电流	(7±0.5)mA

选择三种探测器 PMT、QD、Hartmann 分别测量不同的大气湍流参数。三种探测器参数指标如表 5.7 所示。

表 5.7　三种探测器参数指标

参数	PMT	QD	Hartmann 探测器
	光子计数型	光子计数型	CA-DI 相机
采样频率	$f=1000$采样点/s	$f=1000$采样点/s	$f=650$帧/s
孔径个数	1	1	5×5 微透镜阵列
孔径直径/mm	0.1	2	20(全孔径)　0.23(子孔径)
波长范围/mm	260~1900	350~1500	300×10^{-6}~3000×10^{-6}
分辨率	—	—	128×128
像元尺寸	—	—	10.6μm×10.6μm

5.3.2　激光传输特性测试结果及分析

1. 光强闪烁功率谱分析

实验使用 Hartmann 和 APD 进行光强测量，对光信号进行 FFT，分析得到光强闪烁的功率谱。温差为 203.2℃时，两种探测器测量得到的光强闪烁功率谱如图 5.35 所示。可以看出，Hartmann 和 PMT 所测功率谱一致，功率谱呈现一定的分布规律，在功率谱曲线中有明显的高低频段转折点。

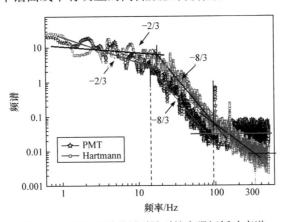

图 5.35　两种探测器所测量到的光强闪烁功率谱

它们的低频功率谱符合-2/3 规律，国内外许多类似的实验结果也验证了光强闪烁功率谱的低频段的发生区符合理论分析的-2/3 规律。但是，Hartmann 测量的低频部分存在一定的误差，有待进一步分析。进入功率谱曲线 10~100Hz 中高频段的惯性区，在功率谱的曲线呈现–8/3 规律分布，两条频谱曲线均以–8/3 幂率下降。这与科尔莫戈罗夫理论中的谱幂律近似相等，表明大气湍流情况与科尔莫戈罗夫理论近似相符。这些都说明，大气湍流模拟装置的大气折射率结构常数符合大气湍流的基本规律。功率谱曲线高频段尾端的耗散区的有效数据被白噪声信号淹没，无法测量出更高频的信号。对于高速激光通信应用，研究更高频率、低噪声的大气参数测量系统还有待解决。

实验同时使用 Hartmann 和 PMT 测量光强闪烁功率谱。闪烁功率谱对比如图 5.36 所示。可以看出，当 $f < f_0$ 时，Hartmann 和 PMT 所测功率谱均近似常量；当 $f > f_0$ 时，频谱进入惯性区域，两条频谱曲线均以–8/3 幂率下降，符合科尔莫戈罗夫谱；当 $f > f_{max\text{-}PMT}$ 时，PMT 所测频谱趋近于水平，完全进入耗散区，与真实情况不符。这说明，惯性区域向耗散区过渡区间被噪声信号淹没，只能表征惯性区对湍流谱的贡献。PMT 测得的最大闪烁频率 $f_{max\text{-}PMT} = 77.9\text{Hz}$。对于 Hartmann 所测闪烁频谱，其最大闪烁频率 $f_{max\text{-}SH} = 92.6\text{Hz}$。当 $f > f_{max\text{-}SH}$ 时，频谱曲线以比–8/3 幂率缓慢的速率向耗散区过渡，明显体现出部分更高频率依然对光波起伏频谱有贡献。当 $f > 300\text{Hz}$ 时，频谱完全进入耗散区。

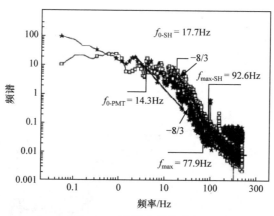

图 5.36　闪烁功率谱对比

图 5.37 所示为 Hartmann 在温差为 200℃时同一子孔径光强度不同时的闪烁功率谱。图中序号 1～5 分别对应同一子孔径不同入射光强的闪烁频谱。不同孔径上的光强总和用相应子光斑的灰度总和表示。由此可知，同一孔径入射光强不同时，对于序号为 1、2 的两条低光强频谱曲线，其孔径内灰度总和均小于 1000。当 $17.7\text{Hz} \leqslant f \leqslant 92.6\text{Hz}$ 时，进入惯性区域，功率谱以–8/3 幂率下降。然而，当子孔径上光强相对较强时(图中序号为 3、4、5 的频谱曲线)，五线段划分不明显。当 $f > f_0$ 时，根本不存在接近–8/3 的区域。此时，入射光强已超出 CCD 探测器的线

性区域，无法表征该湍流影响下的光强闪烁特征。因此，控制子孔径接收光强在CCD 探测器的线性区域内，对于闪烁频谱的准确测量十分重要，以确保后续测量结果的准确性。

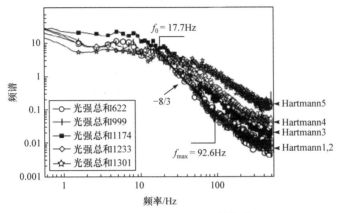

图 5.37 单孔孔径光强闪烁频谱

Hartmann 不同孔径上的光强闪烁频谱对比如图 5.38 所示。显然，不同子孔径上的闪烁功率谱的变化趋势不一致。序号为 3 和 15 的子孔径上的闪烁频谱在惯性区域内以−8/3 幂率下降，结果符合科尔莫戈罗夫谱，而序号为 7 和 11 的子孔径功率谱无法表征闪烁特性。

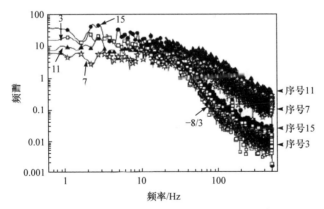

图 5.38 Hartmann 不同孔径上的光强闪烁频谱对比

2. 大气折射率结构常数 C_n^2 测量

Hartmann 和 PMT 所测大气折射率结构常数对比如图 5.39 所示。大气湍流模拟池在温差 10～200℃时，利用 Hartmann 和 PMT 探测器，根据闪烁法可以测量得到大气折射率结构常数对比图。由此可知，Hartmann 和 PMT 所测大气折射率

结构常数 C_n^2 的值有一个数量级的差别，但都属于中弱湍流范围，并且曲线变化规律一致。PMT 所测大气折射率结构常数的拟合如图 5.40 所示。两次测量曲线的变化趋势一致，说明大气折射率结构常数 C_n^2 随着温差的增加而增加。乘幂和指数拟合都能准确地描述曲线，但指数的拟合更加符合曲线的变化规律。

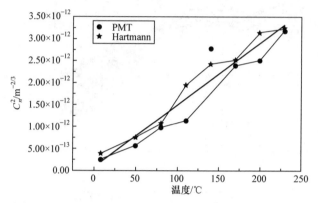

图 5.39　Hartmann 和 PMT 所测大气折射率结构常数对比

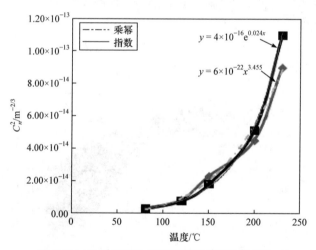

图 5.40　PMT 所测大气折射率结构常数的拟合

大气折射率结构常量对比如图 5.41 所示。当温差为 140℃时，PMT 测得的 C_n^2 值陡增，且高于 170℃时的 C_n^2 值，不满足温差越大 C_n^2 越大，说明 PMT 在湍流强度较强时可能出现闪烁饱和现象，在入射光强度过大或照射时间过长时，PMT 会出现电流衰减、灵敏度骤降的疲劳现象，使其测量值与大气湍流强度不符。如图 5.42 所示，Hartmann 的 C_n^2 值更接近拟合曲线，其相关系数为 0.96，而 PMT 相关系数为 0.87。因此，在湍流强度和背景噪声不影响的前提下，出现闪烁饱和现象时，Hartmann 的闪烁法比 PMT 闪烁法测得的 C_n^2 值更稳定。

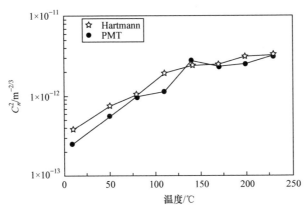

图 5.41　大气折射率结构常量对比

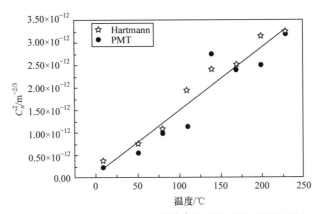

图 5.42　Hartmann 与 PMT 所测大气折射率结构常量的拟合

3. 大气相干长度测量

Hartmann 和 QD 测量得到的大气相干长度对比图如图 5.43 所示。Hartmann 和 QD 所测 r_0 的值相近，范围为 $1\sim11$cm，且曲线变化规律相一致，说明大气相干长度 r_0 随着温差的增加而减小。Hartmann 测量的 r_0 值与波前复原的 r_0 值一致。QD 在高频时测量的 r_0 值高出波前复原的 r_0 值。图 5.44 所示为 QD 测量得到的大气相干长度，范围为 $4.5\sim15$cm，Hartmann 测量可以得到更小的 r_0 值，对高频更加精确。乘幂和对数拟合都能准确描述曲线，但是乘幂的拟合更加符合曲线的变化规律。

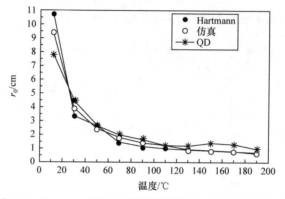

图 5.43　Hartmann 和 QD 测量得到的大气相干长度对比图

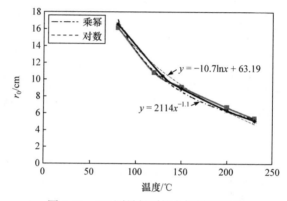

图 5.44　QD 测量得到的大气相干长度

如图 5.45 所示，当温差为 50℃时，Hartmann 的到达角起伏法所测 r_0 有突起，偏离总体递减趋势，说明到达角起伏法对于 Hartmann 的抖动较为敏感。QD 的到达角起伏法测量得到的 r_0 在温差 150~170℃突然升高，与 r_0 随温差的增大而减小的

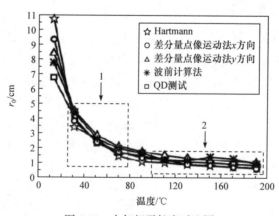

图 5.45　大气相干长度对比图

规律背离，说明 QD 随光斑位置、光斑半径不同，质心探测误差变化大。湍流对光信号的调制作用会改变光斑的能量与形状分布形式，而光斑特性的改变会对 QD 的输出产生影响。当温差较大、湍流较强时，光斑会出现破碎现象，使 QD 对于光束到达角的测量失效。

　　本节首先设计验证室内湍流模拟装置性能测试方案，并进行验证性实验，反演大气折射率结构常数、大气相干长度，获得了准确的实验数据，验证了理论结果的正确性，得出激光大气湍流模拟装置可以应用于激光大气传输特性实验，其控制系统具有良好的稳定性和准确性。然后，通过 Hartmann 波前探测器的到达角起伏法、差分像运动法和 QD 探测器的到达角起伏法所测 r_0 值进行对比，与 Hartmann 的闪烁法和 PMT 的闪烁法所测 C_n^2 值进行对比。最终，实验得出湍流特征测试的最优方法和设备。

参 考 文 献

[1] Cynthia Y. Turbulence induced beam spreading of higher order mode optical waves. Optical Engineering, 2002, 41(5): 1097-1103.

[2] Phillips R L, Andrews L C, Stryjewski J, et al. Beam wander experiments: terrestrial path. The International Society for Optical Engineering, 2006, 6303: 1-8.

[3] 黄宏华, 姚永帮, 饶瑞中. 根据到达角协方差测量大气湍流外尺度. 光学学报, 2007, 27(8): 1361-1365.

[4] 赵馨, 佟首峰, 姜会林. 四象限探测器的特性测试. 光学精密工程, 2010, 18(10): 2164-2170.

[5] Andrews L C, Phillips R L, Hopen C Y, et al. Theory of optical scintillation. Journal of the Optical Society of America A, 1999, 16(6): 1417-1429.

[6] Andrews L C. An analytical model for the refractive index power spectrum and its application to optical scintillations in the atmosphere. Journal of Modern Optics, 1992, 39(9): 1849-1853.

[7] Andrews L C, Phillips R L. Impact of scintillation on laser communication systems: recent advances in modeling. International Society for Optics and Photonics, 2002, 4489: 1-5.

[8] Andrews L C, Phillips R L, Hopen C Y. Aperture averaging and the temporal spectrum of optical scintillations. The International Society for Optical Engineering, 1999, 3866: 1-6.

[9] Andrews L C, Philips R L, Hopen C Y. Laser Beam Scintillation with Applications. Washington D.C.: SPIE Press, 2001.

[10] Andrews L C, Philips R L. Laser Beam Propagation through Random Media. Washington D.C.: SPIE Press, 1998.

[11] Andrews L C, Phillips R L.Laser Beam Propagation through Random Media. 2nd ed. Washington D.C.: SPIE Press, 2005.

[12] Allen L, Beijersbergen M W, Spreeuw R J C, et al. Orbital angular momentum of light and the transformation of Laguerre-Gaussian laser modes. Physical Review Applied, 1992, 45(11): 225-232.

[13] Arlt J K. Spatial transformation of Laguerre-Gaussian laser modes. Journal of Modern Optics,

2001, 48(5): 783-787.

[14] Clifford M A, Arlt J, Courtial J, et al. High-order Laguerre-Gaussian laser modes for studies of cold atoms. Optics Communications, 1998, 156(4-6): 300-306.

[15] Voelz D. Metric for optimizing spatially partially coherent beams for propagation through turbulence. Optical Engineering, 2009, 48(3): 36001.

[16] Xiao X, Voelz D. On-axis probability density function and fade behavior of partially coherent beams propagating through turbulence. Applied Optics, 2009, 48(2): 167-175.

[17] Flatte S M, Gerber J S. Irradiance-variance behavior by numerical simulation for planewave and spherical-wave optical propagation through strong turbulence. Journal of the Optical Society of America A, 2000, 17(6): 1092-1097.

[18] Chan V. Optical space communications. IEEE Journal of Quantum Electron, 2002, 6(6): 959-975.

[19] Robert G, Marshalek G, Stephen M, et al. System-level comparison of optical and RF technologies for space-to-space and space-to-ground communication links circa 2000. The International Society for Optical Engineering, 1996, 2699: 134-145.

[20] Toyoshima M, Leeb W R, Hunimori H, et al. Microwave and light wave communication systems in space application. The International Society for Optical Engineering, 2005, 5296: 1-12.

[21] Arie N J. Refraction effects of atmospheric in homogeneities along the path. The International Society for Optical Engineering, 2004, 5237: 105-116.

[22] 李晓峰. 星地激光通信链路原理与技术. 北京: 国防工业出版社, 2003.

第6章 大气环境偏振光传输偏振特性测试

6.1 基于大气湍流模拟装置的偏振传输特性测试

2003 年，Wolf 提出相干性和偏振性统一理论。该理论的优越性在于它可以预测随机电磁光束大量未知特性在传输过程中的变化情况。相干性和偏振性统一理论的提出，使定量判断随机电磁光束在任何线性介质内传输的相干度、DOP 及其频谱变化情况成为可能[1-6]。

随机电磁光束的谱 DOP 可以表示为

$$P(r,\omega) = \sqrt{1 - \frac{4\mathrm{Det}\vec{W}(r,r,\omega)}{(\mathrm{Tr}\vec{W}(r,r,\omega))^2}} \tag{6.1}$$

其中，Det 为求矩阵的行列式；$\vec{W}(r,r,\omega)$ 为距离 r，交角为 ω 的两点间交叉谱密度矩阵。

对于 Kolmogorov 湍流模型，有

$$\begin{cases} T = 0.98(C_n^2)^{\frac{6}{5}}k^{\frac{2}{5}}\sigma^{-2} \\ m = \dfrac{16}{5} \end{cases} \tag{6.2}$$

其中，C_n^2 为大气折射率结构常数；k 为波数；σ 为闪烁方差；m 为常数。

光束在湍流环境中传输，任意点 (ρ,z) 处的 DOP 为

$$P = \frac{\sqrt{\left(\dfrac{A_x^2}{\Delta_{xx}^2(z)}\exp\left(-\dfrac{\rho^2}{2\sigma^2\Delta_{xx}^2(z)}\right) - \dfrac{A_y^2}{\Delta_{yy}^2(z)}\exp\left(-\dfrac{\rho^2}{2\sigma^2\Delta_{yy}^2(z)}\right)\right)^2 + \dfrac{4A_x^2A_y^2\left|B_{xy}\right|^2}{\Delta_{xy}^4(z)}\exp\left(-\dfrac{\rho^2}{2\sigma^2\Delta_{xy}^2(z)}\right)}}{\dfrac{A_x^2}{\Delta_{xx}(z)}\exp\left(-\dfrac{\rho^2}{2\sigma^2\Delta_{xx}^2(z)}\right) + \dfrac{A_y^2}{\Delta_{yy}(z)}\exp\left(-\dfrac{\rho^2}{2\sigma^2\Delta_{yy}^2(z)}\right)}$$

$$\tag{6.3}$$

其中，(ρ,z) 为极坐标点；参数 A_i^2、Δ_{ij}^2 与光频率有关。

偏振传输特性的理论分析取得了一些成果，但是实验研究相对较少。本节开展基于室内大气湍流模拟装置的偏振传输特性实验,测量偏振传输特性变化规律,以期获得实验验证。

6.1.1　测试系统

在室内大气湍流模拟装置的基础上，结合激光发射及偏振参数检测装置，对湍流环境中激光偏振传输特性的变化规律进行实验研究。

该测试系统由激光发射端、大气湍流模拟装置和偏振参数测量装置三部分组成。激光偏振传输特性实验系统原理框图如图 6.1 所示。发射光束的偏振特性由偏振控制组件进行调节、控制，以获得不同初始偏振参数，经发射光学系统进行扩束、准直，压缩束散角后进入大气湍流模拟装置。在接收端，由接收光学系统进行缩束、整形，最后由偏振态测量仪对光束的偏振参数进行实时监测并记录。其中，偏振控制组件由起偏片和1/4 波片组成。同时，实验过程中大气湍流模拟装置的参数设置及变化情况也需要实时监测、记录，以便数据处理过程中的监测结果与监测环境相对应。δ 取不同值时的偏振光几何示意图如图 6.2 所示。

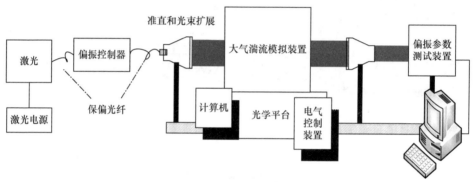

图 6.1　激光偏振传输特性实验系统原理框图

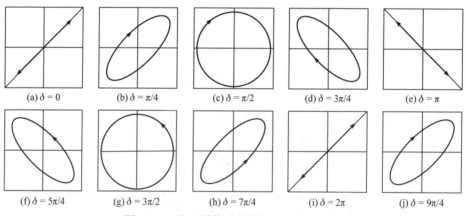

图 6.2　δ 取不同值时的偏振光几何示意图

采用 1550nm 波段激光进行测试，大气湍流模拟环境下激光偏振传输特性实验系统如图 6.3 所示。

(a) 发射端照片　　　　　　　(b) 大气湍流池　　　　　　　(c) 接收端

图 6.3　大气湍流模拟环境下激光偏振传输特性实验系统

6.1.2　测试结果

实验设置激光光源为 1550nm，方位角 θ =90°的垂直线偏振光和左旋圆偏振光。实验要得到标准的圆偏振光难度较大，因此选用椭圆率角 e = −45° 的左旋椭圆偏振光为研究对象，对其经过大气湍流模拟装置传输后的偏振态变化情况进行实验研究。

ΔT = 60℃ 条件下的偏振传输特性如图 6.4 所示。ΔT = 200℃ 条件下的偏振传输特性如图 6.5 所示。其中数据采样间隔为 1min。

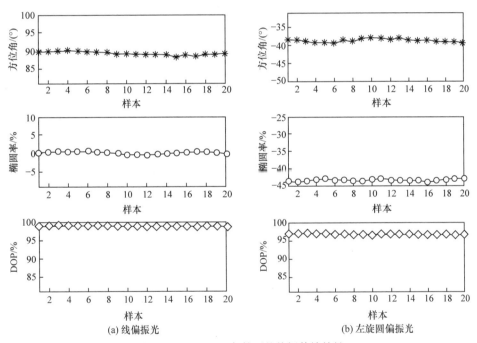

(a) 线偏振光　　　　　　　　　　　(b) 左旋圆偏振光

图 6.4　ΔT = 60℃ 条件下的偏振传输特性

实验表明，线偏振光经过大气传输之后，受大气湍流影响，表征其偏振态 (Azimuth 和 Ellipticity)和 DOP 的参数均产生随机变化，且随着湍流强度的提高，变化更加明显。对于圆偏振光来说，受湍流环境的影响，表征其偏振态和 DOP 的

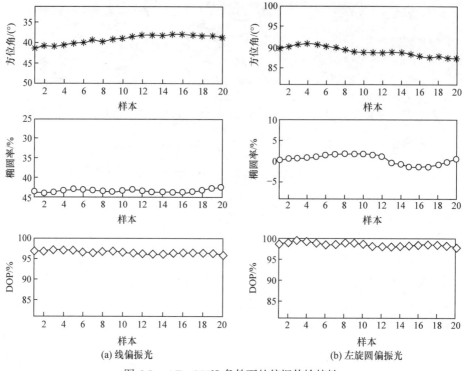

(a) 线偏振光　　　　　　　　　　(b) 左旋圆偏振光

图 6.5　　$\Delta T = 200℃$ 条件下的偏振传输特性

参数也发生了变化。具体表现为，在传输过程中，圆偏振光方位角发生随机转动。对于左旋圆偏振光来说，圆偏振光的长轴、短轴存在以下关系，即 $a \approx b$，所以方位角的随机转动对圆偏振光的偏振特性影响很小。此外，左旋圆偏振光在传输过程中的旋向(左旋)始终保持不变($e < 0$)。目前，一般采用圆偏振光传输的系统，大多采用旋向这一参数对不同偏振态的光波进行描述和判别，因此圆偏振光通过湍流环境可很好地保持原有旋向继续传输。

　　通过对以上实验的采样数据进行统计处理，可以得到两种偏振态光束在不同湍流环境下，线偏振光和圆偏振光在不同湍流条件下的偏振参数波动(表 6.1)。

表 6.1　线偏振光和圆偏振光在不同湍流条件下的偏振参数波动

湍流环境	偏振态	方位角/(°)	椭圆率/%	DOP/%
$\Delta T = 80℃$	线偏振光	2.311	2.012	0.832
$r_0 = 7.5cm$	圆偏振光	1.515	1.365	0.521
$\Delta T = 200℃$	线偏振光	3.323	3.126	1.513
$r_0 = 1cm$	圆偏振光	1.583	1.579	1.132

可以看出，在相同传输条件下，相对线偏振光来说，圆偏振光的退偏效果较弱，并且随着湍流强度的提高，影响也更严重，但是整体变化水平不明显。

光经过实际大气信道传输后，由于大气湍流的闪烁、折射、散射、偏折等影响，造成光信号的波前失真，引起光斑的强度起伏和光束质心漂移，并且随着距离的增加影响会更加明显；对偏振态的影响则不同，线偏振光经过大气传输后会出现较明显的退偏，而圆偏振光则表现出较弱的退偏现象，并且可以很好地保持原有旋向继续传输。通过以上研究可以看出，圆偏振光在大气信道中的传输具有优势。因此，在大气激光通信系统、偏振成像探测系统中考虑引入圆偏振，减小大气对光传输过程的影响，提高系统的探测信噪比等性能指标。

6.2　基于水雾、烟雾环境模拟装置的偏振传输特性测试

6.2.1　测试系统

在水雾与烟雾环境下进行偏振光传输特性测试，水雾、烟雾环境模拟装置实物图如图 6.6 所示。实验装置图如图 6.7 所示。选择 450nm、532nm 和 671nm 偏振光进行测试，经过发射光学系统准直、扩束后，利用旋转偏振片获得不同方向的线偏振光(水平线偏或垂直线偏)，利用加装1/4 波片获得圆偏振光(左旋或右旋)。经过散射介质传输后，接收端用偏振态测量仪和光功率计进行检测，记录激光经过水雾与烟雾环境后偏振特性的变化情况。

图 6.6　水雾、烟雾环境模拟装置实物图

(a) 发射装置

(b) 接收装置

图 6.7 实验装置图

6.2.2 测试结果

实验以 450nm、532nm 和 671nm 波长在 0°、90°、45°，以及右旋偏振光入射的情况下，分别检测在 9 种光学厚度的烟雾浓度下偏振度变化信息。

450nm 波长下 DOP 随光学厚度变化的关系曲线如图 6.8 所示。

532nm 波长下 DOP 随光学厚度变化的关系曲线如图 6.9 所示。

671nm 波长下 DOP 随光学厚度变化的关系曲线如图 6.10 所示。

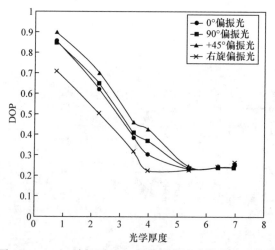

图 6.8 450nm 波长下 DOP 随光学厚度变化的关系曲线

可以看出，在烟雾浓度低时，散射以单次散射为主；烟雾浓度高时，散射以多次散射为主，并且衰减倍率逐渐增大，导致出射光的光强减小。在三种波段下，DOP 都随光学厚度的增大而减小，并且 0°、90°、+45°线偏振光的偏振特性变化趋势大致相同。在 450nm 波长下，圆偏振光的 DOP 随光学厚度的增加总是低于

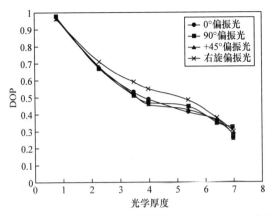

图 6.9　532nm 波长下 DOP 随光学厚度变化的关系曲线

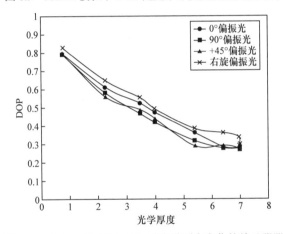

图 6.10　671nm 波长下 DOP 随光学厚度变化的关系曲线

线偏振光。在 532nm 波长下，光学厚度较小时，线偏振光的 DOP 大于圆偏振光。随着光学厚度的不断增大，圆偏振光的 DOP 下降缓慢且优于线偏振光，表现出更好的偏振特性。在 671nm 波长下，圆偏振光的 DOP 总是高于线偏振光。

6.3　基于非球形粒子烟雾环境模拟装置的偏振传输特性测试

6.3.1　测试系统

非球形粒子偏振传输特性实验利用水雾、烟雾模拟装置进行非球形粒子环境的模拟，从而得到偏振传输实验所需的非球形粒子环境，将制备的两种非球形粒子(燃烧灵芝孢子制备的椭球形粒子、甘油溶液产生的球形粒子)注入烟雾机,通过烟雾箱控制装置来控制烟雾机,对非球形粒子浓度进行调节,得到实验需要的粒子浓度,从而研究不同非球形粒子浓度情况下偏振传输特性的变化规律。

偏振光波长为 532nm 和 671nm 的激光器在发射端经过衰减片和偏振片后可以得到线偏振光,通过旋转偏振片的角度可以调整线偏振光为 90°方向([1 −1 0 0])、0°方向([1 1 0 0])、−45°方向([1 0 −1 0])和 +45°方向([1 0 1 0]),若线偏振光经过 1/4 波片,就可以调制成左旋圆偏振光([1 0 0 −1])和右旋圆偏振光([1 0 0 1])。激光接收端是偏振态测量仪,可以测量出射光的偏振态。

偏振传输实验的主要测量步骤如下。

① 校准偏振器件的度数。

② 根据实验需要,旋转偏振片和波片的角度可以在入射端得到不同状态的线偏振光和圆偏振光。

③ 将调制好的偏振光入射到非球形粒子模拟环境中,通过介质的散射作用,从出射窗口接收偏振信息。

④ 待非球形粒子环境均匀稳定后进行偏振特性测量,使用偏振态测量仪记录并计算不同角度的 Stokes 矢量,从而得到对应的 DOP,并进行多次实验取平均值,对得到的 DOP 进行整理绘图,得到不同入射角度的 DOP 曲线。

6.3.2　测试结果

1. 球形粒子偏振传输实验数据分析

偏振传输实验光源选用 532nm 和 671nm 的激光器。激光器的功率都调节到 10mW,偏振态测量仪使用 THORLABS 公司的 PAX5700。

为了保证实验平台的准确性和可靠性,需要对入射偏振光在空气介质中的 DOP 进行测量,当入射光为线偏振光时,DOP ≈ 1、DOLP ≈ 1、DOCP ≈ 0;当入射光为圆偏振光时,DOP ≈ 1、DOLP ≈ 0、DOCP ≈ 1。这说明,光学实验平台可以保证实验的可靠性,能够用于偏振传输实验。对于偏振数据的计算,对实验取平均值,将误差减小到最低,以保证实验数据的准确性。

非球形粒子偏振传输实验通过以下几种情况分析。

(1) 相同波长情况下,不同状态的入射偏振光 DOP 随光学厚度变化的实验曲线

相同波长情况下,不同状态的入射偏振光 DOP 随光学厚度变化的实验曲线如图 6.11 所示。随着光学厚度的增加,即介质浓度的增加,线偏振光和圆偏振光曲线都不断下降。对于线偏振光,4 条线偏振曲线下降的趋势基本是一致的,呈现指数下降趋势。对于圆偏振光,左旋圆偏振光和右旋圆偏振光的曲线下降趋势

也是一致的，下降得比线偏振光缓慢。对比线偏振和圆偏振曲线可以发现，当光学厚度小于 0.4 时，圆偏振曲线和线偏振曲线大致重合。在光学厚度在0.4~1.5时，圆偏振光的 DOP 大于线偏振光曲线的 DOP，并且差值不断增加，在光学厚度 1.5 处达到最大值，约为0.25。在光学厚度 0.8 和光学厚度 1.5 处分别是曲线的第一个拐点和第二个拐点。当光学厚度在1.5~3.0时，虽然圆偏振和线偏振差值减小，但是圆偏振的 DOP 还是远大于线偏振的 DOP，说明圆偏振的保偏能力比线偏振好。

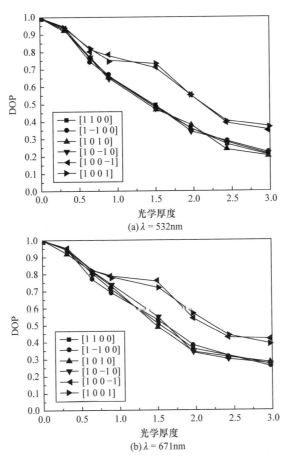

(a) $\lambda = 532\text{nm}$

(b) $\lambda = 671\text{nm}$

图 6.11　相同波长情况下不同状态的入射偏振光 DOP 随光学厚度变化的实验曲线

(2) 不同波长情况下，相同入射偏振光 DOP 随光学厚度变化的实验曲线

不同波长情况下，入射线偏振光 DOP 随光学厚度变化的实验曲线如图 6.12 所示。不同波长情况下，入射圆偏振光 DOP 随光学厚度变化的实验曲线如图 6.13 所示。线偏振光 DOP 在不同波长下变化趋势是基本一致的，以指数趋势衰减。

671nm 的曲线在 532nm 的曲线上方，保持着较大的 DOP。当入射光是圆偏振光时，波长为 532nm 的曲线和波长为 671nm 的曲线随着光学厚度的增加，DOP 的变化趋势也是一致的。

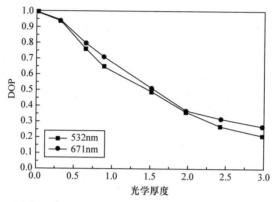

图 6.12　不同波长情况下入射线偏振光 DOP 随光学厚度变化的实验曲线

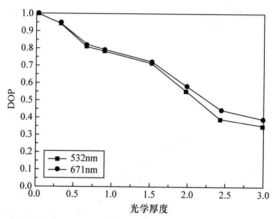

图 6.13　不同波长情况下入射圆偏振光 DOP 随光学厚度变化的实验曲线

2. 非球形与球形粒子偏振传输实验数据对比

(1) 非球形与球形粒子在相同波长不同状态偏振光情况下实验数据对比

532nm 波长情况下，非球形和球形实验数据图如图 6.14 所示。671nm 波长情况下，非球形和球形实验数据图如图 6.15 所示。

可以看出，不论是在非球形还是球形介质中，DOP 都随着光学厚度的增加而不断下降。对于非球形和球形粒子线偏来说，都是呈指数衰减下降。非球形粒子和球形粒子的圆偏曲线下降趋势要比线偏曲线缓慢。在相同的波长下，非球形的线偏曲线明显高于球形的线偏曲线，非球形的圆偏曲线也明显高于球形的圆偏曲

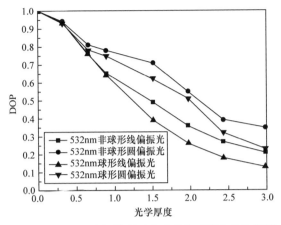

图 6.14　532nm 波长情况下非球形和球形实验数据图

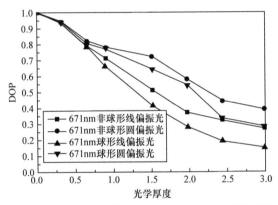

图 6.15　671nm 波长情况下非球形和球形实验数据图

线。这说明，非球形介质的保偏能力要好于球形介质的保偏能力。在半径差别忽略不计的情况下，球形粒子的吸收截面 σ_a 要比平均值大 19%左右，而非球形粒子的吸收截面 σ_a 在平均值附近，所以非球形粒子相比球形粒子可以减小粒子对能量的吸收，即非球形粒子可以保持较高的 DOP。同时，非球形粒子比球形粒子的平均散射截面 σ_s 小 13%左右。这说明，非球形粒子的散射概率相对于球形粒子要小，非球形粒子中保持原有偏振态光子的比例就会比较高，所以非球形粒子的保偏性能要比球形粒子的保偏性能好。

(2) 非球形与球形粒子在不同波长相同状态偏振光情况下实验数据对比

不同波长情况下，线偏振光非球形与球形实验数据图如图 6.16 所示。不同波长情况下，圆偏振光非球形与球形实验数据图如图 6.17 所示。

不同波长情况下，分别以线偏振光、圆偏振光的非球形与球形实验数据图。如图 6.16 所示，不同波长的非球形和球形线偏振光 DOP 随着光学厚度增加的下

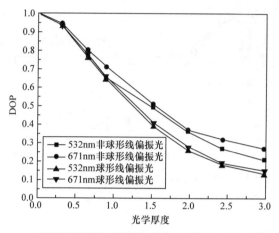

图 6.16　不同波长情况下线偏振光非球形与球形实验数据图

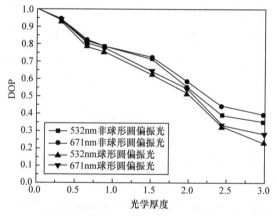

图 6.17　不同波长情况下圆偏振光非球形与球形实验数据图

降趋势基本一致，呈现指数下降趋势。但是，532nm 非球形线偏振光曲线要明显高于 532nm 球形线偏振光曲线，671nm 非球形线偏振光曲线要明显高于 671nm 球形线偏振光曲线。这证明，非球形粒子的保偏性要好于球形粒子的保偏性能。同时，671nm 的球形线偏振光 DOP 要高于 532nm 的球形线偏振光，说明球形粒子也满足 $Q_s \sim \dfrac{1}{\lambda^4}$，即波长的 4 次方和散射系数是反比关系，所以波长越长，散射系数越小，DOP 也越大。如图 6.17 所示，圆偏振光也满足和线偏振光相同的规律，非球形粒子和球形粒子的 DOP 都随着光学厚度的增加而不断减小，但是下降的趋势要比线偏振光下降趋势平缓，而且 532nm 非球形粒子圆偏振光的保偏性要好于 532nm 球形粒子，671nm 非球形粒子的圆偏振光保偏性要好于 671nm 球形粒子。

6.4　基于非均匀双层水雾环境模拟环境的偏振传输特性测试

6.4.1　测试系统

采用双层非均匀水雾模拟系统对偏振光传输特性进行测试，室内模拟水雾环境偏振光传输实验场景图如图 6.18 所示。

(a) 偏振光发射装置

(b) 偏振光接收装置

(c) 水雾模拟传输装置

(d) 环境参数监测

图 6.18　室内模拟水雾环境偏振光传输实验场景图

在双层非均匀水雾环境中进行实验，需要对双层非均匀水雾模拟装置的环境参数进行监测，以实现水雾参数的测试与反馈。实验采用马尔文粒度仪、温湿度传感器来实现对水雾模拟环境中水雾粒径分布和浓度等参数的测试，水雾湿度为 90%时，水雾粒子直径集中在 1~21.54μm（图 6.19）。水雾湿度为 77%时，扫描电镜观察到的水雾样本粒子形貌如图 6.20 所示。

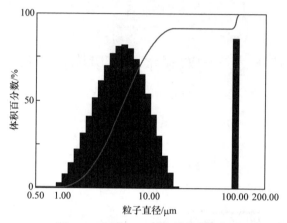

图 6.19　湿度 90%时水雾粒子直径

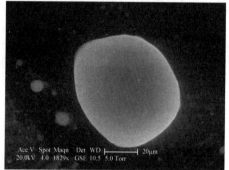

图 6.20　水雾湿度 77%时，扫描电镜观察到的水雾样本粒子形貌

　　实验通过设定水雾发生装置喷雾量，采用光学厚度表征的方法完成非均匀模拟环境浓度监测的方案设计。

　　由光功率计记录发射端入射光强和接收端出射光强，这样就将双层非均匀水雾环境光学厚度与充雾时间联系起来，通过控制充雾时间分别测量计算得到不同光学厚度的非均匀水雾环境。实验将第一层水雾作为对照组，第二层盐雾作为实验组(含盐量为 0.25%、0.5%、0.75%、1%)，通常海水的含盐量小于 3.5%，近海海域的海水含盐量变化较大，海雾的含盐量远小于海水。经多次测量，充雾 15s 后偏振态测量仪和光功率计数据趋于稳定，说明此时第二层盐雾粒子分布进入相对稳定状态。由此分别向盐雾箱充雾 20s、30s、40s、50s、60s，通过光功率计测量形成五种不同光学厚度(0.8、1.7、3.2、4.1、5.3)的盐雾环境。光学厚度与充雾采样点间的关系如表 6.2 所示。

表 6.2　光学厚度与充雾采样点间的关系

序号	充雾时间/s	光学厚度
1	20	0.8
2	30	1.7
3	40	3.2
4	50	4.1
5	60	5.3

对非均匀水雾传输介质采集湿度数据，在充雾过程中利用湿度传感器监测采集 6 种不同典型湿度海雾环境(记为 RH)，即 50%、60%、70%、80%、90%、100%，在不同典型湿度环境下对偏振光传输进行测试。

6.4.2　测试结果

1. 不同波长对 DOP 的影响

通过开展 450 nm、532 nm、671 nm 波长的偏振光，在 5 种不同光学厚度 0.8、1.7、3.2、4.1、5.3 的海雾环境中主动传输实验，得出 45°线偏振光和右旋圆偏振光的 DOP 随光学厚度变化的曲线。

根据 450nm 波长激光主动传输通过五种不同光学厚度的海雾介质，分析不同光学厚度海雾对 45°线偏振光和圆偏振光的 DOP 影响。45°线偏振光 DOP 随光学厚度变化的范围在 0.26～0.9，圆偏振光 DOP 随光学厚度变化的范围在 0.24～0.7；当光学厚度较大(>5)时，45°线偏振光与圆偏振光的 DOP 相差较小。随着光学厚度的不断增大，45°线偏振光与圆偏振光的 DOP 随之不断减小。在每种光学厚度的条件下，线偏振光的 DOP 均大于圆偏振光的 DOP。450nm 波长 DOP 随光学厚度变化曲线如图 6.21 所示。

根据 532nm 波长激光主动传输通过 5 种不同光学厚度的海雾介质，分析不同光学厚度海雾对 45°线偏振光和圆偏振光 DOP 的影响。45°线偏振光 DOP 随光学厚度变化的范围在 0.4～1，圆偏振光 DOP 随光学厚度变化的范围在 0.5～1；当光学厚度较小(<1)时，45°线偏振光与圆偏振光的 DOP 相差较小。随着光学厚度的不断增大，45°线偏振光与圆偏振光的 DOP 随之不断减小。在每种光学厚度的条件下，圆偏振光的 DOP 均大于线偏振光的 DOP。532nm 波长 DOP 随光学厚度变化曲线如图 6.22 所示。

根据 671nm 波长激光主动传输通过 5 种不同光学厚度的海雾介质，分析不同光学厚度海雾对 45°线偏振光和圆偏振光 DOP 的影响。45°线偏振光 DOP 随光学厚度变化的范围在 0.3～0.8，圆偏振光 DOP 随光学厚度变化的范围在 0.4～0.85。随着光学厚度的不断增大，45°线偏振光与圆偏振光的 DOP 随之不断减小。在每

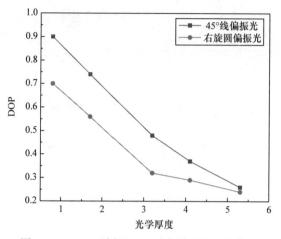

图 6.21　450nm 波长 DOP 随光学厚度变化曲线

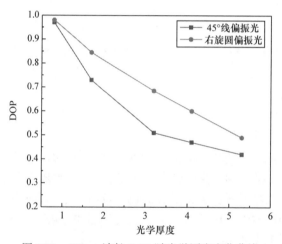

图 6.22　532nm 波长 DOP 随光学厚度变化曲线

种光学厚度的条件下，45°线偏振光与圆偏振光的 DOP 相差较小，且圆偏振光的 DOP 均大于线偏振光的 DOP。671nm 波长 DOP 随光学厚度变化曲线如图 6.23 所示。

　　根据 671nm 波长激光主动传输通过五种不同光学厚度的海雾介质，分析不同光学厚度海雾对 45°线偏振光和圆偏振光 DOP 的影响。45°线偏振光 DOP 随光学厚度变化的范围在 0.3～0.8，圆偏振光 DOP 随光学厚度变化的范围在 0.4～0.85。随着光学厚度的不断增大，45°线偏振光与圆偏振光的 DOP 随之不断减小。在每种光学厚度的条件下，45°线偏振光与圆偏振光的 DOP 相差较小，而且圆偏振光的 DOP 均大于线偏振光的 DOP。

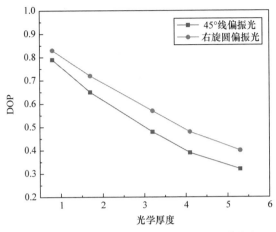

图 6.23 671nm 波长 DOP 随光学厚度变化曲线

通过对不同波长激光主动传输通过不同光学厚度的海雾传输介质，在室内半仿真模拟实验，分析 45°线偏振光和圆偏振光的 DOP 随光学厚度变化趋势的影响。实验结果表明，在 450nm、532nm、671nm 波长的激光下，DOP 都随光学厚度的增大而减小。在这三种波长下，随着波长的增加，圆偏振光的保偏性较线偏振光表现更显著，同时也表现出偏振光在海雾介质中的传输具有一定的波长依赖性。在球形粒子介质中，随着波长的增大，介质的折射率会随之减小，在一定程度上其散射作用也会相应减弱使其退偏程度降低，DOP 增大。在这三种波长下，DOP 随着波长的增大先增大再减小。这是由于海雾介质中非球形粒子随机取向使散射角发生变化，其散射效应与球形粒子存在一定的差异。在部分散射角方向，532nm 波长的 DOP 大于其他两个波长。

2. 不同偏振态对 DOP 的影响

为了进一步探究不同偏振态偏振光的 DOP 随光学厚度及含盐量的变化影响关系，以 532nm 波长偏振光为例，分析不同光学厚度和含盐量的海雾传输介质对不同偏振态偏振光 DOP 变化的影响。

对含盐量为 0 的水雾，不同偏振态偏振光 DOP 随光学厚度变化曲线如图 6.24 所示。

对含盐量为 0.25%的海雾，不同偏振态偏振光 DOP 随光学厚度变化曲线如图 6.25 所示。

对含盐量为 0.5%的海雾，不同偏振态偏振光 DOP 随光学厚度变化曲线如图 6.26 所示。

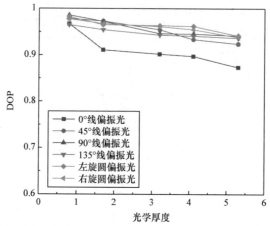

图 6.24　含盐量为 0 的水雾，不同偏振态偏振光 DOP 随光学厚度变化曲线

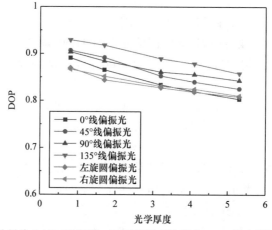

图 6.25　含盐量为 0.25% 的海雾，不同偏振态偏振光 DOP 随光学厚度变化曲线

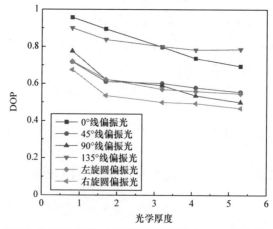

图 6.26　含盐量为 0.5% 的海雾，不同偏振态偏振光 DOP 随光学厚度变化曲线

对含盐量为 0.75%的海雾，不同偏振态偏振光 DOP 随光学厚度变化曲线如图 6.27 所示。

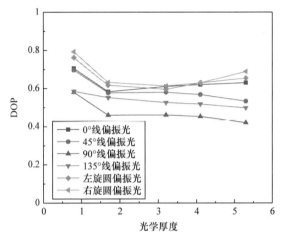

图 6.27　含盐量为 0.75%的海雾，不同偏振态偏振光 DOP 随光学厚度变化曲线

对含盐量为 1%的海雾，不同偏振态偏振光 DOP 随光学厚度变化曲线如图 6.28 所示。

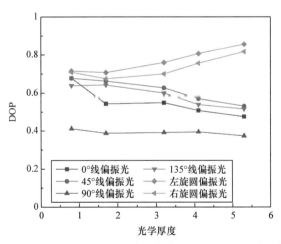

图 6.28　含盐量为 1%的海雾，不同偏振态偏振光 DOP 随光学厚度变化曲线

通过对不同光学厚度、不同含盐量的海雾传输介质在室内半仿真模拟实验，分析不同偏振态偏振光的 DOP 随光学厚度、含盐量变化趋势的影响。实验结果表明，不同偏振态的偏振光在光学厚度不断增加时(0.8、1.7、3.2、4.1、5.3)，其 DOP 不断减小；0°、45°、135°线偏振光和左旋、右旋圆偏振光的退偏最大量均在 50% 以内，90°线偏振光的退偏量最大为 60%。其中，90°线偏振光的退偏程度不断增

大，由于随着每组含盐量条件的增大，海雾粒子向下沉降的速率增大，并与90°线偏振光水平传输的振动方向一致所产生的结果；当含盐量在0.75%和1%时，圆偏振光DOP呈现略有升高的趋势，进而表现为圆偏振光的保偏性优于线偏振光。

3. 不同含盐量对DOP的影响

0°线偏振光在不同含盐量海雾中传输DOP随光学厚度变化曲线如图6.29所示。

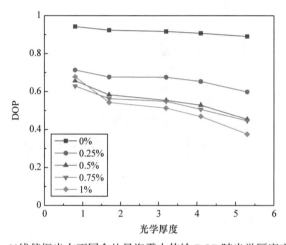

图6.29　0°线偏振光在不同含盐量海雾中传输DOP随光学厚度变化曲线

45°线偏振光在不同含盐量海雾中传输DOP随光学厚度变化曲线如图6.30所示。

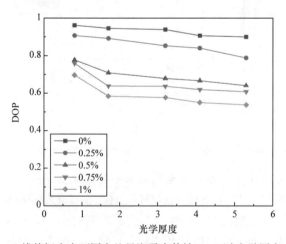

图6.30　45°线偏振光在不同含盐量海雾中传输DOP随光学厚度变化曲线

90°线偏振光在不同含盐量海雾中传输 DOP 随光学厚度变化曲线如图 6.31 所示。

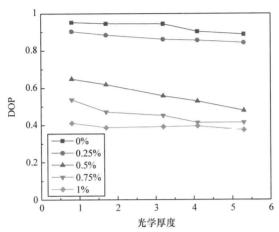

图 6.31　90°线偏振光在不同含盐量海雾中传输 DOP 随光学厚度变化曲线

135°线偏振光在不同含盐量海雾中传输 DOP 随光学厚度变化曲线如图 6.32 所示。左旋圆偏振光在不同含盐量海雾中传输 DOP 随光学厚度变化曲线如图 6.33 所示。右旋圆偏振光在不同含盐量海雾中传输 DOP 随光学厚度变化曲线如图 6.34 所示。

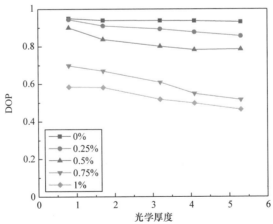

图 6.32　135°线偏振光在不同含盐量海雾中传输 DOP 随光学厚度变化曲线

分析在以上每一种偏振态偏振光下，不同含盐量的海雾传输介质对不同偏振态偏振光的 DOP 随光学厚度变化的影响。实验结果表明，当含盐量为 0%、0.25%、0.5%、0.75%、1%时，0°、45°、90°、135°线偏振光随着含盐量增加，DOP 均不

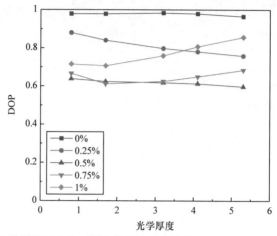

图 6.33　左旋圆偏振光在不同含盐量海雾中传输 DOP 随光学厚度变化曲线

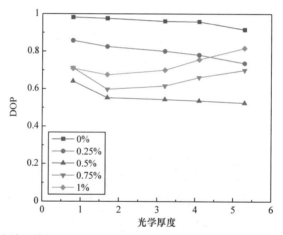

图 6.34　右旋圆偏振光在不同含盐量海雾中传输 DOP 随光学厚度变化曲线

断减小；当含盐量在 0%、0.25%、0.5%时，线偏振光和圆偏振光的 DOP 随着光学厚度增大均缓慢下降。随着含盐量增加到 0.75%、1%时，海雾粒子的粒径不断增大，传输介质的非球形效应会更加显著，导致对偏振光的散射作用增强，线偏振光 DOP 不断减小，圆偏振光相较于线偏振光的保偏性，表现为先减小再增大的趋势。这说明，随着含盐量的不断增大，传输介质非球形粒子的散射作用增强，圆偏振光相比线偏振光的保偏性较好。

4. 不同湿度对 DOP 的影响

除此之外，还进行了 450nm、532nm、671nm 波长偏振光主动传输通过不同典型湿度，即 50%、60%、70%、80%、90%、100%的海雾传输介质在室内模拟实验，得到不同波段在不同偏振态下的 DOP 随湿度的变化测试曲线。

根据 450nm 波长偏振光主动传输通过不同湿度海雾介质，分析不同湿度海雾对不同偏振态偏振光 DOP 的影响，即 0°线偏振光、45°线偏振光与右旋圆偏振光 DOP 随湿度的增大无明显变化，DOP 保持在94%～96%；右旋圆偏振光的 DOP 始终明显大于线偏振光。450nm 波长不同偏振态下 DOP 随湿度的变化测试曲线如图 6.35 所示。

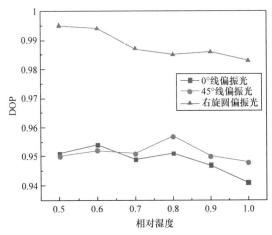

图 6.35　450nm 波长不同偏振态下 DOP 随湿度的变化测试曲线

根据 532nm 波长偏振光主动传输通过不同湿度海雾介质，分析不同湿度海雾对不同偏振态偏振光 DOP 的影响。0°线偏振光、45°线偏振光、右旋圆偏振光 DOP 随湿度增大变化趋于稳定。右旋圆偏振光的 DOP 始终大于线偏振光。532nm 波长不同偏振态下 DOP 随湿度的变化测试曲线如图 6.36 所示。

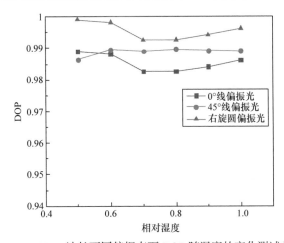

图 6.36　532nm 波长不同偏振态下 DOP 随湿度的变化测试曲线

　　根据 671nm 波长偏振光主动传输通过不同湿度海雾介质,分析不同湿度海雾对不同偏振态偏振光 DOP 的影响。右旋圆偏振光 DOP 随湿度的增大保持较高 DOP 且整体趋于稳定。右旋圆偏振光的 DOP 始终大于线偏振光。671nm 波长不同偏振态下 DOP 随湿度的变化测试曲线如图 6.37 所示。

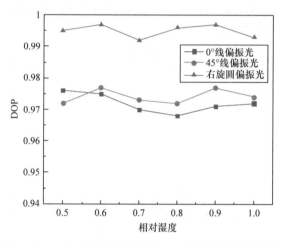

图 6.37　　671nm 波长不同偏振态下 DOP 随湿度的变化测试曲线

　　实验结果表明,随着环境湿度的增加,海雾气溶胶粒子的粒径也会随之增大。这会使非球形气溶胶粒子的散射作用增强,给偏振光在海雾环境中传输带来一定的影响。在海雾环境下,DOP 随湿度增加呈下降趋势,随着出射偏振光波长的增大,不同偏振态偏振光的 DOP 变化曲线均趋于平稳。在不同湿度条件下,圆偏振光的保偏性始终强于线偏振光。海雾箱中喷雾的流动带来雾团均匀性不稳定会造成一定的实验误差,通过多次实验测量来降低实验误差,总体规律可以得到有效验证。

　　通过对半实物仿真模拟海雾环境中偏振光传输实验结果分析,说明非球形粒子的散射作用对偏振光传输特性存在较大的影响。同时,在实时动态海雾环境中,对多个非球形粒子散射角的测量存在很大的难度障碍,需反演验证海雾非球形气溶胶粒子的传输散射特性。随着介质折射率的增大,其对散射的影响越来越显著。这一特性体现出海雾气溶胶粒子的非球形效应,通过实验得出基于海雾气溶胶的非球形效应偏振光在复杂海雾介质中传输特性的影响及规律。重复性实验结果在一定程度上使仿真结果得到了有效反演验证,需要外场实验测试在真实海雾环境下进一步反演验证,使结果更加可靠。

6.5　真实大气环境下偏振光传输偏振特性测试

6.5.1　测试系统

在外场实验条件下，利用激光偏振检测装置，对激光在线偏振和圆偏振两种调制模式下经过大气传输后的偏振特性进行研究。激光大气传输偏振特性测试实验框图如图 6.38 所示。

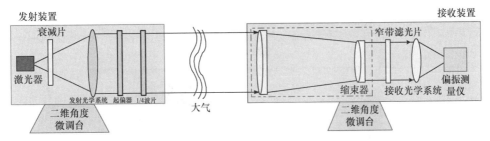

图 6.38　激光大气传输偏振特性测试实验框图

发射端波长为 808nm 的激光经过发射光学系统进行准直、扩束，利用偏振片和 1/4 波片调制线偏振光(水平线偏或垂直线偏)和圆偏振光(左旋或右旋)，经大气进行传输。接收端利用偏振态测量仪进行检测，观察激光经过大气传输后偏振特性变化的情况。激光大气传输偏振特性实验照片如图 6.39 所示。室外实验场景如图 6.40 所示。发射装置如图 6.41 所示。接收装置如图 6.42 所示。多参量数据记录如图 6.43 所示。

图 6.39　激光大气传输偏振特性实验照片

图 6.40　室外实验场景

图 6.41　发射装置

图 6.42　接收装置

图 6.43　多参量数据记录

6.5.2　测试结果

1. 激光大气环境中的偏振传输特性

研究不同雾霾天气环境、不同观测距离下线偏振光和圆偏振光的能量变化、偏振变化等光斑特性(不同激光波长、距离,不同偏振调制的激光传输)。激光波长为 808nm,发射功率约为 100mW,发射束散角约为 5mrad,传输距离为 1km,分别对未进行偏振调制、线偏振调制和圆偏振调制情况下激光在 1km 大气信道传输中偏振特性变化情况进行实验。未加偏振调制的激光经过 1km 大气传输后的偏振特性变化图如图 6.44 所示。

线偏振激光(偏振方向 90°)经过 1km 大气传输后偏振特性变化图如图 6.45所示。

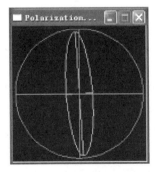
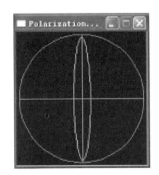

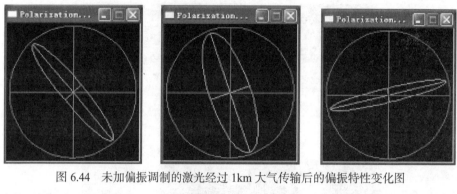

图 6.44　未加偏振调制的激光经过 1km 大气传输后的偏振特性变化图

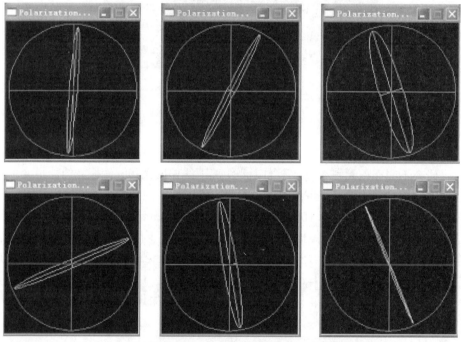

图 6.45　线偏振激光经过 1km 大气传输后偏振特性变化图

左旋圆偏振激光经过 1km 大气传输后偏振特性变化图如图 6.46 所示。

从研究结果来看，线偏振激光在大气中传输之后，DOP 和偏振态都有随机变化，即线偏振激光在大气传输过程中会发生退偏现象。对于圆偏振调制激光，在大气中传输后，其圆偏振态保持不变，只是由于大气湍流的影响，DOP 有所变化。激光经过大气传输后，由于大气湍流的闪烁、折射、散射、偏折等影响，会造成激光信号的波前失真，从而引起光斑的能量闪烁和质心漂移，并且距离越远，影响越明显。对偏振态的影响则不同，线偏振光经过大气传输后存在退偏现象，但是对于圆偏振光不存在退偏现象。对偏振传输光斑对比度进行测试，偏振传输光斑对比度的提高如图 6.47 所示。结果表明，偏振技术可将光斑信噪比提高至 2～4倍，并且背景噪声越强，偏振传输效果越明显。

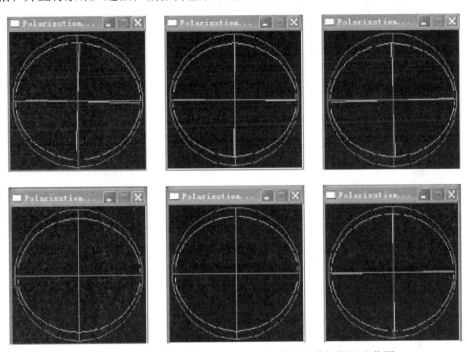

图 6.46　左旋圆偏振激光经过 1km 大气传输后偏振特性变化图

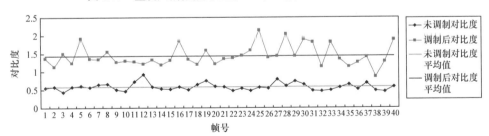

图 6.47　偏振传输光斑对比度的提高

激光波长为 808nm，发射功率约 100mW，发射束散角约 5mrad，传输距离为6 km，采集时间为 15:00～17:00，天气晴，能见度大于 15km。偏振初始状态图如图 6.48 所示。15:00 偏振激光经大气传输后偏振特性变化情况如表 6.3 所示。16:00 偏振激光经大气传输后偏振特性变化情况如表 6.4 所示。17:00 偏振激光经大气传输后偏振特性变化情况如表 6.5 所示。

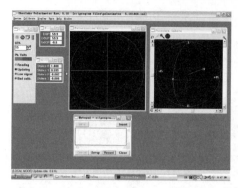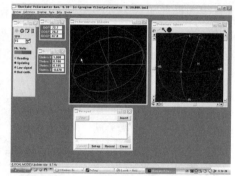

图 6.48　偏振初始状态图

表 6.3　15：00 偏振激光经大气传输后偏振特性变化情况

项目	线偏振激光(水平)			圆偏振激光(右旋)		
	DOP/%	DOLP/%	DOCP/%	DOP/%	DOLP/%	DOCP/%
1	92.5	92.5	0.8	95.4	30.7	90.4
2	92.6	92.6	0.7	95.2	30.7	90.1
3	92.5	92.5	0.7	94.8	30.1	90.0
4	92.9	92.9	0.5	94.8	29.5	90.1
5	92.2	92.2	0.7	95.0	29.7	90.2
6	91.9	91.9	0.8	94.9	29.5	90.1
7	92.1	92.1	0.7	94.7	29.6	90.0
8	92.4	92.4	0.5	94.9	30.4	89.9
9	93.1	93.1	0.5	94.7	30.1	89.8
10	93.2	93.2	0.3	94.9	29.8	90.1
11	93.0	93.0	0.5	94.9	30.1	90.0
12	92.7	92.7	0.7	95.1	30.0	90.2
13	93.1	93.1	0.8	94.9	30.0	90.0
14	93.1	93.1	0.6	94.8	29.7	90.0
15	93.4	93.4	0.8	94.8	29.6	90.0
16	92.8	92.8	0.7	94.8	29.6	90.0
17	92.7	92.7	0.6	94.9	29.9	90.1
18	93.0	93.0	0.5	94.9	29.8	90.1
19	92.8	92.8	0.6	94.9	29.8	90.1
20	92.9	92.9	0.5	94.9	29.8	90.1

表 6.4　16：00 偏振激光经大气传输后偏振特性变化情况

项目	线偏振激光(水平)			圆偏振激光(右旋)		
	DOP/%	DOLP/%	DOCP/%	DOP/%	DOLP/%	DOCP/%
1	94.4	94.4	0.9	96.4	30.4	91.5
2	94.3	94.3	0.9	96.4	30.4	91.5

续表

项目	线偏振激光(水平)			圆偏振激光(右旋)		
	DOP/%	DOLP/%	DOCP/%	DOP/%	DOLP/%	DOCP/%
3	94.4	94.4	0.8	96.4	30.4	91.5
4	94.4	94.4	1.0	96.4	30.4	91.5
5	94.4	94.4	1.0	96.4	30.4	91.5
6	94.4	94.4	0.8	96.4	30.5	91.4
7	94.5	94.5	0.7	96.4	30.5	91.4
8	94.4	94.4	1.0	96.4	30.4	91.5
9	94.3	94.3	0.9	96.4	30.5	91.4
10	94.5	94.5	1.1	96.4	30.5	91.4
11	94.5	94.5	1.1	96.4	30.5	91.4
12	94.5	94.5	0.8	96.5	30.4	91.5
13	94.5	94.5	0.8	96.4	30.4	91.5
14	94.5	94.5	0.7	96.4	30.5	91.5
15	94.5	94.5	0.7	96.4	30.4	91.5
16	94.6	94.6	0.8	96.4	30.4	91.5
17	94.5	94.5	0.7	96.4	30.4	91.5
18	94.4	94.4	0.7	96.5	30.4	91.6
19	94.4	94.4	0.7	96.5	30.2	91.6
20	94.4	94.4	0.5	96.5	30.3	91.6

表 6.5　17:00 偏振激光经大气传输后偏振特性变化情况

项目	线偏振激光(水平)			圆偏振激光(右旋)		
	DOP/%	DOLP/%	DOCP/%	DOP/%	DOLP/%	DOCP/%
1	95.7	95.7	1.1	98.1	30.7	93.2
2	95.6	95.6	1.0	98.4	30.4	93.6
3	95.7	95.7	1.0	98.4	30.3	93.6
4	95.7	95.7	0.9	98.5	30.3	93.7
5	95.7	95.7	1.0	98.6	30.2	93.8
6	95.6	95.6	1.0	98.5	30.3	93.8
7	95.4	95.4	1.0	98.5	30.2	93.7
8	95.5	95.5	1.1	98.5	30.4	93.7
9	95.6	95.6	1.2	98.5	30.5	93.6
10	95.6	95.6	1.3	98.5	30.7	93.7
11	95.5	95.5	1.3	98.5	30.6	93.6
12	95.5	95.5	1.3	98.5	30.8	93.5
13	95.5	95.5	1.1	98.5	30.7	93.6
14	95.6	95.6	1.2	98.5	30.8	93.6
15	95.8	95.7	1.1	98.5	30.8	93.6

续表

项目	线偏振激光(水平)			圆偏振激光(右旋)		
	DOP/%	DOLP/%	DOCP/%	DOP/%	DOLP/%	DOCP/%
16	95.9	95.9	1.1	98.5	30.8	93.5
17	95.8	95.8	1.0	98.5	30.8	93.5
18	95.6	95.6	1.0	98.4	30.6	93.6
19	95.6	95.6	1.0	98.4	30.4	93.6
20	95.6	95.6	1.1	98.5	30.5	93.6

在 15：00 进行的实验中，激光经过大气传输前是调制好的偏振光束，DOP 接近 100%。经过大气传输后，线偏振光和圆偏振光的 DOP 和偏振态都有小幅度随机变化。线偏振光 DOP 的变化的平均值为 0.3105%，圆偏振激光 DOP 的变化平均值为 0.0885%。

通过外场实验对大气环境中的偏振传输特性进行测试与分析，线偏振光和圆偏振光经过大气传输后均存在轻微退偏现象。由于大气能见度较好，退偏程度并不明显，线偏振光的退偏程度比圆偏振光的退偏程度稍大。

2. 偏振光雾霾天气传输实验

研究不同雾霾天气环境、观测距离下线偏振光和圆偏振光的变化。偏振光为波长 450nm、532nm、671nm，发射功率约 150 mW，发射束散角约 5 mrad，传输距离为 1km。实验分别对未进行偏振调制、线偏振调制和圆偏振调制情况下的激光在 1km 不同能见度传输中偏振特性变化情况进行实验。

(1) 不同波长下 DOP 随能见度的变化与分析

波长 450nm 时，6 种偏振态外场能见度实验如图 6.49 所示。波长 671nm 时，6 种偏振态外场能见度实验如图 6.50 所示。波长 532nm 时，6 种偏振态外场能见度实验如图 6.51 所示。随着能见度降低，DOP 下降，圆偏振光 DOP 高于相同波

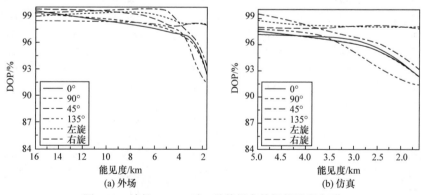

图 6.49　波长 450nm 时 6 种偏振态外场能见度实验

长线偏振光, 能见度较高(大于 8 km)时, 圆偏振光与线偏振光的优劣情况不明显;
能见度较低(小于 3 km)时, 圆偏振光的 DOP 高于线偏振光。

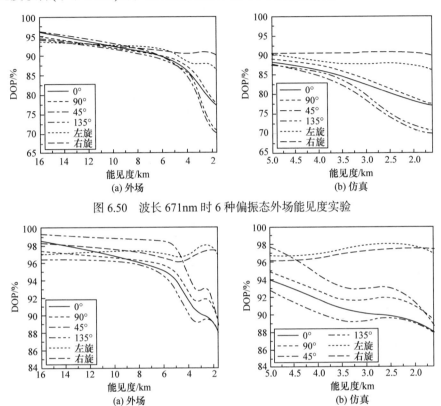

图 6.50　波长 671nm 时 6 种偏振态外场能见度实验

图 6.51　波长 532nm 时 6 种偏振态外场能见度实验

(2) 不同偏振角(angle of polarization, AOP)下 DOP 随能见度的变化与分析

不同偏振态在不同能见度的变化情况如图 6.52 所示。相同能见度下, 波长越

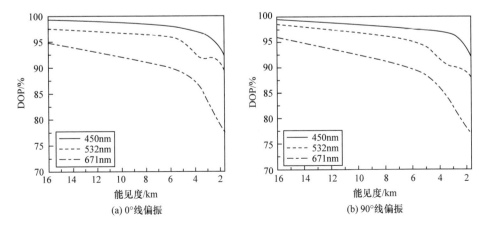

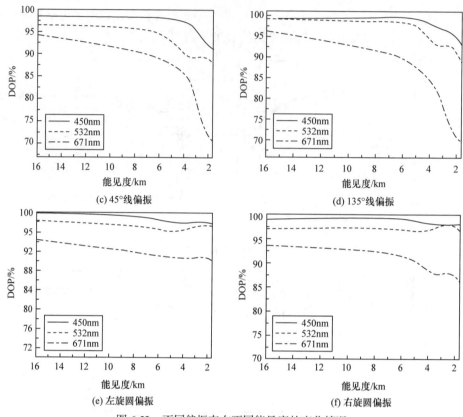

(c) 45°线偏振   (d) 135°线偏振

(e) 左旋圆偏振   (f) 右旋圆偏振

图 6.52　不同偏振态在不同能见度的变化情况

短，DOP 越高。随着能见度的降低，圆偏振光下降趋势慢于线偏振，表明受能见度的影响较小。

(3) 圆偏振和线偏振偏振态的变化与分析

在能见度 16km、10km、8km、5km、2km、1km 的条件下，线偏振光偏振态变化情况如图 6.53 所示。圆偏振光偏振态变化情况如图 6.54 所示。可见，能见度降低，线偏振变化较大；圆偏振椭圆率下降，但是旋性始终不变。

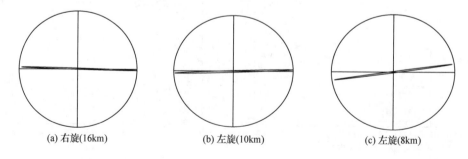

(a) 右旋(16km)   (b) 左旋(10km)   (c) 左旋(8km)

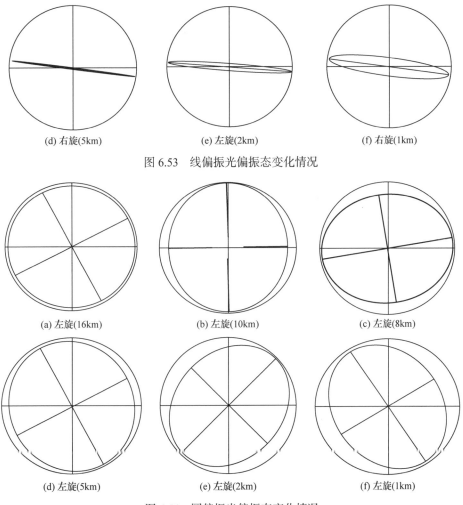

(d) 右旋(5km)　　　　　　　(e) 左旋(2km)　　　　　　　(f) 右旋(1km)

图 6.53　线偏振光偏振态变化情况

(a) 左旋(16km)　　　　　　(b) 左旋(10km)　　　　　　(c) 左旋(8km)

(d) 左旋(5km)　　　　　　　(e) 左旋(2km)　　　　　　　(f) 左旋(1km)

图 6.54　圆偏振光偏振态变化情况

参 考 文 献

[1] Namer E, Shwartz S, Schechner Y Y, et al. Sky less polarimetric calibration and visibility enhancement. Optics Express, 2009, 17(2): 472-493.

[2] Aron Y, Gronau Y. Polarization in the LWIR: a method to improve target aquisition. Proceedings of SPIE the International Society for Optical Engineering, 2005, 5783: 653-661.

[3] Firdous S, Ikram M. Mueller matrix modeling of atmospheric scattering medium through polarized laser beam// Aerospace Conference, 2005, 2005: 1963-1971.

[4] Leroux T, Boher P. Viewing angle and imaging polarization analysis of liquid crystal displays and their components. Molecular Crystals & Liquid Crystals, 2014, 594(1): 122-139.

[5] Chiu L D, Palonpon A F, Smith N I, et al. Dual-polarization Raman spectral imaging to extract overlapping molecular fingerprints of living cells. Journal of Biophotonics, 2015, 8(7): 546-554.

[6] Wiens R, Findlay C R, Baldwin S G, et al. High spatial resolution (1.1μm and 20nm) FTIR polarization contrast imaging reveals pre-rupture disorder in damaged tendon. Faraday Discussions, 2016, 187: 555-573.

第7章 大气环境偏振成像与偏振通信应用

7.1 基于微偏振片阵列的多谱段偏振成像探测

7.1.1 偏振成像探测技术

1. 偏振成像基本原理

通常采用 Stokes 矢量 $(S_0, S_1, S_2, S_3)^T$ 对光波的偏振状态进行描述，也可以写作 $(I, Q, U, V)^T$，其中 I 代表总光强，Q、U 代表不同角度的线偏振光分量，V 代表圆偏振光分量。

当利用偏振片探测任意角度的线偏振光强时，可以得到如下关系，即

$$\begin{bmatrix} I'(\theta) \\ Q'(\theta) \\ U'(\theta) \\ V'(\theta) \end{bmatrix} = M_p \begin{bmatrix} I \\ Q \\ U \\ V \end{bmatrix} = \frac{1}{2} \begin{bmatrix} 1 & \cos 2\theta & \sin 2\theta & 0 \\ \cos 2\theta & \cos^2 2\theta & \cos 2\theta \sin 2\theta & 0 \\ \sin 2\theta & \cos 2\theta \sin 2\theta & \sin^2 2\theta & 0 \\ 0 & 0 & 0 & 0 \end{bmatrix} \begin{bmatrix} I \\ Q \\ U \\ V \end{bmatrix} \tag{7.1}$$

其中，$I'(\theta) = \frac{1}{2}(I + Q\cos 2\theta + U\sin 2\theta)$ 为偏振片的角度为 θ 的探测光强值，此处选 θ 为 $0°$、$60°$、$120°$ 时的光强值计算 Stokes 矢量 (I, Q, U) 的值。

当利用波片和偏振片共同作用时，就能够对其中的圆偏振光进行探测，即

$$\begin{bmatrix} I'(\theta) \\ Q'(\theta) \\ U'(\theta) \\ V'(\theta) \end{bmatrix} = M_p(0°)M_R\left(\frac{\pi}{2}, \theta\right) \begin{bmatrix} I \\ Q \\ U \\ V \end{bmatrix}$$

$$= MM_R\left(\frac{\pi}{2}, \theta\right) \begin{bmatrix} I \\ Q \\ U \\ V \end{bmatrix}$$

$$= \frac{1}{2}\begin{bmatrix} 1 & 1 & 0 & 0 \\ 1 & 1 & 0 & 0 \\ 0 & 0 & 0 & 0 \\ 0 & 0 & 0 & 0 \end{bmatrix}\begin{bmatrix} 1 & 0 & 0 & 0 \\ 0 & \cos^2 2\theta & \sin 2\theta \cos 2\theta & -\sin 2\theta \\ 0 & \sin 2\theta \cos 2\theta & \sin^2 2\theta & \cos \theta \\ 0 & \sin 2\theta & -\cos \theta & 0 \end{bmatrix}\begin{bmatrix} I \\ Q \\ U \\ V \end{bmatrix} \tag{7.2}$$

其中，$I'(\theta) = \frac{1}{2}(I + Q\cos^2 2\theta + U\sin 2\theta \cos 2\theta - V\sin 2\theta)$ 为偏振片角度为 0°，以及波片角度为 θ 时探测的光强值，此时选取 θ 为 $\frac{\pi}{4}$ 与 $-\frac{\pi}{4}$。

当 $\theta = \frac{\pi}{4}$ 时，探测的光强值用 I'_l 表示；当 $\theta = -\frac{\pi}{4}$ 时，探测的光强值用 I'_r 表示，通过计算得到 Stokes 矢量 $V = I'_r - I'_l$。

综上所述，可得 Stokes 表达式，即

$$\begin{bmatrix} I \\ Q \\ U \\ V \end{bmatrix} = \begin{bmatrix} \frac{2}{3}(I'(0°) + I'(60°) + I'(120°)) \\ \frac{2}{3}(2I'(0°) - I'(60°) - I'(120°)) \\ \frac{2}{\sqrt{3}}(I'(60°) - I'(120°)) \\ I'_r - I'_l \end{bmatrix} \tag{7.3}$$

光的偏振参量变化可以很好地描述光的偏振态变化，其中 DOP 是光的偏振参量中重要的参数之一。DOP 的定义是偏振光分量占整个光波分量的比例，分为 DOP、DOLP、DOCP，其表达式分别为

$$DOP = \frac{\sqrt{Q^2 + U^2 + V^2}}{I} \tag{7.4}$$

$$DOLP = \frac{\sqrt{Q^2 + U^2}}{I} \tag{7.5}$$

$$DOCP = \left| \frac{V}{I} \right| \tag{7.6}$$

AOP 也是偏振参量中的重要参量，定义为两辐射分量之间的相位差，即

$$AOP = \frac{1}{2}\arctan\left(\frac{U}{Q}\right) \tag{7.7}$$

通过上述 Stokes 矢量的计算公式，就可以进一步求出偏振参量，进而得出探测目标的偏振信息。

2. 偏振成像的发展历程

美国早在 20 世纪 70 年代就开始进行偏振成像技术的研究工作，经过 50 年

的发展，目前已发展了多种偏振成像探测技术，根据实现年代、技术方案、核心器件等可以分为五类[1,2]。

(1) 机械旋转偏振光学元件型

始于 20 世纪 70 年代的第一种偏振成像技术为机械旋转偏振光学元件型，通过旋转偏振片和波片工作，为时序型工作方式。早期用照相胶片记录图像，曾装载在 U-2 高空侦察机上进行侦察。80 年代，随着电视摄像管和 CCD 芯片技术的发展，探测能力得到较大提高。但是，运动部件的体积、重量、抗震能力、环境适应能力难以满足应用的要求，同时时序型的工作方式使其适合静对静观测，因此对运动目标的观测或者运动载体上对目标观测的实现都很困难。图 7.1 所示为旋转偏振片型。

图 7.1 旋转偏振片型

(2) 分振幅型

80 年代产生的第二种偏振成像技术为分振幅型。它采用分束器将入射光分为 3~4 路，后接相应个数的探测器。各个探测器前加不同的偏振片，实现偏振信息的同时探测，再利用计算机解算。系统采用多光路多探测器方式工作，体积庞大、结构复杂，并且受原理限制适用于对单色光进行探测，后续解调算法也非常复杂。图 7.2 所示为分振幅型。

(3) 液晶可调滤光片型

90 年代初，随着液晶技术的成熟，人们以电压控制液晶分子偏转取代机械旋转来实现偏振图像探测，发展出第三种液晶型偏振成像装置。其体积重量大大减小，但是液晶对光的强衰减导致探测距离极其有限，同时电控不可避免的电噪声、发热等问题对探测精度影响严重，加之时序型工作方式导致其无法实时探测。图 7.3 所示为液晶可调滤光片型。

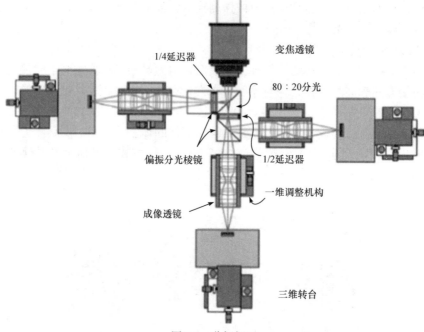

图 7.2　分振幅型

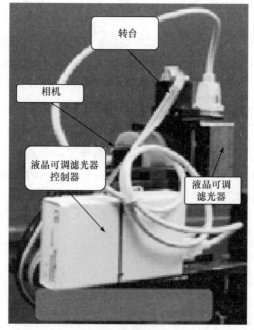

图 7.3　液晶可调滤光片型

(4) 分孔径型

90 年代后期出现的第四种偏振成像技术为分孔径型。它利用微透镜阵列将入射光分为四个部分，通过将一个探测器分为四个区域来实现用同一探测器接收，利用简单计算实现偏振成像。美国在此方面的研究处于领先地位，其相关研究得到美国航空航天局喷气推进实验室、美国空军研究实验室、美国空军科学研究办公室、美国陆军研究实验室等部门的支持，目前已研制出原理样机。美国航空航天局将其搭载在 C-130 飞机、航天飞机上对地表和海洋热源偏振目标进行探测，以提高天基红外导弹预警卫星的识别精度、降低虚警率。这种设备尚不具备圆偏振探测能力。图 7.4 所示为分波前型线偏振成像装置。

图 7.4　分波前型线偏振成像装置

(5) 分焦平面型和通道调制型

2000 年以后，偏振成像技术发展到第五种。第五种有两个分支，分别是分焦平面型和通道调制型。

分焦平面型出现于 2000 年，直接在探测器探测面阵每个像元前加入微型偏振片，四个为一组，可以实现偏振探测，系统微型化的特点明显。2012 年之前，人们探索实现了线偏振成像。2012 年 2 月，美国报道了圆偏振片的研究成果，有望在将来实现全偏振成像。开展该研究的主要有美国航空航天局喷气推进实验室、Moxtek 公司、亚利桑那大学、科罗拉多矿业大学、华盛顿大学圣路易斯分校等机构。其技术难点主要是微型线/圆偏振片阵列的工作机理、优化设计及其与 CCD 相机像元的精确配准等，大多处于探索阶段，性能指标离实用还有一定距离。图 7.5 所示为分焦平面型偏振成像装置及核心组元示意图。

通道调制型的雏形出现于 2003 年，它利用位相延迟器将不同位相因子分别同时调制到各线/圆偏振分量上，通过成像透镜傅里叶变换在探测器面阵上分开，再通过计算机解调实现全偏振成像探测。2003 年，日本北海道大学实现了目标单色光实时探测，2008 年实现了单色偏振成像。2011 年，美国亚利桑那大学将其工

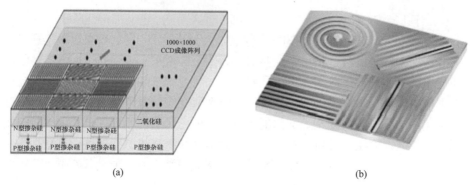

(a)　　　　　　　　　　　　　　　　　(b)

图 7.5　分焦平面型偏振成像装置及核心组元示意图

作波段扩展到 50nm，提升了光通量和探测距离，但是受器件结构限制，成像质量尚待提高。图 7.6 所示为通道调制型偏振成像装置。表 7.1 所示为偏振成像发展历程。

图 7.6　通道调制型偏振成像装置

表 7.1　偏振成像发展历程

时间	类型	典型特征	典型应用领域
20 世纪 70 年代	旋转偏振片型	时序式、机械旋转、体积中等、(准)静态成像	气象探测等
20 世纪 80 年代	分振幅型	多光路、多探测器、体积庞大、可实时成像	地物探测等
20 世纪 90 年代	液晶调制型	时序式、电控旋转、体小但光通量低、(准)静态成像	科学实验等
20 世纪 90 年代后期	分孔径型	多光路、单探测器、体积小、实时线偏振成像	近地空间监测等
2000 年至今	分焦平面型	单光路单探测器、全偏振、实时成像、小型集成化	着重面向应用
2003 年至今	通道调制型	单光路、单探测器、全偏振、实时成像、轻小模块化	着重面向应用

7.1.2　基于微偏振片阵列的多谱段偏振成像探测方案

1. 微偏振片阵列偏振成像方案

(1) 微偏振片阵列方案

将微偏振片阵列集成在感光芯片上，微偏振片阵列的单元大小与要集成的感光芯片的像素单元大小完全一致，并将微偏振片阵列的单元与感光芯片像素单元一一对准。该探测器的优势在于采集单帧图像即可获得水平、垂直、对角线线偏振及圆偏振四幅不同检偏方向的图像。受刻划工艺的限制，很难满足在单个像素上实现圆偏振信息的刻划，因此采用将探测器靶面平分为 2×2 个区域的方式，探测到的光强分别为光经检偏方向为 0°、90°、45°和圆偏振片后的光强图像。图 7.7 所示为像元划分设计方案，其中有 4 幅同等分辨率不同偏振方向的图像。由于在对像素分区域过程中，带有偏振多参量探测信息的图像像素损失了一半，因此采用对相邻两个像素间插值的方式弥补像素数，采用线性插值方法将相邻两个像素间的空值区域数据补齐，以便得到四幅不同检偏方向的完备图像，其光强值分别为 $I(0°)$、$I(45°)$、$I(90°)$和 $I(R)$。其中包含 $\frac{1}{2}$ 的空值区域，用差值平均方法将空值区域补齐，最终实现 4 个 Stokes 偏振多参量探测参量的实时探测，满足像素大小的需求。

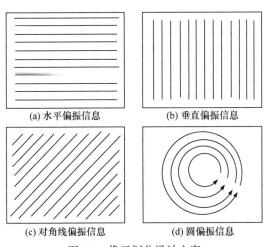

图 7.7　像元划分设计方案

(2) 微偏振片阵列设计与实现

分焦平面偏振成像技术的重点在于获得性能良好、易于制备的全 Stokes 矢量微偏振片阵列。在深入研究微纳格栅偏振选择性透过机理的基础上，对获得全 Stokes 矢量微纳格栅的结构和相应的参数进行优化设计，并对其偏振透过特性进行模拟计算，为分焦平面全偏振探测技术提供理论和技术支持。设计思想在于，基于对微纳线格栅和微纳圆格栅偏振选择性透过特性的研究，在可见光波段范围内，通过优化结构参数，提高其偏振选择性透过性能(高偏振透过率、高消光比和宽光谱带宽)。

根据微偏振片阵列制作工艺的不同，微偏振成像技术大致可分为基于含碘化物聚乙烯醇(polyvinyl alcohol，PVA)薄膜、基于液晶材料、基于金属微纳光栅。比较三种技术的优缺点，基于金属微纳光栅的方法像素间串扰最小，而且偏振性能最稳定，偏振效果最好，所以选用基于金属微纳光栅的制作方式。除了制造工艺会影响微偏振片阵列的性能，微偏振片阵列的各个设计参数也会影响微偏振片阵列的性能，从而影响成像质量。

在面源上镀制金属膜，采用离子束刻划技术刻划微偏振片，可以解决探测器与微偏振片阵列结合时像元匹配的难题。按照现有的可见光、红外探测器阵列大小，初步采用对探测器靶面划分 2×2 区域的方式，设计制作偏振片阵列，利用偏振片阵列替代原有器件。采用相邻两边结构定位方式保证偏振片阵列与探测器区域的一一对应。图 7.8 所示为探测器与微偏振片阵列结合时像元尺寸匹配方案示意图。

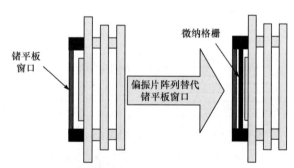

图 7.8　探测器与微偏振片阵列结合时像元尺寸匹配方案示意图

(3) 微偏振阵列成像误差分析与修正

在利用偏振实时探测成像时，最显著的优点是可以对场景中的每个像素进行全偏振测量。探测器的一个像元只能响应目标在其中一个偏振方向的光强度，若要计算偏振信息获取偏振图像，就要获得每一个像元在四个偏振方向(0°、45°、90°、135°)的光强度。根据微偏振实时成像技术的成像方式可知，每个像元对应的视场角是不一样的，因此相邻像素的瞬时视场(instantaneous field of view, IFOV)原则上是不重叠的，直接进行偏振信息计算时会引起一个像素的配准误差。因此，需要对瞬时视场误差进行分析，并进行瞬时视场误差修正。

传统多项式差值方法往往不考虑插值误差，本节使用结合牛顿多项式插值和偏振差分模型对插值误差进行估算，在偏振差分域中加入边缘分类器，减少在重

建时由物体边缘等高频信息导致的插值误差。图 7.9 为牛顿多项式插值的 7×7 像素邻域，利用牛顿多项式与泰勒公式可得

$$\tilde{I}_{90}(i,j-1) \approx \frac{I_{90}(i,j-2)+I_{90}(i,j)}{2} - \frac{I_{135}(i,j+1)-2I_{135}(i,j-1)+I_{135}(i,j-3)}{8}$$

$$(7.8)$$

偏振差分域内 45°对角方向的插值预测器定义为

$$\hat{I}_0^{45°}(i,j) = I_{90}(i,j) + \frac{I_0(i+1,j-1)+I_0(i-1,j+1)}{2} - \frac{\tilde{I}_{90}(i+1,j-1)+\tilde{I}_{90}(i-1,j+1)}{2}$$

$$(7.9)$$

偏振差分域内–45°对角方向的插值预测器定义为

$$\hat{I}_0^{-45°}(i,j) = I_{90}(i,j) + \frac{I_0(i-1,j-1)+I_0(i+1,j+1)}{2} - \frac{\tilde{I}_{90}(i-1,j-1)+\tilde{I}_{90}(i+1,j+1)}{2}$$

$$(7.10)$$

令 $\varphi^{45°}$ 和 $\varphi^{-45°}$ 分别为 45°和–45°对角线方向的损失值，定义为

$$\varphi^{45°} = \sum_{m=\{-2,0,2\}} \sum_{n=\{-2,0,2\}} \left| \hat{I}_0^{45°}(i+m,j+n) - I_{90}(i+m,j+n) \right|$$

$$\varphi^{-45°} = \sum_{m=\{-2,0,2\}} \sum_{n=\{-2,0,2\}} \left| \hat{I}_0^{-45°}(i+m,j+n) - I_{90}(i+m,j+n) \right| \qquad (7.11)$$

将两个损失值的比作为边缘分类器，计算公式为

$$\Phi = \max\left(\frac{\varphi^{45°}}{\varphi^{-45°}}, \frac{\varphi^{45°}}{\varphi^{45°}} \right) \qquad (7.12)$$

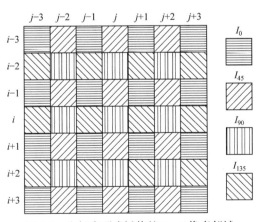

图 7.9　牛顿多项式插值的 7×7 像素邻域

2. 多谱段偏振成像探测方案

多谱段偏振成像探测系统由可见光偏振成像子系统、短波红外成像子系统、长波红外偏振成像子系统、处理/显示子系统组成。可见光偏振成像子系统由可见光变焦望远光学系统、偏振分光组件及可见光探测器组成。短波红外成像子系统由短波红外变焦望远光学系统、短波红外探测器组成。长波红外偏振成像子系统由长波红外变焦望远光学系统、偏振分光组件、非制冷长波红外探测器组成。处理/显示子系统由图像数据存储处理系统和显示系统组成。图7.10所示为多谱段偏振成像探测系统组成框图。

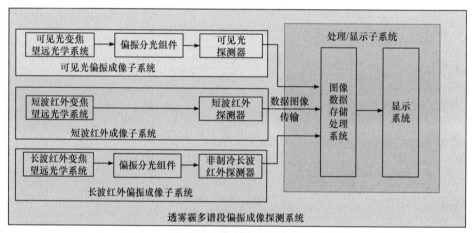

图 7.10　多谱段偏振成像探测系统组成框图

各组成部分的功能如下。

① 可见光偏振成像子系统。由可见光变焦望远光学系统获取目标可见光波段(0.4~0.8μm)信息，经过偏振分光组件分别获取0°、45°、90°、135°偏振光强，利用可见光探测器进行接收。

② 短波红外成像子系统。由短波红外变焦望远光学系统获取目标短波红外波段(0.9~1.7μm)信息，利用短波红外探测器进行接收。

③ 长波红外偏振成像子系统。由长波红外变焦望远光学系统获取目标长波红外(8~12μm)信息，经过偏振分光组件获取0°、45°、90°和135°偏振光强，利用长波红外探测器进行接收。

④ 处理/显示子系统。收集存储3个波段图像，并对图像进行融合、增强处理，通过显示器实时显示。

7.1.3 偏振成像探测实验

1. 室内模拟环境下偏振成像实验

图 7.11 所示为烟雾模拟环境下偏振成像实物图。可以看到，烟雾箱的主体结构是一个密封的圆柱形箱体，在箱体上开设不同散射角度的光学窗口，如 0°、30°、45°、60°、90°、120°等，可以检测不同方向的偏振信息。

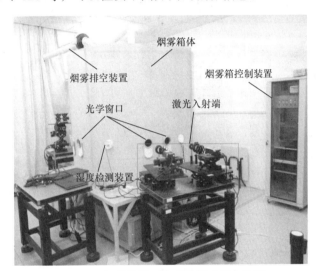

图 7.11　烟雾模拟环境下偏振成像实物图

(1) 低浓度非球形介质环境下偏振图像数据分析

在光学厚度为 0.33，即透过率为 71.4%的低浓度烟雾环境中，以小车和金属罐为目标进行偏振成像实验。图 7.12 所示为低浓度烟雾环境下不同角度的光强图像。为利用 CCD 相机获得的 0°、60°、120°的光强图像，用式(7.3)可以得到对应的 I、Q、U 图像，再用式(7.4)~式(7.7)进行图像合成，得到 DOP、AOP 等偏振图像。图 7.13 所示为低浓度烟雾环境下偏振成像图像。

(a) $I'(0°)$　　　(b) $I'(60°)$　　　(c) $I'(120°)$

图 7.12　低浓度烟雾环境下不同角度的光强图像

(a) 未加偏振图像　　　　　　　　　　(b) I图像

(c) DOP图像　　　　　　(d) DOLP图像　　　　　　(e) AOP图像

图 7.13　低浓度烟雾环境下偏振成像图像

可以看出，I 图像是总光强图像，主要集中亮度信息。DOP、DOLP、AOP 图像集合了大量的偏振信息，同时不仅包含亮度信息，还将目标的轮廓清晰地凸显出来。因为圆偏振分量很少，所以在这种情况下，DOP 图像和 DOLP 图像非常相似，可以突出目标的边缘轮廓，使目标更容易识别。DOP 和 DOLP 图像中的小车和金属罐对应的灰度不同，这是因为目标物的材质不同，所以产生的反射类型不同，体现的偏振信息也不同，即不同灰度对应不同的 DOP 和 DOLP 信息。AOP 图像中除了 AOP 信息，还可以看到大量噪声，这是因为 AOP 从 $-\dfrac{\pi}{2}$ 到 $\dfrac{\pi}{2}$ 对应的颜色是从黑色到白色，如果高于 $\dfrac{\pi}{2}$ 则会从白色跳转到黑色，如果低于 $-\dfrac{\pi}{2}$ 则会从黑色跳转到白色，所以 AOP 图像会出现噪声。在低浓度烟雾环境下，偏振成像与普通光强图像区分不是很明显，但是偏振成像图像在凸显目标边缘轮廓方面有一定的优势。

(2) 高浓度烟雾环境下偏振图像数据分析

在光学厚度为 1.51，即透过率为 22% 的高浓度烟雾环境下，以同样的目标物进行偏振成像实验，可以得到高浓度非球形介质环境下 0°、60°、120° 的光强图像。高浓度非球形介质环境下不同角度的光强图像如图 7.14 所示。合成的高浓度非球形介质环境下偏振成像图像如图 7.15 所示。

(a) $I'(0°)$ (b) $I'(60°)$ (c) $I'(120°)$

图 7.14 高浓度非球形介质环境下不同角度的光强图像

(a) 未加偏振图像   (b) I 图像

(c) DOP图像   (d) DOLP图像   (e) AOP图像

图 7.15 高浓度非球形介质环境下偏振成像图像

可以看出,未加偏振的图像通过肉眼很难识别出目标物,包含偏振信息的 DOP 图像和 DOLP 图像可以对目标进行很好的识别,将目标边缘轮廓非常清晰地凸显出来。因此,偏振成像在高浓度非球形介质环境中对目标探测具有显著的优势,具有很强的烟雾穿透能力。本节偏振成像的结果和理论可以相互验证,通过偏振成像实验,可以发现偏振成像对高浓度介质环境下的目标探测有非常重要的现实意义。

2. 室外真实环境下偏振成像实验

(1) 室外可见光偏振成像实验

测试实验在不同雾霾天气下开展。图 7.16 所示为薄雾天气情况下偏振及无偏外场实验图像。图 7.17 为浓雾天气情况下偏振及无偏外场实验图像。第一组实验在大气能见度为 7.11km 的薄雾环境，探测距离为 1km。结果表明，偏振成像探测可以凸显目标边缘，提高观测距离；不同的传输环境对偏振成像探测的性能有很大的影响。

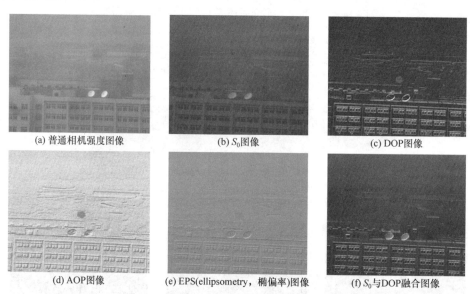

(a) 普通相机强度图像   (b) S_0图像   (c) DOP图像

(d) AOP图像   (e) EPS(ellipsometry，椭偏率)图像   (f) S_0与DOP融合图像

图 7.16   薄雾天气情况下偏振及无偏外场实验图像

第二组实验在大气能见度为 4.56km 的浓雾环境，探测距离约 2km。由于该环境下的能见度较差，对无偏振图像及融合图像用同样的方法进行滤波。结果表明，偏振融合结果对远距离楼房边缘识别较清晰，如图中框出的部分。

(a) 普通相机强度图像   (b) S_0图像   (c) DOP图像

(d) AOP图像   (e) EPS图像

(f) 滤波后的无偏振图像   (g) 同样滤波方法的S_0、AOP、
DOP、EPS 融合图像

图 7.17 浓雾天气情况下偏振及无偏外场实验图像

由成像结果可以看出，在室内烟雾模拟实验中，由于探测距离较近，距离对成像结果的影响较小，而室外雾霾天气下的实验中，探测距离较远，光的散射与吸收作用过程较复杂,因此烟雾环境下室内成像结果远优于室外成像的实际情况。相比相同室外环境下的无偏振成像，偏振探测仍具有较明显的优势。

(2) 室外多谱段偏振成像实验

室外多谱段偏振成像实验装置(图 7.18),采用可见光偏振相机、近红外相机、长波红外偏振相机对 5km 外的吉林省电视台铁塔成像。图 7.19 所示为普通强度成像。应用偏振融合算法的可见光、近红外、长波红外偏振成像如图 7.20～图 7.23所示。

图 7.18 室外多谱段偏振成像实验装置   图 7.19 普通强度成像

图 7.20　可见光偏振成像

图 7.21　应用偏振融合算法的近红外偏振成像

(d) S_0 图像　　　　　　　　(e) DOP图像　　　　　　　　(f) AOP图像

图 7.22　应用偏振融合算法的长波红外偏振成像

(a) 可见光　　　　　　　　(b) 近红外　　　　　　　　(c) 长波红外

图 7.23　可见光、近红外、长波红外伪彩色融合结果及目标物对比度

通过实验结果可以看出，三种融合算法对于目标对比度的提升都有很好的效果，直接映射法目标与背景对比度为 5.7%，基于 HIS 颜色空间的融合方法目标与背景对比度为 4.3%，基于小波变换和颜色迁移的伪彩色融合算法目标与背景对比度为 14.7%。均达到红外偏振图像彩色还原后对比度较普通可见光成像提高 40% 的指标。常规成像探测方法仅能探测到 500m 距离的教学楼，而雾霾成像探测仪器可以探测到 2km 距离的铁塔。

7.2　部分相干偏振激光通信

7.2.1　部分相干光传输特性模型

部分相干光本质上是通过多个独立的模传输光能量，每个模都能在湍流介质中独立传输，因此可等效为光束截面上大量相互独立的相干子光束传输。各子光束的统计独立性产生闪烁平滑效应。相干光和部分相干光在大气湍流中的传输如图 7.24 所示。

光束的相干性包括时间相干性和空间相干性两个方面。一般的部分相干光是在完全相干光场上叠加一个随时间变化的随机振幅和相位分布，也就是常说的去相干法。这个随机的振幅和相位分布反映光场在时间和空间上的部分相干性。

通常把这个随机的振幅和相位分布看作一个随机相位屏，用随机函数描述。给定一个随时间变化的振幅和相位分布函数为

$$t_A(x, y; t) = e^{i\xi(x,y;t)} \tag{7.13}$$

则发射端的部分相干光的光场分布可表示为

$$U(x, y, 0; t) = U_0(x, y, 0) t_A(x, y; t) \tag{7.14}$$

其中，$\xi(x, y; t)$ 为随时间随机变化的随机相位，表征光场的部分相干性。

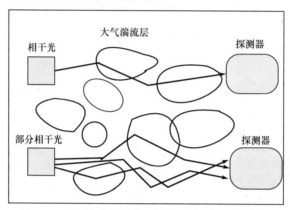

图 7.24　相干光和部分相干光在大气湍流中的传输

常用的部分相干光有部分相干高斯-谢尔光束(partially coherent Gaussian Schell-model beam，记为 GSM)、部分相干双曲余弦高斯光束(partially coherent Cosh-Gaussian beam，记为 CG)、部分相干平顶高斯光束(partially coherent flattened Gaussian beam，记为 FG)。常用的几种研究部分相干光通过湍流大气传输的方法包括广义惠更斯-菲涅耳原理、交叉谱密度函数、ABCD 矩阵、光束有效参数、模态分解等理论解析法，以及随机相位屏近似、相干模态重构、随机光脉冲等数值模拟法。

对于光束，任意两点 $Q_1(r_1, z)$ 和 $Q_1(r_2, z)$ 的光谱相干度定义为

$$u(r_1, r_2, z, \omega) = \frac{W(r_1, r_2, z, \omega)}{(S(r_1, z, \omega) S(r_1, z, \omega))^{1/2}} \tag{7.15}$$

其中，$W(r_1, r_2, z, \omega)$ 为交叉谱密度；$S(r_1, z, \omega)$ 为光谱强度；$u(r_1, r_2, z, \omega)$ 越大，表明光束的空间相干性越强，光束的空间相干性越强。

此外，在高功率激光的实际应用中，除了对光功率(或能量)效率和稳定性等有要求，光束质量也是一项重要指标。事实上，研究激光束传输变换规律也是以光束质量控制为主要目的。评价光束质量的参数主要有光束相干度、二阶矩宽度、远场发散角、光束传输因子等。

本章后续提出的基于光源初始参数控制的部分相干偏振激光通信方案，主要实现对激光通信空间相干度的调制，进而实现接收端光功率的最优值。

1. 部分相干光传输光强闪烁

对数光强起伏方差为

$$\sigma_{\ln I}^2 = \left\langle \left[\ln(I/I_0) - \langle \ln(I/I_0) \rangle \right]^2 \right\rangle \tag{7.16}$$

其中，I_0 和 I 为入射光强和探测光强。

Andrews 等[3]通过类比推断出整个闪烁区强度对数光强起伏方差的表达式。当内尺度为零时，球面波对数光强起伏方差的表达式为

$$\sigma_{\ln I}^2 = 0.015 \sigma_l^2 \eta(l_0) \tag{7.17}$$

其中，$\eta(l_0) = \left(\dfrac{\eta Q}{\eta + Q} \right)^{7/6} \left[1 + 1.753 \left(\dfrac{\eta}{\eta + Q} \right)^{1/2} - 0.252 \left(\dfrac{\eta}{\eta + Q} \right)^{7/12} \right]$，$Q = \dfrac{10.89L}{kl_0}$；

$\eta = \dfrac{8}{1 + 0.069\sigma_l^2 Q^{1/6}}$；$l_0$ 为湍流的内尺度，量级一般为毫米。

部分相干高斯光通过大气湍流后，接收面上某一点的对数光强起伏方差为

$$\sigma_{\ln I}^2 = 4.42 \sigma_l^2 \hat{z}_{\text{rec}}^{5/6} \frac{\rho^2}{w_\zeta^2(L)}$$
$$+ 3.86 \sigma_l^2 \left\{ 0.4[(1 + 2\hat{z}_{\text{rec}}^2)^2 + 4\hat{z}_{\text{rec}}^2]^{5/12} \cos\left(\frac{5}{6} \arctan\left(\frac{1 + 2\hat{r}_{\text{rec}}}{2\hat{z}_{\text{rec}}^2} \right) \right) - \frac{11}{16} \hat{z}_{\text{rec}}^{5/6} \right\} \tag{7.18}$$

其中，$\sigma_l^2 = 1.23 C_n^2 k^{7/6} L^{11/6}$，为平面波的 Rytov 方差，波数 $k = \dfrac{2\pi}{\lambda}$，$\lambda$ 为入射波长，C_n^2 为近地面大气结构常数，L 为传输距离；ρ 为接收平面上任意点到光斑中心的距离；$\hat{r}_{\text{rec}} = \dfrac{R_\zeta(L) + L}{R_\zeta(L)}$，$R_\zeta(L)$ 为部分相干光在的接收平面上的曲率半径，$R_\zeta(L) = \dfrac{L(\hat{r}^2 + \zeta_s \hat{z}^2)}{\phi \hat{z} - \zeta_s \hat{z}^2 - \hat{r}^2}$，$\phi = \dfrac{\hat{r}}{\hat{z}} - \hat{z} \dfrac{w_0^2}{\rho_0^2}$，$\zeta_s = 1 + \left(\dfrac{w_0^2}{\sigma_g^2} \right)$；$\sigma_g^2$ 为高斯-谢尔光束方差，描述发射光束空间独立随即相位的平均，ζ_s 为光源的相干参数，满足 $\zeta_s \geqslant 1$，$\zeta_s = 1$ 为完全相干光，$\zeta_s > 1$ 时为部分相干光，$\zeta_s \to \infty$ 时为完全不相干光，w_0 为束腰半径，$\hat{r}$ 为高斯光束的发散参数，$\hat{r} < 1$ 为会聚光束，$\hat{r} = 1$ 为准直光束，$\hat{r} > 1$ 为发散光束，$\hat{z}$ 为归一化传播距离[4]；$\hat{z}_{\text{rec}} = \dfrac{L}{0.5kw_\zeta^2(L)}$，$w_\zeta^2 = w_0(\hat{r}^2 + \zeta \hat{z}^2)^{1/2}$，$\hat{z} = \dfrac{2L}{kw_0^2}$。

可以把部分相干高斯光束通过大气湍流的对数光强起伏方差看作光束的部分相干性对完全相干光束通过强湍流后的方差进行再调制的结果。由式(7.14)与式(7.15)推导的部分相干高斯光束通过强大气湍流的公式为

$$\sigma_{\ln I}^2 \cong 0.015\sigma_l^2 \eta(l_0)4.42\sigma_l^2 \hat{z}_{\text{rec}}^{\frac{5}{6}} \frac{\rho^2}{w_\zeta^2(L)}$$

$$+3.86\sigma_l^2\left\{0.4[(1+2\hat{z}_{\text{rec}}^2)^2+4\hat{z}_{\text{rec}}^2]^{\frac{5}{12}}\cos\left(\frac{5}{6}\arctan\left(\frac{1+2\hat{r}_{\text{rec}}}{2\hat{z}_{\text{rec}}^2}\right)\right)-\frac{11}{16}\hat{z}_{\text{rec}}^{\frac{5}{6}}\right\} \quad (7.19)$$

2. 部分相干光传输到达角起伏

部分相干光的部分相干性一般可用一个带有随机相位起伏和倾斜的相位屏来表征。设最初的完全相干光源光场分布为 $U_0(x,y)$, 令随机函数 $t_A(x,y;t)=\exp(\mathrm{i}\xi(x,y;t))$ 为随时间变化的振幅和相位分布, 则发射处部分相干光的光场分布为

$$U'(x,y,0;t)=U_0(x,y,0)t_A(x,y;t) \quad (7.20)$$

其中, $\xi(x,y;t)$ 为随时间变化的随机相位, 表征光场的部分相干性。

对于部分相干 GSM 光束, 随机相位 ξ 的互相干函数可表示为

$$\exp(\mathrm{j}(\xi(r_1)-\xi(r_2)))=\exp\left(-\frac{(r_1-r_2)^2}{4\rho_s^2}\right) \quad (7.21)$$

其中, ρ_s 表征光束的部分相干性, ρ_s 越小, 光束相干性越差, $\rho_s \to \infty$ 对应完全相干光, $\rho_s \to 0$ 对应完全非相干光。

Baykal 等根据广义惠更斯-菲涅耳原理和 Rytov 理论, 假定大气折射率谱满足 von Karman 谱, 求得光传输距离 L 后的相位起伏结构函数, 进而有到达角起伏方差 α_a^2 , 即

$$\alpha_a^2 = 0.1628C_n^2 L\kappa_0^{1/3}\int_0^1 \mathrm{d}t\left(-7.2+5.5663\left\{\frac{\kappa_m^2}{\kappa_0^2[1+\kappa_m^2 L^2(1-t)^2\xi_1]}\right\}^{1/6}|\gamma|^2\right.$$

$$\left.+\mathrm{Re}\left(-7.2+5.5663\left\{\frac{k\kappa_m^2}{\kappa_0^2\left[k+\mathrm{j}\gamma L(1-t)\kappa_m^2\right]}\right\}^{1/6}\gamma^2\right)\right) \quad (7.22)$$

其中, $\kappa_m = 5.92/l_0$; $\kappa_0 = 1/L_0$; l_0 和 L_0 为湍流的内外尺度; $|\gamma|=(\gamma_r^2+\gamma_i^2)^{1/2}$; $\xi_1 = $

$$\frac{\left(\dfrac{\rho_s^2}{L^2}\right)[k^2\alpha_s^2(1-L/F)^2+(L/\alpha_s)^2]-1}{\left(\dfrac{\rho_s^2}{L^2}\right)[k^2\alpha_s^2(1-L/F)^2+(L/\alpha_s)^2]^2}$$, α_s 和 F 为初始光束半径和曲率半径。

为了保证求解相位结构函数时积分收敛, 适用的条件为

$$\rho_s > w_0 \left[4\pi^2 \frac{\alpha_s^4}{(\lambda L)^2} + 1 \right]^{-1/2} \tag{7.23}$$

3. 部分相干光传输光束扩展

高斯光束在湍流大气中的均方根束宽公式为[5]

$$w(L) = \sqrt{\frac{1}{2}w_0^2 + \frac{2}{k^2 w_0^2}L^2 + 4(0.545C_n^2)^{6/5}k^{2/5}L^{16/5}} \tag{7.24}$$

其中，w_0 为初始光束束腰半径；波数 $k = 2\pi/\lambda$，λ 为光波波长；C_n^2 为大气折射率结构常数(表征湍流的强弱)；L 为传输距离。

由此可得完全相干高斯光束通过湍流大气传输的角扩展公式，即

$$\theta = \lim_{L \to \infty} \frac{w(L)}{L} = \sqrt{\frac{2}{k^2 w_0^2} + 4(0.545C_n^2)^{6/5}k^{2/5}L^{6/5}} \tag{7.25}$$

部分相干 GSM 光束在湍流大气中的均方根束宽表达式和角扩展表达式为

$$W(L) = \sqrt{\frac{w_0^2}{2} + \frac{2L^2}{k^2}\left(\frac{1}{w_0^2} + \frac{1}{\sigma_0^2}\right) + 4(0.545C_n^2)^{6/5}k^{2/5}L^{16/5}} \tag{7.26}$$

$$\theta_{\text{GSMturb}} = \lim_{L \to \infty} \frac{W(L)}{L} = \sqrt{A + 4(0.545C_n^2)^{6/5}k^{2/5}L^{6/5}} \tag{7.27}$$

其中，$A = \frac{2}{k^2}\left(\frac{1}{w_0^2} + \frac{1}{\sigma_0^2}\right)$；等号右边第一项为部分相干 GSM 光束在自由空间中的扩展角，与空间相干度 σ_0、束腰宽度 w_0 和波长 λ 有关，但是不随传输距离 L 变化；第二项为大气湍流引起的角扩展，与折射率结构常数 C_n^2、波长 λ、传输距离 L 有关，这与自由空间的角扩展不同，当传输距离足够长时，第二项即湍流引起的角扩展将起主要作用。

令 $C_n^2 = 0$，GSM 光束在自由空间的角扩展公式为

$$\theta_{\text{GSMfree}} = \sqrt{A} \tag{7.28}$$

为了直观和定量地描述光束抗拒湍流扩展的能力，引入相对角扩展，即

$$\frac{\theta_{\text{GSMturb}}}{\theta_{\text{GSMfree}}} = \sqrt{1 + \frac{4(0.545C_n^2)^{6/5}k^{2/5}L^{6/5}}{A}} \tag{7.29}$$

用来定量比较光束参数变化时湍流大气中光束角扩展受湍流影响的大小。

4. 部分相干光数值仿真

取激光波长 $\lambda=1.55\mu m$，传输距离 $L=5km$，激光发射孔径半径 $W_0=8cm$，波前曲率半径 $F_0=\infty$。点接收条件下($W_G=0$)，相位屏的横向相干半径 l_c 分别为 0.001m、0.01m、0.1m 和∞时，光强起伏方差 σ_I^2 随湍流强度(Rytov 方差)的变化关系如图 7.25 所示。l_c 越大表示光束相干性越强，$l_c=\infty$ 表示完全相干光传输。由图 7.25 可知，光束相干性越弱，在相同的湍流强度下，光强起伏方差 σ_I^2 越小。

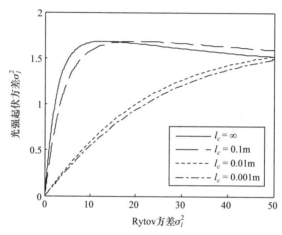

图 7.25　光强起伏方差 σ_I^2 随湍流强度(Rytov 方差)的变化关系

图 7.26 所示为光强起伏方差与接收孔径半径之间的关系，即 Rytov 方差 σ_I^2 分别为 0.3、1.0、6.0(对应弱湍流、中等强度湍流、强湍流)时，光强起伏方差 σ_I^2

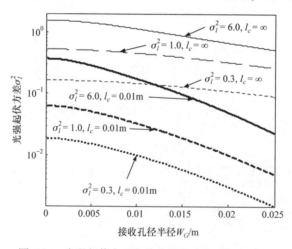

图 7.26　光强起伏方差与接收孔径半径之间的关系

随接收孔径半径 W_G 的变化关系。由此可知，完全相干光和部分相干光传输时，光强起伏方差 σ_I^2 都随接收孔径的增大而降低。这说明，大孔径接收可以在一定程度上抑制大气湍流造成的接收光信号强度起伏，但是在相同的大气湍流条件下(相同的 Rytov 方差)，部分相干光传输时，光强起伏方差随接收孔径增大而减小的速度比完全相干光快。

对于工作在大气湍流中的无线光通信系统，接收面上的光强会上下起伏。在弱湍流区，常使用对数正态分布建模光强的起伏概率密度，但是它不适用于强湍流区。在从弱至强的湍流区中，通常使用 Gamma-Gamma 分布建模光强起伏概率密度。

取激光波长 $\lambda =1.55\mu m$，传输距离 $L=5km$，激光发射孔径半径 $W_0=8cm$，波前曲率半径 F_0 为 ∞，图 7.27 所示为不同湍流强度下的光强起伏概率密度函数，即 Rytov 方差 σ_I^2 分别为 0.3、1.0、6.0 时，归一化的点接收光强起伏概率密度函数曲线。由图 7.27 可知，湍流强度越弱，光强分布越接近正态分布；在相同湍流强度下，使用部分相干光传输时的光强分布比完全相干光传输更接近正态分布；在强湍流条件下，光强起伏概率密度函数趋于负指数分布，呈现明显的不对称性。

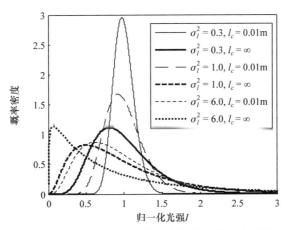

图 7.27　不同湍流强度下的光强起伏概率密度函数

7.2.2　部分相干光偏振传输特性

光束在大气湍流中传输时，光束的漂移和扩展会导致通信两端对准困难，同时降低接收端接收平面上的能量密度。激光大气传输湍流效应导致的光束扩展与激光通过湍流大气传输后的功率下降紧密关联，是激光大气传输研究和实际工程应用的重要问题[6-12]。为了保证建立星地链路，必须对漂移和扩展效应进行研究。

本节根据部分相干 GSM 光束角扩展和漂移方差表达式，与激光通信链路传输方程结合，在只考虑湍流作用中光束扩展和漂移的影响下，通过数值模拟定量研究大气湍流对 GSM 光束的偏振特性影响，并对光束参数进行优化选取，最后对其结果给予合理的物理解释。重点从相干光学理论出发，使用已有的 GSM 光束作为光源结合湍流介质传输过程中的广义 Huygens-Fresnel 原理经过一系列的理论计算得出空间传输过程中光波 DOP 的表达式；主要对两种不同空间中传输的部分偏振光的 DOP 的变化及其影响因素做详细分析和数值仿真。根据轴向距离的长短对偏振调制无线光通信的发射端光波长，以及光斑尺度的选取进行相应的分析，并且借助偏振矩阵结合 Stokes 矢量分析完全偏振光在湍流空间中传输时偏振态的变化情况，利用大气湍流模拟池对在湍流中传输的完全偏振光变化情况的分析进行验证。

1. 大气信道中的偏振特性分析

光信号通过大气传送，总是伴随着有限制的传送信号的内部干扰和来自大气信道的外部干扰。内部干扰是指使用收发设备产生的干扰，而外部干扰主要来自大气信道中的各种影响。大气信道是一种随机介质，光波在其中传输时，DOP 的变化用交叉谱密度矩阵表示。本章对在大气湍流中传输的辐射波借助惠更斯-菲涅耳原理对其偏振的变化情况进行理论推导和分析。

首先，讨论电磁波在线性介质中的传输。下面的麦氏方程组是一个单色电场向量在线性介质中传输时满足的方程，即

$$\nabla E(r;\omega) + k^2 n^2(r;\omega) E(r;\omega) + \nabla(E(r;\omega)\nabla \ln n^2(r;\omega)) = 0 \qquad (7.30)$$

其中，k 为波数，$k = \dfrac{2\pi}{\lambda}$，$\lambda$ 为初始波长；ω 为角频率；$n(r;\omega)$ 为随机大气的折射率。

式(7.30)中的第三项为直角坐标系下的电场分量。当折射率随着位置的变化不明显(在单位距离中 $\left|\dfrac{\Delta n}{n}\right| \ll 1$)时，此项可以忽略不计，可写为

$$\nabla E(r;\omega) + k^2 n^2(r;\omega) E(r;\omega) = 0 \qquad (7.31)$$

这个方程表明，直角坐标系下光波矢量的三个分量 E_x、E_y、E_z 的传播相互独立，并且都能满足下面的方程，即

$$\nabla^2 E_j(r;\omega) + k^2 n^2(r;\omega) E_j(r;\omega) = 0, \quad j = x, y, z \qquad (7.32)$$

它们会在边界处耦合，假设场传播从平面 $z = 0$ 到 $z > 0$，场分布靠近 z 轴。令 $r = (\rho, z)$，作为 $z > 0$ 任意点的位置矢量，ρ 为光场的横向距离，z 为传输距离。

如果 $E^{(0)}(\rho',0;\omega)$ 为源平面内任意一点的电场矢量，那么在 $z>0$ 平面上的任意一点的电场矢量(包含大气湍流)可以由广义惠根斯-菲涅耳原理给出，即

$$E_j(\rho,z;\omega) = -\frac{ik\exp(ikz)}{2\pi z}\iint E_j^{(0)}(\rho';\omega)\exp\left(ik\frac{(\rho-\rho')^2}{2z}\right)\exp(\psi(\rho,\rho',z;\omega))\mathrm{d}^2\rho$$

(7.33)

其中，$\psi(\rho,\rho',z;\omega)$ 为随机相位因子，表示湍流大气对单色光波的作用效果。

如果光束不是单色的，而是多色的部分相干光，那么光束的场向量决定的相关矩阵为

$$w_{ij}(\rho_1,\rho_2,z;\omega) = \left\langle E_i^*(\rho_1,z;\omega)E_j(\rho_2,z;\omega)\right\rangle$$

(7.34)

其中，*为复数的共轭；$\langle\cdot\rangle$ 为场的平均系综；传输截面 $z>0$ 上的两个点 (ρ_1,z) 和 (ρ_2,z) 的交叉谱密度矩阵的元素可以由式(7.33)代入式(7.34)得到，即

$$w_{ij}(\rho_1,\rho_2,z;\omega)$$
$$=\left(\frac{k}{2\pi z}\right)^2\iint\mathrm{d}^2\rho_1'\iint\rho_2' w_{ij}^0(\rho_1',\rho_2',0;\omega)$$
$$\times\exp\left(-ik\frac{(\rho_1-\rho_1')^2-(\rho_2-\rho_2')^2}{2z}\right)\left\langle\exp(\psi^*(\rho_1,\rho_1',z;\omega)+\psi(\rho_2,\rho_2',z;\omega))\right\rangle_m$$

(7.35)

这里认为光束的波动和大气的湍流是相互独立的，假设 $\rho_1=\rho_2=\rho$，交叉谱密度矩阵的各元素由下式给出，即

$$w_{ij}(i\rho,\rho,z;\omega)=\left(\frac{k}{2\pi z}\right)^2\iint\mathrm{d}^2\rho_1'\iint\rho_2' w_{ij}^0(\rho_1',\rho_2',0;\omega)\exp\left(-1k\frac{(\rho-\rho_1')^2-(\rho-\rho_2')^2}{2z}\right)$$
$$\times\left\langle\exp(\psi^*(\rho,\rho_1',z;\omega)+\psi(\rho,\rho_2',z;\omega))\right\rangle_m$$

(7.36)

其中，$w_{ij}^0(\rho_1',\rho_2',0;\omega)$ 为光源处的交叉谱密度矩阵；最后一项可以由近似相位结构因子简化，近似表示为

$$\left\langle\exp(\psi^*(\rho,\rho_1',z;\omega)+\psi(\rho,\rho_2',z;\omega))\right\rangle_m\approx\exp\left(-\frac{1}{3}\pi^2 K^2 z(\rho_1'-\rho_2')^2\int_0^\infty K^3\Phi_n(K)\mathrm{d}K\right)$$

(7.37)

其中，$\Phi_n(K)$ 为折射率结构函数的谱密度，不同湍流模型中的这个值是不同的，常用的湍流模型有 Tataski 模型和 Kolmogorov 模型。

在 Tataski 模型中，折射率结构函数可以表示为

$$\Phi_n(K)=0.033C_n^2 K^{-\frac{11}{3}}\mathrm{e}^{-\frac{K^2}{K_0^2}}$$

(7.38)

其中，C_n^2 为大气折射率结构常数，表示湍流强度的大小；$K_0 = \dfrac{5.92}{l_0}$；l_0 为湍流的内尺度。

Kolmogorov 模型中的折射率结构函数可表示为[13]

$$\Phi_n(K) = \begin{cases} 0.0033 C_n^2 K^{-\frac{11}{3}}, & K < K_0, \quad K_0 = \dfrac{5.48}{l_0} \\ 0, & K > K_0 \end{cases} \tag{7.39}$$

(1) GSM 光束

通常的理论推导都是以完全相干光或非相干光为模型，但这两种光只是理论上的模型，现实应用中并不存在严格相干或者非相干光，所有光源包括激光在内发出的光波都是部分相干光，而部分相干光常采用高斯-谢尔光束作为模型。

GSM 指在远场具有和基模高斯光束相同的光强分布，并且相干性也是高斯分布的。GAM 具有方向性，并且能量集中在光强分布的均匀性上也比一般的完全相干光要好得多。选用 GSM 作为光源的原因有两点。一是 GSM 光束在做理论分析时形式简单，而且在模拟过程中有很高的契合度。二是 GSM 光束在实际操作中容易实现，并且它是波动方程的近轴近似解[14]。GSM 的光束可以在高相干性光源前面加旋转的毛玻璃片，再用透镜对其聚焦得到，也可以由液晶空间调制器调制得到。这种光束的光场中交叉谱密度矩阵的各元素可由下式给出，即

$$W_{ij}^0(\rho_1', \rho_2'; \omega) = \sqrt{S_i^0(\rho_1'; \omega)} \sqrt{S_j^0(\rho_2'; \omega)} \eta_{ij}^0(\rho_2' - \rho_1'; \omega), \quad i = x, y; j = x, y \tag{7.40}$$

其中，$S_i^0(\rho'; \omega)$ 为源平面内电场在 i 方向上的光谱密度分量；$\eta_{ij}^0(\rho_2' - \rho_1'; \omega)$ 为电场两个正交分量 E_i 和 E_j 在源平面内的光谱相关度，即

$$S_i^0(\rho'; \omega) = A_i^2 \exp(-\rho'^2 / 2\sigma_i^2), \quad i = x, y \tag{7.41}$$

$$\eta_{ij}^0(\rho_2' - \rho_1'; \omega) = B_{ij} \exp\left(-\frac{(\rho_2' - \rho_1')^2}{2\delta_{ij}^2} \right), \quad i = x, y; j = x, y \tag{7.42}$$

其中，系数 B_{ij}、A_i、δ_{ij}^2、σ_i^2 都只与频率有关而与位置无关，并且 B_{ij} 满足

$$\begin{cases} B_{ij} = 1, & i = j \\ B_{ij} \leqslant 1, & i \neq j \\ B_{ij} = B_{ji}^* \end{cases} \tag{7.43}$$

其中，*为复数共轭，当 $i = j$ 时，$\eta_{ij}^0(\rho_2' - \rho_1'; \omega)$ 为标量理论下的光谱相干度，当 $i \neq j$ 时，通过 $B_{ij} \leqslant 1$ 能推导出 $\eta_{ij}^0(\rho_2' - \rho_1'; \omega) \leqslant 1$，并且由矩阵 $\overline{W}$ 的性质可知

$w_{ij} = w_{ji}^*$。

下面推导 GSM 在湍流空间的传播过程中，DOP 的相干函数表示形式。将式(7.40)~式(7.43)代入式(7-35)，可以得到光束平面 $z = c > 0$ 交叉谱密度矩阵的元素，即

$$W_{ij}(\rho, \rho, z; \omega) = \frac{A_i A_j B_{ij}}{\Delta_{ij}^2(z)} \exp\left(-\frac{\rho^2}{2\sigma^2 \Delta_{ij}^2(z)} \right) \tag{7.44}$$

其中

$$\Delta_{ij}^2(z) = 1 + \alpha_{ij} z^2 + 0.98 (C_n^2)^{6/5} k^{2/5} \sigma^{-2} z^{16/5} \tag{7.45}$$

其中，$\Delta_{ij}^2(z)$ 为光束扩展系数表示的是自由空间中的光束扩展；等式右边的第二项为传输过程中的线性扩展；最后一项为湍流导致的光束扩展。

$$\alpha_{ij} = \frac{1}{(k\sigma)^2} \left(\frac{1}{4\sigma^2} + \frac{1}{\delta_{ij}^2} \right) \tag{7.46}$$

(2) 大气湍流中高斯-谢尔的偏振表示

在湍流空间中，随机电磁光束传输过程中任意点 (ρ, z) 处的 DOP 可以表示为

$$P(\rho, z; \omega) = \sqrt{1 - \frac{4 \det W(\rho, \rho, z; \omega)}{(\operatorname{tr} W(\rho, \rho, z; \omega))2}} \tag{7.47}$$

由此可以看出，若要确定 GSM 光束的 DOP，就要先确定 $\overline{W}$ 的各元素，将式(7.41)和式(7.42)代入式(7.40)可以得到下式，即

$$W_{ij}^0(\rho_1, \rho_2, \omega) = A_i A_j B_{ij} \exp\left(-\left(\frac{\rho_1'^2}{4\sigma_i^2} + \frac{\rho_2'^2}{4\sigma_j^2} \right) \right) \exp\left(-\frac{(\rho_2' - \rho_1')^2}{\delta_{ij}^2} \right), \quad i = x, y; j = x, y \tag{7.48}$$

为了运算简便，我们取源平面光斑均匀分布，表示为 $\sigma_x = \sigma_y = \sigma$，将其代入式(7.48)可以化简为

$$W_{ij}^0(\rho_1, \rho_2, \omega) = A_i A_j B_{ij} \exp\left(-\left(\frac{\rho'^2}{2\sigma^2} \right) \right), \quad i = x, y; j = x, y \tag{7.49}$$

将式(7.49)代入式(7.47)可知，在源平面内光斑均匀分布的情况下，GSM 光束在源平面上的 DOP 可以表示为

$$P(\rho, 0; \omega) = \frac{\sqrt{(A_x^2 - A_y^2)^2 + 4 A_x^2 A_y^2 |B_{xy}|^2}}{A_x^2 + A_y^2} \tag{7.50}$$

将式(7.44)~式(7.46)代入式(7.47)，$z>0$处及光源平面以外的 DOP 普通表达式为

$$P(\rho,z;\omega)=\frac{\left|F(\rho,z;\omega)\right|^{1/2}}{G(\rho,z;\omega)} \tag{7.51}$$

$$G(\rho,z;\omega)=\frac{A_x^2}{\Delta_{xx}^2(z)}\exp\left(-\frac{\rho^2}{2\sigma\Delta_{xx}^2(z)}\right)+\frac{A_y^2}{\Delta_{yy}^2}\exp\left(-\frac{\rho^2}{2\sigma\Delta_{yy}^2(z)}\right) \tag{7.52}$$

$$F(\rho,z;\omega)=\left(\frac{A_x^2}{\Delta_{xx}^2(z)}\exp\left(-\frac{\rho^2}{2\sigma\Delta_{xx}^2(z)}\right)-\frac{A_y^2}{\Delta_{yy}^2}\exp\left(-2\frac{\rho^2}{2\sigma\Delta_{yy}^2(z)}\right)\right)^2$$

$$-\frac{4A_x^2A_y^2\left|B_{xy}\right|^2}{\Delta_{xy}^4(z)}\exp\left(-\frac{\rho^2}{\sigma\Delta_{xy}^2(z)}\right) \tag{7.53}$$

2. 大气湍流对高斯-谢尔光束的偏振特性影响

(1) 湍流空间中传输的完全偏振光

Stokes 矩阵是一种描述光波偏振态的数学表达方式，可以描述光场偏振特性和光束的部分相干性，与相干矩阵之间存在唯一的关系，记为

$$\begin{cases}I_{(\rho,Z,\omega)}=W_{xx(\rho,\rho,Z,\omega)}+W_{yy(\rho,\rho,Z,\omega)}\\U_{(\rho,Z,\omega)}=W_{xx(\rho,\rho,Z,\omega)}-W_{yy(\rho,\rho,Z,\omega)}\\P_{(\rho,Z,\omega)}=W_{xy(\rho,\rho,Z,\omega)}+W_{yx(\rho,\rho,Z,\omega)}\\Q_{(\rho,Z,\omega)}=\mathrm{i}(W_{yx(\rho,\rho,Z,\omega)}-W_{xy(\rho,\rho,Z,\omega)})\end{cases} \tag{7.54}$$

可以看出，在光场部分相干的情况下，偏振特性一般不用 4 个矢量参数描述，矢量参数的附属特性表示在随机介质中传播时进行非线性变换。

在偏振调制无线光通信领域常采用 45°线偏振调制和圆偏振调制两种，下面对这两种常用的偏振态在湍流中的传输特性变化情况进行分析。

① 线偏振光方位角为+45°时湍流大气的影响。

将源平面内用交叉谱密度矩阵代入式(7.54)中推导，Stokes 矢量为

$$\begin{cases}U'(\rho,\omega)=\dfrac{A_x^2-A_y^2}{A_x^2+A_y^2}\\[3mm]P'(\rho,\omega)=\dfrac{2A_xA_y\,\mathrm{Re}\,B_{xy}}{A_x^2+A_y^2}\\[3mm]Q'(\rho,\omega)=\dfrac{2A_xA_y\,\mathrm{Im}\,B_{xy}}{A_x^2+A_y^2}\end{cases} \tag{7.55}$$

直线偏振光的方位角为+45°时，它的 Stokes 矢量表示为$(1,0,0,1)^{\mathrm{T}}$，将其与式(7.55)对比，可得

$$\begin{cases} U'(\rho,\omega) = 0 \\ P'(\rho,\omega) = \mathrm{Re}B_{xy} \\ Q'(\rho,\omega) = 0 \end{cases} \tag{7.56}$$

可以得出，$A_x = A_y$ 并且 $\mathrm{Im}B_{xy}=0$。将式(7.59)代入 $P = \dfrac{\sqrt{U'^2 + P'^2 + Q'^2}}{I}$，可得源平面内的 DOP 为 $P = B_{xy}$。

将 $Z > 0$ 的交叉谱密度矩阵式(7.44)代入式(7.54)，可得

$$\begin{cases} U'(\rho,\omega) = 0 \\ P'(\rho,\omega) = \dfrac{\dfrac{B_{xy}\exp\left(-\dfrac{\rho^2}{2\sigma^2\Delta_{xy(z)}^2}\right)}{\Delta_{xy(z)}^2} + \dfrac{B_{yx}\exp\left(-\dfrac{\rho^2}{2\sigma^2\Delta_{yx(z)}^2}\right)}{\Delta_{yx(z)}^2}}{\dfrac{B_{xx}\exp\left(-\dfrac{\rho^2}{2\sigma^2\Delta_{xx(z)}^2}\right)}{\Delta_{xx(z)}^2} + \dfrac{B_{yy}\exp\left(-\dfrac{\rho^2}{2\sigma^2\Delta_{yy(z)}^2}\right)}{\Delta_{yy(z)}^2}} \\ Q'(\rho,\omega) = 0 \end{cases} \tag{7.57}$$

GSM 的光源满足以下条件，即

$$\max\{\delta_{xx},\delta_{yy}\} \leqslant \delta_{xy} \leqslant \min\left\{\delta_{xx}/\sqrt{|B_{xy}|}, \delta_{yy}/\sqrt{|B_{xy}|}\right\} \tag{7.58}$$

假设 $\sigma_x = \sigma_y = \sigma$、$|B_{xy}|=1$，可得 $\Delta_{xx(z)}^2 = \Delta_{yy(z)}^2 = \Delta_{xy(z)}^2$，将其代入式(7.57)可得

$$\begin{cases} I_{(\rho,Z,\omega)} = 1 \\ U_{(\rho,Z,\omega)} = 0 \\ P_{(\rho,Z,\omega)} = 1 \\ Q_{(\rho,Z,\omega)} = 0 \end{cases} \tag{7.59}$$

可以看出，方位为 45°的直线偏振光在大气中传输时的大气湍流对其偏振状态并不产生影响。

② 偏振态为左旋圆偏振时湍流大气的影响。

当偏振光为左旋圆偏振的时候，其 Stokes 矢量为$(1,0,0,1)^{\mathrm{T}}$。将其与式(7.55)对比，可得

$$\begin{cases} U'(\rho,\omega) = 0 \\ P'(\rho,\omega) = 0 \end{cases} \tag{7.60}$$

因此，$A_x = A_y$ 并且 $\mathrm{Re}B_{xy} = 0$。代入式(7.55)可得源平面内的 Stokes 矢量表示，即

$$\begin{cases} U'(\rho,\omega) = 0 \\ P'(\rho,\omega) = 0 \\ Q'(\rho,\omega) = \mathrm{Im}B_{xy} \end{cases} \tag{7.61}$$

将式(7.61)代入 $P = \dfrac{\sqrt{U^2 + P'^2 + Q'^2}}{I}$，可以得到初始光波的 DOPP$=B_{xy}$。

在式(7.45)中，假设光波在自由空间传播，大气折射率结构常数为 0。选取轴上点，使 $\rho = 0, B_{xy} = 0$，再结合式(7.51)与 $Z>0$ 的交叉谱密度矩阵式(7.44)，可得

$$\begin{cases} U = 0 \\ P = 0 \\ Q = \mathrm{Im}B_{xy} \dfrac{\Delta_{xy}^2}{\Delta_{xx}^2} \exp\!\left(\dfrac{\rho^2}{2\sigma^2} \left(\dfrac{1}{\Delta_{xx}^2} - \dfrac{1}{\Delta_{xy}^2} \right) \right) \end{cases} \tag{7.62}$$

由假设 $\sigma_x = \sigma_y = \sigma$、$|B_{xy}| = 1$，以及式(7.58)得出的 $\delta_{yx} = \delta_{xy} = \delta_{xx}$，代入式(7.62)，$Z>0$ 平面上的光波偏振态可以表示为

$$\begin{cases} U = 0 \\ P = 0 \\ Q = \mathrm{Im}B_{xy} \end{cases} \tag{7.63}$$

结合 $P = \dfrac{\sqrt{U'^2 + P'^2 + Q'^2}}{I}$ 可以得出，$P = B_{xy}$，并且 Stokes 矢量的表示与源平面的表示一致。由此可知，大气湍流对传输左旋圆偏振光的偏振态及 DOP 并不产生影响。同理，可以推导其他偏振光的传输公式。

(2) 不同初始 DOP 对湍流空间中部分偏振光 DOP 的影响

在不考虑湍流强度时部分偏振光在空间中传输时 DOP 的变化情况，主要的影响因素有传输距离、横向距离、源平面 DOP。我们将重点讨论考虑湍流时的变化情况，以及影响因素。

我们分析轴上点，即 $\rho = 0$，并且假设 $B_{xy} = 0$，光斑均匀且尺寸为 $\sigma_x = \sigma_y = \sigma =$ 0.5cm、相干长度 $\delta_{xx} = 0.5$mm、$\delta_{yy} = 1.0$mm、$C_n^2 = 10^{-14}\,\mathrm{m}^{-\frac{2}{3}}$、湍流内尺度 $l_0 = 8$mm，

分析在初始 DOP 分别为 $P^0 = 0$、$P^0 = 0.5$、$P^0 = 0.6$、$P^0 = 0.8$ 时,传输距离对部分偏振光 DOP 的影响。图 7.28 所示为中湍流下不同 P^0 的 $P\text{-}Z$ 曲线。

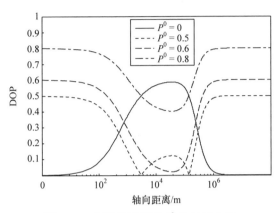

图 7.28 中湍流下不同 P^0 的 $P\text{-}Z$ 曲线

可以看出,无论 P^0 的取值是多少,DOP 随轴向距离的变化都经过平稳、快速变化、相对稳定、快速变化到再次稳定等 5 个过程。如果光波为自然光,在开始传输距离较短的时候,P 的变化处在相对稳定的状态,之后轴向距离继续增加,P 的值急剧增大到一个极值,之后在一段距离内变化趋势保持在相对稳定的状态。随着距离的进一步增大,DOP 开始下降,最终下降到初始 DOP 的值,然后保持稳定向后,继续传输。

当 $0 < P^0 < 0.6$ 时,变化过程中有两个值为 0 的点。整个过程中共经历两次下降-上升后才达到稳定值。

当 $P^0 \geqslant 0.6$ 时,DOP 随着轴向距离的增加先下降到某一值,经过一段距离后变得相对稳定,然后随着距离的增大而增大,直到恢复到初始值附近才平稳向后传输。曲线整体变化过程与 P^0 值为 0 的时候相反。

不论 P^0 的大小,只要轴向距离足够长(大约 10^6 m),DOP 都会恢复到其初始值附近,并且不会再随着轴向距离的变化而变化。可以看出,光波在大气湍流中传播时,若经过足够长的距离,DOP 值最终会与初始 DOP 值相等。

(3) 不同光斑大小对湍流空间中部分偏振光的 DOP 影响

假设相干长度 $\delta_{xx} = 0.5\text{mm}$、$\delta_{yy} = 1.0\text{mm}$,湍流强度为 $C_n^2 = 10^{-14}\text{m}^{-\frac{2}{3}}$、湍流内尺度 $l_0 = 8\text{mm}$,分析在初始 DOP 为 $P^0 = 0.8$,光斑均匀并且光斑大小分别为 $\sigma = 5\text{mm}$、$\sigma = 10\text{mm}$、$\sigma = 15\text{mm}$ 时光波 DOP 的变化情况。初始 DOP 为 0.8 时光斑大小对 DOP 的影响如图 7.29 所示。

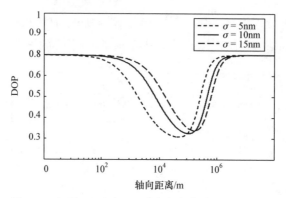

图 7.29　初始 DOP 为 0.8 时光斑大小对 DOP 的影响

　　可以看出，光斑的尺寸对 DOP 的整体变化趋势影响不大，但是经过一定的距离之后变化速度却明显不同。光斑直径越大，变化越缓慢，恢复到初始 DOP 所需的传输距离越远。可以看出，在远距离偏振调制无线通信时，发射光波的光斑尺度不宜过大。

　　(4) 不同波长对湍流空间中部分偏振光的影响

　　选择初始 DOP 为 0.8 时，分别对波长为 632.8nm、808nm、1550nm 的光波进行 DOP 影响仿真。变化曲线如图 7.30 所示。

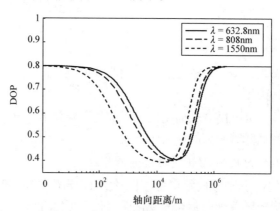

图 7.30　初始 DOP 为 0.8 时不同波长的光波 DOP 变化曲线

　　可以看出，只要 P^0 确定，则不同波长的光波在大气信道中的 DOP 变化形式是一致的。在开始较短的距离内，波长对 DOP 的影响很小，因此开始时 3 条曲线是重合的。直到横轴的数值达到一定的值后，才可以看出波长较长的光波变化速度明显比较短的波长快。但是，当横轴数值增大到一定值后，不论波长的长短，DOP 都恢复到初始值的附近，因此 3 条曲线又重合在一起。可以看出，在短距离偏振调制无线光通信中，应当选用波长较短的大气窗口光，保证接收端可以准确分辨并接收到的信息。

(5) 不同湍流强度对湍流空间中部分偏振光的影响

其他参数同上面取值一样，在初始 DOP=0 的情况下，对大气折射率结构常数 C_n 分别为 10^{-12}、10^{-13}、10^{-14} 进行 DOP 影响仿真。不同湍流强度对 DOP 的影响如图 7.31 所示。

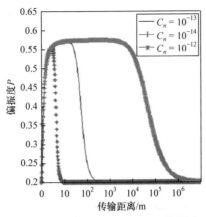

图 7.31　不同湍流强度对 DOP 的影响

可以看出，横轴数值较小时，3 条曲线是重合的，轴向距离较短的时候，湍流大小对 DOP 并不产生影响。随着横轴数值的增大，可以看出湍流强度越大，P 越快恢复到 0 值，所经历的距离就越短；湍流强度越小，在传输中途处在极值点上的稳定期越长，因此要恢复到 0 值所需经历的轴向距离就越长。但是，整体变化的趋势并没有随着大气折射率结构常数的不同而变化，依然是在轴向距离达到一定值的时候，DOP 恢复到初始值附近并稳定。

(6) 室内实验

由于大气的不可预测性，室外实验的难度比较大。本节使用如图 7.32 所示的室内湍流影响实验装置对大气湍流的随机状态进行描述，模拟大气湍流对在其中传输的偏振光偏振态的影响情况。

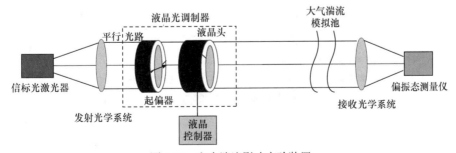

图 7.32　室内湍流影响实验装置

　　实验使用 808nm 的近红外半导体激光器,经过准直系统后汇成平行光路,再经过起偏器通过液晶头。由于液晶的光电特性,通过调节液晶控制器的电压可以实现对光波偏振态的控制。经过分光镜将光束一分为二,一束直接由偏振态探测仪接收,另一束经过调制的偏振光通过大气湍流模拟池后被偏振态测量仪接收。然后,将两台偏振态探测仪上的图像进行对比。下面几组图片是不同偏振态在未经湍流池和经过湍流池偏振态测量仪接收到的光波偏振态图像。

　　实验采用的大气湍流模拟池强度频率范围为 50~60Hz,湍流内尺度为 8mm。光源采用波长 808nm 的近红外半导体激光器,最大输出功率为 4W。液晶采用 BNS 公司的 932 型液晶,透过率大于 92%。偏振态测量仪为 Thorlabs 公司生产的 PA550型,波长为 700~900nm,最大接收功率为 3mW。

　　左旋圆偏振光和线偏振光在有湍流和无湍流下的偏振态示意图如图 7.33 所示。可以看出,无论是无湍流还是中湍流的情况,偏振光都会保持其原本的偏振状态,并且未发生变化。145°线偏振光偏振特性参数如表 7.2 所示。左旋圆偏振光偏振特性参数如表 7.3 所示。

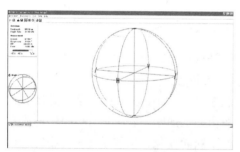

(a) 左旋圆偏振光、无湍流

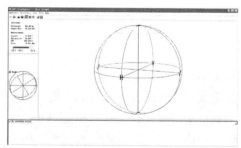

(b) 左旋圆偏振光、有湍流

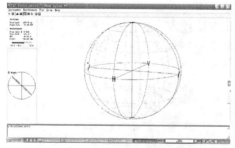

(c) 方位角为45°的线偏振光、无湍流

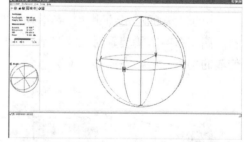

(d) 方位角为45°的线偏振光、有湍流

图 7.33　左旋圆偏振光和线偏振光在有湍流和无湍流下的偏振态示意图

表 7.2　145°线偏振光偏振特性参数

湍流情况	方位角/(°)	椭球率/%	相位差	DOP/%
无湍流	44.89	0.93	3.15	93.6
$C_n^2 = 10^{-13}$	44.86	0.93	3.13	95.5

表 7.3　左旋圆偏振光偏振特性参数

湍流情况	方位角/(°)	椭球率/%	相位差	DOP/%
无湍流	44.89	37.42	80.83	93.6
$C_n^2 = 10^{-13}$	44.86	37.39	83.90	95.5

可以看出，相比无湍流情况，中湍流情况偏振特性参数并非完全相等。这是光源的自发辐射效应，以及实验器件的误差导致的，但是光波的整体偏振态并没有改变。

7.2.3　基于光源初始参数控制的部分相干偏振激光通信方案

在相干光通信系统中，由于很难遇到理想的完全相干光束，比较合乎实际情况的是采用部分相干光束模。本章提出的第二个方案是，基于光源初始参数控制的部分相干光传输技术的相干光通信系统方案，提高相干光通信系统性能。大气折射率的随机起伏，激光在大气中传播时会产生光强闪烁、光束扩展和光斑漂移等大气湍流效应。这些效应会严重制约激光通信跟踪和成像等通信系统的性能。20 世纪 90 年代初，研究人员通过对部分相干 GSM 光束在大气湍流中传输的理论研究，发现与完全相干光相比，部分相干光受湍流影响更小。这使部分相干光传输技术在激光通信中的应用受到重视，并成为解决大气湍流对光通信影响的抑制技术之一。

使用部分相干光在湍流大气中通信时，接收端接收到的光功率与光束的初始束腰半径、空间相干长度、波长、传播距离和湍流强度有关，并且存在最优取值，通过合理控制光源初始参数，使大气湍流引起的功率损耗降低，接收端的光功率增加。

激光在大气中传输时，大气湍流造成的折射率起伏会导致激光波阵面的畸变，破坏激光的相干性，从而严重降低激光光束质量，引起光束的随机漂移、激光能量在光束截面上的重新分布，产生扩展、畸变和破碎等现象。当激光功率足够大时，还会产生非线性的热晕现象。温度、气压、水蒸气压等参数引起空气折射率的随机起伏形成湍流场，使激光通信系统的高精度跟瞄系统的技术性能大大降低。

对于强湍流情况，还会导致目标上的光斑扩大。特别是，当光束直径与湍流尺度相当或比湍流尺度大时，光束截面内包含有许多的湍流涡旋，传输光束达到接收端时会产生扩展效应，影响瞄准精度而产生瞄准误差。光束的漂移和扩展会导致通信两端对准困难，同时降低接收端接收平面的能量密度[15]。

　　大气湍流会引起完全相干光快速扩展，使完全相干光在大多数实际应用中受到限制。已有的研究结果表明，使用部分相干光传输信号在一定条件下可以有效减小大气湍流导致的光束扩展，提高通信链路性能。为了克服大气湍流对部分相干光通信的影响，本节提供一种大气信道通信激光初始光束参数自适应控制系统的设计方案，可以有效地根据传播距离和湍流强度控制激光光束的初始束腰半径、空间相干长度、波长偏振等初始参数，使大气湍流引起的功率损耗降低，接收端的光功率增加。

　　此湍流大气中部分相干光通信初始光源参数控制装置(图 7.34)包括信号发射单元和信号接收单元两部分。

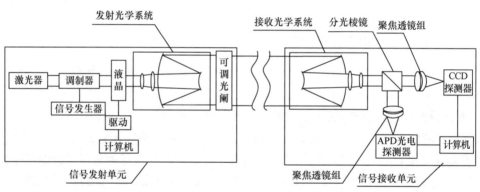

图 7.34　湍流大气中部分相干光通信初始光源参数控制装置

　　① 信号发射单元由同轴排列的激光器、调制器、液晶空间光调制器、发射光学系统和可调光阑组成。液晶空间光调制器驱动模块与液晶空间光调制器电气连接，计算机与液晶空间光调制器驱动模块和可调光阑电气连接。

　　② 信号接收单元由同轴排列的望远系统、半反半透分光片、聚焦透镜组和CCD 探测器，与半反半透分光片光学连接的聚焦透镜组、APD 光电探测器、CCD 探测器通过数据线与计算机相连。APD 光电探测器通过数据线与计算机相连，计算机将调制信号传送到发射端的计算机中，控制信号分别通过液晶空间光调制器驱动模块输出给液晶空间光调制器，为发射的通信激光波前增加一个随机相位，通过控制可调光阑，调整初始发射光束的束腰。

激光器发出的激光经调制器调制进入液晶空间光调制器，通过发射光学系统后变为平行光发射，通过可调光阑调节光束口径大小，经过大气传输后，由信号接收单元进行接收，首先经过望远系统进行缩束，然后经过半反半透分光片进行分光，一束光送给聚焦透镜组，经聚焦透镜组变换后的光入射到 CCD 探测器上，一束光送给聚焦透镜组，经聚焦透镜组变换后的光入射到光电探测器上。CCD 探测器通过数据线与计算机相连，计算此时的湍流强度，即大气折射率结构常数。APD 光电探测器通过数据线与计算机相连，将接收到的信号送入计算机。

(1) 大气折射率结构常数 C_n^2 的测量

激光经过调制器、液晶空间光调制器、发射光学系统、可调光阑(调制孔径最大为 20cm)后进入湍流大气，然后进入望远系统，通过半反半透分光片、聚焦透镜组后被 CCD 探测器接收。CCD 探测器把接收到的光信号转换为电信号，再将此信号送入计算机，求其弱湍流条件下平面波的归一化光强起伏方差 σ_I^2。应用下式求取 C_n^2，此值为空域方差，即

$$\sigma_I^2 = 1.23 C_n^2 k^{7/6} L^{11/6} \tag{7.64}$$

其中，$k = \dfrac{2\pi}{\lambda}$ 为波数，λ 为激光器发射激光波长值；L 为发射终端与接收终端间的距离，可以通过 GPS 测量。

(2) 接收光功率

激光器发射激光光束进入望远系统，通过半反半透分光片，聚焦透镜组后被 APD 光电探测器接收，APD 光电探测器将接收到的信号送入计算机。光功率与大气湍流中漂移方差和扩展角的关系为

$$P_r \propto \exp\left[-8\left(\frac{\sigma_c}{\theta}\right)^2\right] \times \frac{1}{\theta^2}\left[\frac{2J_1\left(\dfrac{2.44\pi\sigma_c}{\theta}\right)}{\dfrac{2.44\pi\sigma_c}{\theta}}\right]^2 \tag{7.65}$$

其中，σ_c^2 为光束漂移方差；θ 为光束扩展角；与漂移方差和扩展角随初始束腰半径、空间相干长度、波长、传播距离和湍流强度的关系为

$$\sigma_c^2 = 1.92 C_n^2 (2w_0)^{-\frac{1}{3}} L^3 \tag{7.66}$$

$$\theta = \sqrt{\frac{2}{k^2}\left(\frac{1}{w_0^2} + \frac{1}{\sigma_0^2}\right) + 4(0.545 C_n^2)^{\frac{6}{5}} k^{\frac{2}{5}} L^{\frac{6}{5}}} \tag{7.67}$$

其中，C_n^2 为大气折射率结构函数；w_0 为发射光束初始半径；L 为传输距离；σ_0 为光束空间相干长度。

通过湍流强度 C_n^2 和传播距离 L 计算最佳的发射光束初始半径和空间相干长度，将最佳参数通过数传电台反馈到信号发射单元的计算机，生成随机相位屏控制信号，并通过液晶空间光调制器驱动模块输入液晶空间光调制器，为发射的通信激光波前加一个随机相位，以实现对空间相干度的调制。计算机将接收到的最佳初始束腰宽度反馈给可调光阑，调整初始发射光束的束腰。

湍流大气中部分相干光通信初始光源参数控制装置可以测量大气折射率结构常数，通过计算机算出最佳的发射光束初始束腰宽度和光束空间相干长度；控制液晶空间光调制器来调节波前相位，使空间相干长度达到计算最优值；调节可调光阑的口径，使其达到计算的最佳初始光束束腰宽度，使大气湍流引起的光功率损耗降低，从而显著提高接收到的光功率。将本方案应用到大气信道无线激光通信系统中，可以大大改善通信系统的性能，扩展无线激光通信系统的应用范围。

7.2.4　基于偏振位移键控的激光通信

激光通过大气传输时会产生光强闪烁、光束弯曲、漂移、扩展，以及接收端光斑破碎等现象。这些现象会影响激光在大气传输中的传输质量，在接收端探测器像面上激光光斑的能量会发生变化，信噪比相对降低，对系统传输误码率会有较大影响。如何利用激光的偏振特性，提高大气激光通信系统的性能，如通信距离、速率、误码率等具有重要的理论意义与实用价值。

偏振位移键控(polarization shift keying, PolSK)是近几年广泛讨论的一种新的光数字传输调制技术，首先偏振态是光束在大气中传输时最稳定的特性，其次偏振调制可以得到稳定的输出光功率。这对于峰值功率限制系统十分重要。PolSK 已经在光纤通信中得到应用验证，2008 年北京交通大学提出一种偏振编码方案和差分解调方案，并通过波分复用技术实现 40Gbit/s 的光纤通信。本章对大气激光通信系统中激光的偏振特性及其应用方法进行了深入研究，探讨利用 PolSK 技术实现高性能激光通信。

1. 基于偏振位移键控的调制原理

偏振片的 Jones 矩阵为

$$G_1 = \begin{bmatrix} 0 & 0 \\ 0 & 1 \end{bmatrix} \tag{7.68}$$

经偏振片后输出线偏振光为

$$E_2 = \begin{bmatrix} A\sin45° \\ A\cos45° \end{bmatrix} \tag{7.69}$$

DOP 为+45°的线偏振光传输，其中 A 为幅度系数，经过偏振分束器后，线偏

振光分解为两路正交的线偏振光，分别记为 E_3 和 E_4，即

$$E_3 = A\cos 45°, \quad E_4 = \begin{bmatrix} A\sin 45° \\ 0 \end{bmatrix} \tag{7.70}$$

相位控制器的 Jones 矩阵为

$$G_2 = \begin{bmatrix} e^{j\pi d} \\ 0 \end{bmatrix} \tag{7.71}$$

经过相位调制器输出的光记为 E_5，即

$$E_5 = G_2$$

由

$$E_4 = \begin{bmatrix} Ae^{j\pi d}\sin 45° \\ 0 \end{bmatrix} \tag{7.72}$$

其中，d 为有用信息序列中的为信息，取值为"1"或"0"。

可得

$$E_5 = \begin{cases} \begin{bmatrix} -A\sin 45° \\ 0 \end{bmatrix}, & d = 1 \\ \begin{bmatrix} A\sin 45° \\ 0 \end{bmatrix}, & d = 0 \end{cases} \tag{7.73}$$

E_3、E_5 通过偏振合束器后的输出光为 $E3$、$E5$ 的叠加，由于相位控制器的作用，输出偏振光实现+45°线偏振光和–45°线偏振光的切换。经过偏振合束器后，输出线偏振光为

$$E_6 = \begin{bmatrix} A\sin 45° \\ A\cos 45° \end{bmatrix} \text{或} \begin{bmatrix} -A\sin 45° \\ A\cos 45° \end{bmatrix} \tag{7.74}$$

1/4 波片的 Jones 矩阵为

$$G_3 = \begin{bmatrix} \cos\dfrac{\varphi}{2} + i\sin\dfrac{\varphi}{2}\cos 2\theta & i\sin\dfrac{\varphi}{2}\sin 2\theta \\ i\sin\dfrac{\varphi}{2}\sin 2\theta & \cos\dfrac{\varphi}{2} - i\sin\dfrac{\varphi}{2}\cos 2\theta \end{bmatrix} \tag{7.75}$$

其中，φ 为波片的延迟量；θ 为快轴方位角。

采用 1/4 波片，因此有 $\varphi = \dfrac{\pi}{2}$、$\theta = \dfrac{\pi}{2}$，即

$$G_3 = \begin{bmatrix} \dfrac{\sqrt{2}}{2} - i\dfrac{\sqrt{2}}{2} & 0 \\ 0 & \dfrac{\sqrt{2}}{2} + i\dfrac{\sqrt{2}}{2} \end{bmatrix} \tag{7.76}$$

当 $E_6 = \begin{bmatrix} A\sin 45° \\ A\cos 45° \end{bmatrix}$，即输出为+45°的线偏振光时表示为

$$E_7 = G_3 E_6 = \begin{bmatrix} \dfrac{\sqrt{2}}{2} - i\dfrac{\sqrt{2}}{2} & 0 \\ 0 & \dfrac{\sqrt{2}}{2} + i\dfrac{\sqrt{2}}{2} \end{bmatrix} \begin{bmatrix} A\dfrac{\sqrt{2}}{2} \\ A\dfrac{\sqrt{2}}{2} \end{bmatrix} = A \begin{bmatrix} \dfrac{1}{2} - i\dfrac{1}{2} \\ \dfrac{1}{2} + i\dfrac{1}{2} \end{bmatrix} \quad (7.77)$$

归一化后表示为

$$E_7 = \begin{bmatrix} 1 \\ i \end{bmatrix} \quad (7.78)$$

可见，此时出射光为右旋圆偏振光，同理可得 $E_6 = -45°$ 线偏振光时，出射光为左旋圆偏振光，这样就完成了对有用信息的调制。

2. 基于偏振位移键控的激光通信系统构建方法

基于 PolSK 的调制系统是接收系统需要接收偏振态就可以运行的系统，只要接收传输信号 1 的偏振光就可以实现解调。图 7.35 所示为单信号 PolSK 发射系统。

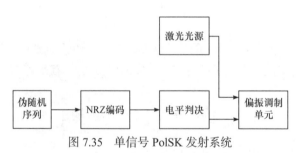

图 7.35　单信号 PolSK 发射系统

连续激光器发出的激光作为偏振调制的负载波。伪随机二进制序列建立随机的二进制数据，然后转化为不归零码(non return zero，NRZ)。对于给定的数据，NRZ 是固定的。例如，"1"用非零的功率值 p_1 表示，"0"用 0 值功率 p_0 表示。

调整 NRZ 上升时间用的是 Gaussian 模型。输入的是矩阵脉冲，经过校正器后输出的是用户自定义 10/90 的上升时间 $\Delta t_{10/90}$。

PolSK 输出的"0"和"1"由 Stokes 参量判决，可通过邦加球表示。对于二进制的 PolSK，信息传输通过选择发送光波的两个正交偏振态实现。两个相互正交的偏振态在邦加球上表示为一条直线上两个极性相反的点。图 7.36 所示为数字信息与正交偏振光在邦加球上的表示。

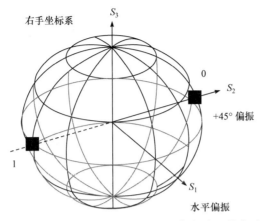

图 7.36　数字信息与正交偏振光在邦加球上的表示

单信号 PolSK 接收系统的解调系统框图如图 7.37 所示。

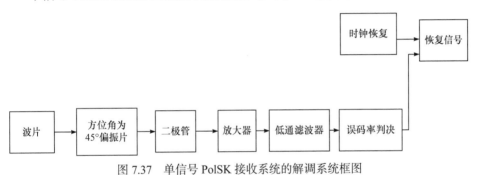

图 7.37　单信号 PolSK 接收系统的解调系统框图

3. 基于偏振位移键控的激光通信系统实验仿真

基于 PolSK 的大气激光通信系统分为发射端和接收端两部分。图 7.38 所示为基于 PolSK 的光通信系统发射端原理图。发射端主要包括激光器、码型发生器、偏振调制器、发射光学系统。其工作过程如下，连续激光器作为光源提供线偏振光；码型发生器产生所需的 NRZ 码，作用于偏振调制器，对激光束进行偏振态调制，

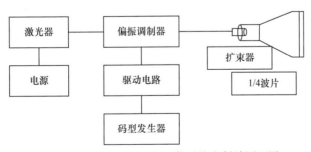

图 7.38　基于 PolSK 的光通信系统发射端原理图

使偏振调制器输出光束为相互交替的正交线偏振光。该光束经发射光学系统扩束、整形为平行光束，然后经1/4波片将该线偏振光转换为圆偏振光，即采用圆偏振光的旋光状态(左旋/右旋)表示码型发生器产生的码型信息。最后，发射到大气链路中，实现光信号调制过程。

图7.39所示为基于PolSK的光通信系统接收端原理图。接收端实现对激光信号的探测和识别，主要由1/4波片、偏振分光棱镜、光电探测器和差分接收电路组成。在通信系统接收端，光信号首先经过1/4波片，将经过大气链路传输后的光信息由正交的圆偏振光转变为正交线偏振光，然后经过偏振分光棱镜，使接收光信号偏振态与分束后光信号偏振态有如下关系，即当接收光为左旋圆偏振光时只有探测器1处可探测到光强信息，或者只有1处可探测较强的光强信息；相反，可在2处探测到相应的光强信息。然后，利用两路光电探测器分别进行探测，将光信号转换为电信号，再进行差分放大，进而实现信号解调过程。

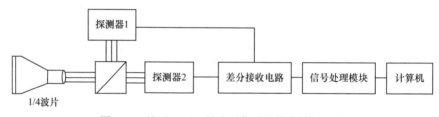

图7.39　基于PolSK的光通信系统接收端原理图

根据PolSK调制的编码原理，本节建立了可以提供1.5Gbit/s的大气光通信系统模型。软件平台选用Optiwave公司的专业光通信软件包Optisystem。误码率是评价通信系统传输性能高低的重要指标。本节利用误码分析仪(BERAnalyzer)工具对不同接收功率的信号进行误码率测试。

EDFA增益为16.3dB，当天气状况为轻霾，可见度为10km，大气损耗为1.5dB/km时，信号通过低通贝塞尔滤波器(low pass Bessel filter，LPBF)后，经过差分接收，最小误码率为2.1365×10^{-7}。如图7.40(a)所示，此时激光发射功率为27.9dBm(623.4mW)。当发射功率增大至28.78dBm(756.74mW)时，最小误码率达到3.90082×10^{-10}，如图7.40(b)所示。

4. 基于偏振位移键控的激光通信系统实验

偏振编码是利用光信号的偏振态承载信息进行编码。偏振编码的概念最早在1987年由Dietrich等提出，即偏振相移键控。由于光偏振编码具有天然的功率均衡性，即不同信号都有相同的功率，因此能彻底解决功率波动问题，降低系统的非线性效应、提高谱效率，抑制偏振模色散。

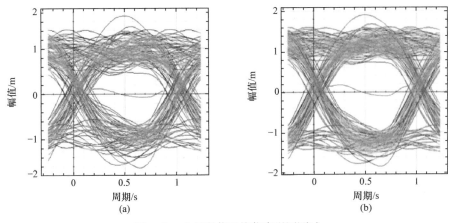

图 7.40　大气通信系统仿真眼图测试

基于液晶的激光偏振编码技术相对于传统的强度编码和相位编码是一种新的尝试。其主要方法是，利用电控液晶相位延迟器代替传统光学波片的机械旋转，实现对激光的圆偏振调制和解调，以激光的两种圆偏振状态作为基本状态对信息进行编码和解码，从而完成信息的传输，提高通信的保密性。

(1) 激光偏振编解码实验方案

激光偏振编解码实验框图如图 7.41 所示。

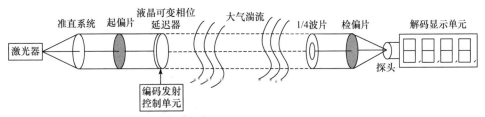

图 7.41　激光偏振编解码实验框图

在液晶相位延迟器的电光特性曲线中选取两个稳定输出圆偏振光(左旋和右旋)的工作电压点，定义左旋圆偏振为码 "1"，右旋圆偏振为码 "0"，即利用圆偏振的两种旋光状态为二进制编码中的基本状态，对信息进行编码后进行调制发送，在接收端根据接收到的信号光的旋光状态对信息进行解调。编码时液晶可变相位延迟器的驱动信号波形如图 7.42 所示。

在工作过程中，液晶相位延迟器驱动部分利用电路闭环控制稳定两个工作点，以输出标准圆偏振光。据此，在发射端利用液晶对激光信号进行调制编码，即左旋圆偏振，液晶驱动电压为 ±2.96V；右旋圆偏振，液晶驱动电压为 ±1.63V；频率为 2kHz。激光发射电流从 430～800mA，光功率对应为 0.2～3.1mW；在接收端利用 1/4 波片和检偏片进行解码。其中，起偏片和检偏片的光轴互相垂直，左旋圆偏振经波片后为垂直线偏，右旋圆偏振经波片后为水平线偏，经检偏片后会出现明暗变化的现象，即可实现光学编码解码过程。

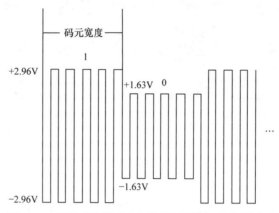

图 7.42　编码时液晶可变相位延迟器的驱动信号波形

对信息进行编码时采用常见的二十进制(8421)编码方式，通过在传输信息前后加帧头(55H)和帧尾(AAH)，以及为避免信息丢失附加一些冗余的方式，可以实现对 ASCII(American standard code for information interchange，美国信息交换标准代码)字符的编码，从而实现基于偏振态调制的信息传输技术。虽然这种方式的传输速率较低，但是可以对基于偏振态调制的信息传输技术进行可行性和性能的初步验证。激光偏振编解码实验照片如图 7.43 所示。

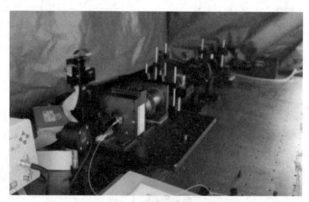

图 7.43　激光偏振编解码实验照片

(2) 数据分析

激光偏振编解码数据如表 7.4 所示。

表 7.4 激光偏振编解码数据

激光电流/mA	探测端信号电压		放大端电压		
	均值/mV	峰峰值/mV	均值/mV	峰峰值/mV	解码状态
—	6.4	12~80	-3.6	52~87	不能
400	40.8	24~85	110	30~120	不能
420	48	28~82	1360	300~520	不能
430	130	28~100	2640	520~1020	不能
450	400	64~·95	3920	560~640	能
500	1320	100~120	3600	80~120	能
550	3640	80~120	3120	80~120	能
600	3840	160~240	3760	80~120	能
650	4000	640	3760	80	能
700	4000	640	3760	80~120	能
750	4000	640	3760	80~120	能
800	4000	640	3760	80~120	能

编码传输的可靠性如图 7.44 所示。码元宽度变化时，对解码结果，即系统误码率有一定影响。

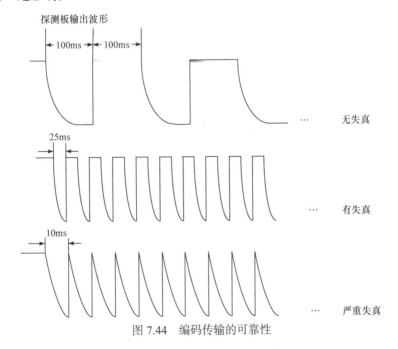

图 7.44 编码传输的可靠性

① 码元宽度为 100ms 或 50ms 时，探测板接收到的波形在一定激光强度内可以解码。

② 码元宽度为 25ms 时，探测板收到的波形出现失真。

③ 码元宽度为 10ms 时，探测板接收到的波形严重失真，不可以解码。

参 考 文 献

[1] 莫春和, 段锦, 付强, 等. 国外偏振成像军事应用的研究进展(下). 红外技术, 2014, (4): 265-270.

[2] 李淑军, 姜会林, 朱京平, 等. 偏振成像探测技术发展现状及关键技术. 中国光学, 2013, 6(6): 803-809.

[3] Andrews L C, Phillips R L. Laser beam propagation through random media. Laser Beam Propagation Through Random Media, 2005, 8: 46-54.

[4] van der Laan J D, Scrymgeour D A, Wright J B, et al. Increasing persistence through scattering environments by using circularly polarized light// Laser Radar Technology and Applications XX and Atmospheric Propagation XII, 2015: 94650U.

[5] Wang F, Cai Y, Eyyuboglu H T, et al. Partially coherent elegant Hermite-Gaussian beam in turbulent atmosphere. Applied Physics B, 2011, 103(2): 461-469.

[6] 塔塔尔斯基·B.N. 湍流大气中波的传播理论. 北京: 科学出版社, 1978.

[7] Dan Y, Zhang B. Beam propagation factor of partially coherent flat-topped beams in a turbulent atmosphere. Optics Express, 2008, 16(20): 15563-15575.

[8] 王英俭. 激光大气传输及其位相补偿的若干问题探讨. 合肥: 中国科学院安徽光学精密机械研究所, 1996.

[9] 郭婧, 张合, 王晓锋. 激光引信在降雨中的光束扩展特性. 中国激光, 2012, 39(1): 6.

[10] 张晓欣, 但有全, 张彬. 湍流大气中斜程传输部分相干光的光束扩展. 光学学报, 2012, 32(12): 1-7.

[11] 陈斐楠, 陈延如, 赵琦, 等. 部分相干厄米高斯光束在海洋湍流中光束传输质量的变化. 中国激光, 2013, 22(7): 5.

[12] 陶汝茂, 司磊, 马阎星, 等. 截断部分相干双曲余弦高斯光束在非 Kolmogorov 湍流中的传输. 中国激光, 2013, 40(5): 38-45.

[13] 苑克娥, 朱文越, 饶瑞中. 湍流折射率谱型对大气闪烁和相位起伏功率谱的影响. 强激光与粒子束, 2010, 22(7): 5.

[14] 丁绪星, 潘承先, 蔡伟. 电磁拉盖尔-高斯光束通过湍流时 DOP 研究. 仪器仪表学报, 2011, 32(3): 6.

[15] 姜会林, 佟首峰, 张立中. 空间激光通信技术与系统. 北京: 国防工业出版社, 2010.